Perspektiven der Mathematikdidaktik

Reihe herausgegeben von

Gabriele Kaiser, Sektion 5, Universität Hamburg, Hamburg, Deutschland

Nils Buchholtz, Universität Hamburg, Hamburg, Deutschland

In der Reihe werden Arbeiten zu aktuellen didaktischen Ansätzen zum Lehren und Lernen von Mathematik publiziert, die diese Felder empirisch untersuchen, qualitativ oder quantitativ orientiert. Die Publikationen sollen daher auch Antworten zu drängenden Fragen der Mathematikdidaktik und zu offenen Problemfeldern wie der Wirksamkeit der Lehrerausbildung oder der Implementierung von Innovationen im Mathematikunterricht anbieten. Damit leistet die Reihe einen Beitrag zur empirischen Fundierung der Mathematikdidaktik und zu sich daraus ergebenden Forschungsperspektiven.

Reihe herausgegeben von
Prof. Dr. Gabriele Kaiser Universität Hamburg
Prof. Dr. Nils Buchholtz Universität Hamburg

Dinah-Marie Wiedenhöfer

Förderung des Umgangs mit Geld in der Grundschule

Springer Spektrum

Dinah-Marie Wiedenhöfer
2
Pädagogische Hochschule Schwäbisch
Gmünd
Schwäbisch Gmünd, Deutschland

ISSN 2522-0799 ISSN 2522-0802 (electronic)
Perspektiven der Mathematikdidaktik
ISBN 978-3-658-53384-7 ISBN 978-3-658-53385-4 (eBook)
https://doi.org/10.1007/978-3-658-53385-4

Die Deutsche Nationalbibliothek verzeichnet diese Publikation in der Deutschen Nationalbibliografie; detaillierte bibliografische Daten sind im Internet über https://portal.dnb.de abrufbar.

Planung/Lektorat: Deborah Priß
Springer Spektrum ist ein Imprint der eingetragenen Gesellschaft Springer Fachmedien Wiesbaden GmbH und ist ein Teil von Springer Nature.
Die Anschrift der Gesellschaft ist: Abraham-Lincoln-Str. 46, 65189 Wiesbaden, Germany

Danksagung An dieser Stelle möchte ich allen danken, die mich auf dem Weg zu dieser Dissertation unterstützt und begleitet haben. Mein besonderer Dank gilt Silke Ladel für die sehr gute Betreuung und die stets verlässliche Unterstützung während der gesamten Promotionszeit. Silke Ladel hat mich überhaupt erst ermutigt, eine Promotion zu beginnen, und mir immer wieder Zeit, hilfreiche Rückmeldungen und Zuversicht geschenkt – sei es bei Stipendienanträgen, in fachlichen Diskussionen oder in anspruchsvollen Phasen, in denen ich Orientierung gebraucht habe. Auch Kevin Larkin möchte ich herzlich danken, der Interesse an meinem Thema gezeigt und mich insbesondere bei der Vorbereitung und Durchführung von Konferenzbeiträgen begleitet hat. Die Zusammenarbeit mit Silke Ladel und Kevin Larkin hat mir wertvolle Einblicke in die wissenschaftliche Kommunikation, Präsentation und Vernetzung gegeben. Von beiden habe ich viel darüber gelernt, wie wissenschaftliches Arbeiten funktioniert und wie man sich in der akademischen Welt zurechtfindet.

Mein Dank gilt außerdem der Stiftung der Deutschen Wirtschaft, die in mir Potenzial gesehen und mich während der Promotion sowohl finanziell als auch ideell gefördert hat. Die Unterstützung – insbesondere die Teilnahme an Fachkonferenzen und Veranstaltungen im In- und Ausland – hat meine wissenschaftliche Arbeit wesentlich bereichert. Ebenso danke ich allen Stipendiat*innen und Alumni für die vielen inspirierenden Gespräche, die motivierenden Impulse und die bereichernde Gemeinschaft.

Ein herzlicher Dank geht an die Erziehungsberechtigten und an die beteiligten Kinder, die mit großem Engagement und viel Offenheit an meiner Studie teilgenommen haben. Ebenso danke ich den Schulleitungen und Lehrkräften der teilnehmenden Schulen, die die Zusammenarbeit unkompliziert ermöglicht und mich während der Datenerhebung unterstützt haben. Ohne ihre Bereitschaft, Zeitfenster im Schulalltag zu schaffen und Raum für Forschung zu bieten, wäre dieses Projekt nicht möglich gewesen.

Zum Schluss möchte ich meiner Familie danken. Sie haben mich von Anfang an ermutigt und stets an mich geglaubt. Ihre Geduld, ihr Verständnis in arbeitsintensiven Phasen und ihr Rückhalt in Momenten von Stress oder Selbstzweifeln haben mir viel bedeutet. Für ihren Zuspruch, und die praktische Unterstützung – vom Zuhören bis zum Proben von Vorträgen – bin ich ihnen zutiefst dankbar.

Interessenkonflikt Der/die Autor*in hat keine relevanten Interessenskonflikte im Zusammenhang mit dieser Publikation.

Zusammenfassung

Finanzielle Bildung hat in den letzten Jahren zunehmend an Bedeutung gewonnen, da finanzielle Kompetenzen in einer immer komplexer werdenden Gesellschaft als unverzichtbar gelten. Auch für Kinder ist finanzielle Bildung wichtig, da sie lernen müssen, sich in einer sich rasch wandelnden Finanzwelt zurechtzufinden. Aufgrund nachgewiesener Zusammenhänge zwischen mathematischen und finanziellen Kompetenzen erscheint der Mathematikunterricht als geeigneter Ort zur Förderung finanzieller Bildung. Dennoch wurde finanzielle Bildung bislang kaum aus mathematikdidaktischer Perspektive untersucht. Die vorliegende Arbeit geht daher der Frage nach, wie finanzielle Bildung vom Mathematikunterricht der Grundschule ausgehend gestaltet werden kann. Aufbauend auf bestehenden Forschungserkenntnissen wurde ein erfahrungsbasierter Lernansatz gewählt und der Fokus auf das Lehren und Lernen von Financial Numeracy gelegt – verstanden als die Fähigkeit zur Anwendung von Mathematik in Finanzkontexten und gleichzeitig die kritische Bewertung der Situationen, in denen Mathematik im Alltag eingesetzt wird. Ziel der Arbeit war es, Hürden für die Entwicklung von Financial Numeracy bei Dritt- und Viertklässler*innen zu identifizieren, Gelingensbedingungen für erfahrungsbasiertes Lernen zu analysieren und daraus Designprinzipien für Aufgaben zur Förderung von Financial Numeracy abzuleiten. Im Rahmen fachdidaktischer Entwicklungsforschung wurden zwei iterative Zyklen der Forschung und Entwicklung mit 31 Dritt- und Viertklässler*innen durchgeführt. Die Datenerhebung erfolgte durch Interviews vor und nach der Intervention und Beobachtungen während der Intervention. Die Ergebnisse zeigen Hürden bezüglich aller Dimensionen von Financial Numeracy: Schwierigkeiten bestehen nicht nur im mathematischen Wissen, sondern auch in Dispositionen, in der Sinnfindung des finanziellen Kontextes, im angemessenen Einsatz mathematischer Werkzeuge sowie in einer kritischen Orientierung zur Begründung oder Hinterfragung finanzieller Entscheidungen. Erfahrungen mit Geld sollten deshalb durch sorgfältig konzipierte Reflexionsaufgaben ergänzt werden, welche die sinnvolle Anwendung von Mathematik im Finanzkontext und das Verständnis finanzieller Konzepte und ökonomischer Zusammenhänge fördern und dabei eine kritische Orientierung anregen, um finanzielle Entscheidungen begründet treffen und hinterfragen zu können.

Schlüsselwörter: Finanzielle Bildung · Financial Numeracy · Mathematikunterricht · Grundschule · erfahrungsbasiertes Lernen · fachdidaktische Entwicklungsforschung · kritische Orientierung

Abstract

Financial education has gained increasing importance in recent years, as financial competencies are considered essential in an increasingly complex society. Financial education is also crucial for children, who must learn to navigate a rapidly changing financial world. Due to the demonstrated correlations between mathematical and financial competencies, mathematics education appears to be a suitable context for fostering financial competencies. However, financial education has received little attention from a mathematics education perspective so far. This study therefore explores how financial education can be meaningfully designed within primary mathematics education. Building on existing research, an experiential learning approach was adopted, focusing on the teaching and learning of Financial Numeracy—understood as the ability to apply mathematics in financial contexts while critically evaluating the situations in which mathematics is used in daily life. The study aimed to identify barriers to the development of Financial Numeracy among third- and fourth-grade students, to analyse the likely conditions for a successful experiential learning approach, and to derive design principles for developing tasks that promote Financial Numeracy. Through design-based research, two iterative research and development cycles were conducted with 31 third- and fourth-grade students. Data were collected through pre- and post-interviews, as well as classroom observations, during the intervention. The findings reveal barriers across all dimensions of numeracy: difficulties were not limited to mathematical knowledge but also included dispositional aspects, challenges in making sense of financial contexts, the appropriate use of mathematical tools, and the development of a critical orientation to justify or question financial decisions. Experiences with money should therefore be complemented by carefully designed reflection tasks that foster the meaningful application of mathematics in financial contexts, deepen the understanding of financial concepts and economic relationships, and encourage a critical orientation that enables students to make and reflect upon financial decisions.

Key Words: Financial Education · Financial Numeracy · Mathematics Education · Primary School · Experiential Learning · Design-Based Research · Critical Orientation

Inhaltsverzeichnis

Abbildungsverzeichnis

Tabellenverzeichnis

1 Einleitung

Finanzielle Bildung hat in den letzten Jahren stark an Bedeutung gewonnen, da ein kompetenter Umgang mit Geld in einer immer komplexer werdenden Gesellschaft zunehmend als wesentlich angesehen wird. Kinder heutzutage haben schon in jungen Jahren Zugang zu Geld und nutzen (digitale) Finanzdienstleistungen. Sie wachsen in einer sich schnell entwickelnden Finanzlandschaft auf, was mehr Möglichkeiten, aber auch mehr Eigenverantwortung für finanzielle Entscheidungen bedeutet als in früheren Generationen (Europäische Union/OECD, 2023). Gleichzeitig bedeuten schrumpfende Sozialleistungen, eine alternde Bevölkerung und komplexere Finanzdienstleistungen, dass künftige Generationen wahrscheinlich schon in einem früheren Alter größere finanzielle Verantwortung übernehmen müssen (OECD, 2023b).

Auch in Deutschland verdeutlichen aktuelle Daten die Relevanz finanzieller Bildung. Der Schuldneratlas 2024 zeigt zwar, dass die Zahl überschuldeter Verbraucher*innen insgesamt zum sechsten Jahr in Folge zurückgegangen ist. Gleichzeitig wird jedoch ein Anstieg der Überschuldung bei jungen und konsumorientierten Personengruppen sichtbar. Diese Entwicklung spiegelt sich in der wachsenden Nachfrage nach Ratenkrediten und *Buy-now-pay-later*-Angeboten wider. Auffällig ist zudem, dass fast 15 Prozent der Überschuldungen primär auf eine unwirtschaftliche Haushaltsführung zurückgeführt werden konnten (Hantzsch & Goy-Yun, 2024).

D.-M. Wiedenhöfer, *Förderung des Umgangs mit Geld in der Grundschule*, Perspektiven der Mathematikdidaktik,
https://doi.org/10.1007/978-3-658-53385-4_1

Trotz der gesellschaftlichen Relevanz ist die Definition finanzieller Bildung und ihre Integration in die Schulbildung nach wie vor Gegenstand von Diskussionen. Engere Verständnisse von Finanzbildung konzentrieren sich hauptsächlich auf den Erwerb und die Beibehaltung von Finanzwissen, während weiter gefasste Verständnisse auch die erforderlichen Einstellungen und Fähigkeiten zur Anwendung umfassen. Zudem werden neben persönlichen Finanzentscheidungen zur Vermögensvermehrung auch die Einbettung von Finanzentscheidungen in das gesellschaftliche und ökonomische Umfeld berücksichtigt (Amagir et al., 2018; Aprea & Suna, 2024).

Darüber hinaus wird die Rolle der Mathematik für die finanzielle Bildung aufgrund positiver Korrelationen zwischen *Numeracy* und Finanzbildungsniveau anerkannt, indem Numeracy als treibende Kraft für die finanzielle Bildung bezeichnet wird (Skagerlund et al., 2018).

Jedoch wird *Numeracy* im Finanzbildungsdiskurs häufig auf das Beherrschen grundlegender arithmetischer Fertigkeiten reduziert (Savard & Cavalcante, 2021), während die umfassendere Sichtweise der Mathematikdidaktik *Numeracy* als multidimensionales Konstrukt versteht (Geiger et al., 2015).

Vor diesem Hintergrund ergibt sich eine Forschungslücke: Die Gestaltung finanzieller Bildung aus mathematikdidaktischer Perspektive ist bisher noch wenig erforscht, und es bedarf weiterer theoretischer und empirischer Einsichten zu Hürden, Gelingensbedingungen und Gestaltungsprinzipien (Geiger et al., 2020). Die vorliegende Studie greift diese Problematik auf und verfolgt das Ziel, einen Beitrag zur Beantwortung der folgenden übergeordneten Forschungsfrage zu leisten:

- ○ Wie kann finanzielle Bildung im Mathematikunterricht der dritten und vierten Klasse gestaltet werden?

Auf Basis des bestehenden Forschungsstandes zur finanziellen Bildung im Mathematikunterricht wird zum einen anerkannt, dass erfahrungsbasierte Lernansätze für jüngere Schüler*innen besonders wirksam sind, da sie sich sowohl auf mathematische als auch auf finanzielle Kompetenzen positiv auswirken (Amagir et al., 2018; Batty et al., 2020; Grassmann et al., 2008). Zum anderen wird ein Fokus auf das Lehren und Lernen von *Numeracy* gelegt, wodurch Probleme bei der Anwendung von Mathematik in Finanzkontexten überbrückt werden sollen (Goos et al., 2020).

Financial Numeracy, als spezifische Art von *Numeracy*, kann als integraler Bestandteil finanzieller Bildung verstanden werden. *Financial Numeracy* wird in dieser als die flexible und sinnvolle Anwendung von Mathematik für die Bewältigung finanzieller Situationen und das Treffen fundierter finanzieller Entscheidungen verstanden. Darüber hinaus umfasst *Financial Numeracy* die Auseinandersetzung mit finanziellen Konzepten sowie deren systemische Implikationen durch mathematische Untersuchungen (Savard & Cavalcante, 2021). Dabei sollen auch die sozialen und ethischen Folgen finanzieller Entscheidungen reflektiert und kritisch hinterfragt werden (Sawatzki, 2017; Blue et al., 2018).

Auf Basis der dargestellten theoretischen Grundlagen ergeben sich für diese Arbeit folgende untergeordnete Forschungsfragen:

- Welche Hürden zeigen sich bei Schüler*innen der dritten und vierten Klasse im Hinblick auf *Financial Numeracy*?
- Welche Gelingensbedingungen lassen sich für einen erfahrungsbasierten Lernansatz identifizieren?
- Welche Implikationen ergeben sich daraus für die Gestaltung von Aufgaben zur Förderung von *Financial Numeracy*?

Zur Beantwortung der Forschungsfragen wurde im Rahmen fachdidaktischer Entwicklungsforschung nach Prediger und Link (2012) eine Intervention in Form eines erfahrungsbasierten Lehr-Lern-Arrangements entwickelt und in zwei aufeinanderfolgenden Zyklen erprobt und weiterentwickelt. Fachdidaktische Entwicklungsforschung ermöglicht eine enge Verzahnung von Theoriebildung und Unterrichtspraxis. Am Ende der Entwicklungsforschung steht sowohl ein Theorieprodukt in Form von vertieften Einsichten zu Herausforderungen und Gelingensbedingungen der Anwendung von Mathematik in finanziellen Situationen bei Dritt- und Viertklässler*innen als auch ein Praxisprodukt in Form eines erprobten und weiterentwickelten Lehr-Lern-Arrangements zur finanziellen Bildung im Mathematikunterricht der dritten und vierten Klasse.

Der Aufbau der Arbeit gliedert sich in zehn Kapitel, die von der theoretischen Fundierung über die methodische Umsetzung bis hin zur empirischen Analyse und zu den daraus resultierenden Ergebnissen und Implikationen für das Design des Lehr-Lern-Arrangements führen.

Nach der Einleitung in Kapitel 1 widmet sich Kapitel 2 der Klärung relevanter Begrifflichkeiten und Zusammenhänge. Dabei wird zunächst auf die Bedeutungen von finanzieller Bildung und *Financial Numeracy* und verwandten Begriffen eingegangen. Danach wird der Zusammenhang zwischen finanzieller Bildung und *Financial Numeracy* dargestellt, wobei erläutert wird, weshalb Fin*ancial Numeracy* als Teil finanzieller Bildung verstanden werden kann. Das Kapitel legt damit die begrifflichen Grundlagen, auf denen die weiteren Überlegungen dieser Arbeit aufbauen.

Anschließend wird in Kapitel 3 erläutert, warum finanzielle Bildung bereits im Grundschulalter relevant ist, warum die Schule hierfür einen geeigneten Rahmen darstellt und weshalb speziell der Mathematikunterricht großes Potenzial zur Gestaltung finanzieller Bildungsinterventionen besitzt.

In Kapitel 4 wird der aktuelle Forschungsstand zur Gestaltung finanzieller Bildung im Mathematikunterricht dargestellt. Dies erfolgt mittels zwei Schwerpunktsetzungen: Zum einen werden bestehende Erkenntnisse zum erfahrungsbasierten Lernen und zur Wirksamkeit von erfahrungsbasierten Lernansätzen für die finanzielle Bildung dargestellt. Zum anderen wird auf die Rolle von *Numeracy* als Schnittpunkt von Mathematik und lebensweltlichen Kontexten näher eingegangen, und es wird dargelegt, wie ein Fokus auf das Lehren und Lernen von *Numeracy* zur Gestaltung von Finanzbildungsinterventionen beitragen kann. Dieses Kapitel arbeitet sowohl Chancen als auch Grenzen bisheriger Gestaltungserkenntnisse für die finanzielle Bildung im Mathematikunterricht heraus und schafft damit die Grundlage für die Ableitung offener Fragen aus dem Stand der Forschung.

Ausgehend vom theoretischen Hintergrund und dem Stand der Forschung werden in Kapitel 5 die Forschungsfragen abgeleitet, welche im empirischen Teil dieser Arbeit beantwortet werden.

Kapitel 6 beschreibt das methodische Vorgehen zur Beantwortung der Forschungsfragen im Rahmen der fachdidaktischen Entwicklungsforschung und erläutert die Untersuchungsbedingungen, Erhebungsverfahren und Auswertungsmethoden. Zudem wird auf ethische und datenschutzrechtliche Aspekte der Forschung näher eingegangen. Abschließend erfolgt eine methodologische Reflexion.

Kapitel 7 und 8 dokumentieren die beiden durchgeführten Entwicklungsforschungszyklen. Die Darstellung folgt in beiden Kapiteln einem einheitlichen Aufbau: Zunächst werden die Datenerhebung und -auswertung detailliert beschrieben. Darauf aufbauend erfolgt die Präsentation der Ergebnisse, welche anschließend kritisch diskutiert werden. Aus den Befunden werden jeweils die Implikationen für das Design des Lehr-Lern-Arrangements abgeleitet. Abschließend werden die Veränderungen nach der Durchführung des Lehr-Lern-Arrangements dargestellt.

In Kapitel 9 wird das aus beiden Entwicklungsforschungszyklen hervorgegangenen Theorie- und Praxisprodukt vorgestellt. Das Theorieprodukt umfasst Einsichten in typische Hürden für *Financial Numeracy* sowie in die Gelingensbedingungen erfahrungsbasierten Lernens. Daraus werden Gestaltungsprinzipien für Aufgaben zur Förderung von *Financial Numeracy* abgeleitet. Das Praxisprodukt umfasst ein Lehr-Lern-Arrangement, das theoretische Erkenntnisse in konkrete Unterrichtspraxis überführt. Es wurde an zwei Schulen in Baden-Württemberg erprobt und weiterentwickelt und kann als Grundlage für die Förderung von *Financial Numeracy* an weiteren Schulen in Baden-Württemberg sowie allgemein im deutschsprachigen Grundschulkontext dienen.

Kapitel 10 schließt die Arbeit mit einem Fazit ab. Es fasst die zentralen Implikationen für Theorie und Praxis zusammen, reflektiert die Limitationen der Untersuchung und gibt einen Ausblick auf mögliche Perspektiven und Anschlussfragen zukünftiger Forschung.

Klärung relevanter Begrifflichkeiten und Zusammenhänge

2

Diese Arbeit fokussiert finanzielle Bildung aus der Perspektive der Mathematikdidaktik. Dafür gilt es zunächst zu klären, was finanzielle Bildung bedeutet und wie finanzielle Bildung mit Mathematik zusammenhängt. Die Begriffsklärungen sind allerdings mit einigen Herausforderungen verbunden:

- Uneinheitliche Begriffsverwendungen im deutschsprachigen Raum: Die Bedeutung finanzieller Bildung zu klären ist komplex, da im deutschsprachigen Raum zahlreiche Begriffe wie Finanzkompetenz, Finanzwissen, finanzielle Bildung oder finanzielle Allgemeinbildung verwendet werden, ohne dass eine einheitliche begriffliche Abgrenzung besteht. Die Begriffe werden oft synonym verwendet, was zu begrifflichen Unschärfen in wissenschaftlichen und bildungspolitischen Diskursen führt (Geiger et al., 2016; Gnan et al., 2007; Kaminski & Friebel, 2012).
- Wörtliche Übersetzung englischsprachiger Begriffe nicht möglich: In der englischsprachigen Literatur wird der Begriff *Financial Literacy* häufig verwendet (Geiger et al., 2016). Eine direkte Übersetzung ins Deutsche als finanzielle Alphabetisierung ist jedoch unpassend, da der Begriff Alphabetisierung weder die inhaltliche Tiefe noch die Dynamik finanzbezogenen Wissens widerspiegelt (Reifner, 2003; Bay et al., 2014). Deshalb wird *Financial Literacy* im deutschsprachigen Raum oft als Fremdwort übernommen – dennoch besteht weiterhin Uneinigkeit über seine genaue Bedeutung und Abgrenzung zu verwandten Begriffen wie *Financial Education* oder *Financial Capability* (Hung et al., 2009; Schürkmann & Schuhen, 2013; SEDI, 2004; Reifner, 2011).
- Unterschiedliche Begriffsbedeutungen je nach Bezugsdisziplin: Die Problematik wird noch dadurch verstärkt, dass sich unterschiedliche Disziplinen mit den

D.-M. Wiedenhöfer, *Förderung des Umgangs mit Geld in der Grundschule*, Perspektiven der Mathematikdidaktik,
https://doi.org/10.1007/978-3-658-53385-4_2

Begriffen beschäftigt haben, die für diese Arbeit relevant sind, und die Bedeutung der Begriffe je nach Disziplin unterschiedlich ausgelegt haben. So ist aus mathematikdidaktischer Perspektive insbesondere der Begriff *Numeracy* im Zusammenhang mit finanzieller Bildung von Bedeutung. Was unter *Numeracy*verstanden wird, unterscheidet sich allerdings, je nachdem, ob es sich um Forschungsliteratur innerhalb der Mathematikdidaktik oder anderer Disziplinen (z. B. Wirtschaftswissenschaften oder Finanzwissenschaften) handelt (Savard & Cavalcante, 2021).

Aufgrund dieser begrifflichen Unschärfen werden im Folgenden Diskurse um relevante Begrifflichkeiten und deren Bedeutungen dargestellt. In Abschnitt 2.1 erfolgt dies für Begriffe aus dem Bereich der Finanzbildung, in Abschnitt 2.2 für Begriffe aus dem Bereich der Mathematikdidaktik. In Abschnitt 2.3 wird der Zusammenhang zwischen Begriffen beider Bereiche geklärt.

2.1 Begriffsklärungen aus dem Bereich Finanzbildung

Im Bereich der Finanzbildung werden international die Begriffe *Financial Literacy* und *Financial Education* häufig verwendet, während im Deutschen meist von finanzieller Bildung gesprochen wird. Zunächst wird der Begriff *Financial Literacy* in seiner engeren und weiteren Bedeutung definiert. Danach erfolgt eine Klärung des Zusammenhangs von *Financial Literacy* mit den Begriffen *Financial Education* und finanzieller Bildung[1].

2.1.1 Bedeutung von Financial Literacy

In der englischsprachigen Literatur ist *Financial Literacy* der meistverwendete Begriff in Diskussionen über finanzielles Wissen und finanzielle Kompetenzen (Gnan et al. 2007; Remund 2010). Die Bedeutung von Financial Literacy ist dabei unterschiedlich weit gefasst. Die enge Bedeutung konzentriert sich hauptsächlich auf Wissensaspekte, sodass Financial Literacy auf finanzspezifisches Wissen reduziert wird. Eine beispielhafte Definition für diese reine Wissensperspektive

[1] Fremdsprachige Fachbegriffe werden in dieser Arbeit vor der Klärung ihrer Bedeutung kursiv gesetzt und im weiteren Text zur besseren Lesbarkeit nicht mehr kursiv hervorgehoben. Deutschsprachige Begriffe werden grundsätzlich nicht kursiv gesetzt.

lautet folgendermaßen: "Financial literacy is a basic knowledge that people need in order to survive in a modern society." (Kim, 2001, S. 1).

Dem engeren Verständnis, das Financial Literacy vornehmlich auf Finanzwissen reduziert, steht ein erweitertes Verständnis gegenüber, welches neben der Wissens- auch eine Anwendungsdimension beinhaltet. Huston (2010) betont, dass Financial Literacy mehr als bloßes Wissen umfasst. Eine Person braucht daneben auch die Fähigkeit und das Selbstvertrauen, ihr Finanzwissen anzuwenden, um fundierte finanzielle Entscheidungen zu treffen: „Financial literacy could be conceptualized as having two dimensions – understanding (personal finance knowledge) and use (personal finance application)." (Huston, 2010, S. 306). Financial Literacy umfasst dabei auch affektive Aspekte wie Emotionen, Motivationen, Werte und Normen gegenüber Finanzen (Aprea et al., 2015; Bucher-Koenen & Lusardi, 2011).

Im schulischen Kontext ist dieses Verständnis von Financial Literacy besonders bedeutsam, da zunehmend eine Kompetenzorientierung gefordert wird. Kompetenzen gelten als erwerbbare Handlungsdispositionen, die situationsspezifisch zum Einsatz kommen. Ziel ist es daher, nicht nur theoretisches Wissen zu vermitteln, sondern die Lernenden zur aktiven Problemlösung zu befähigen (Klieme & Hartig, 2008).

Die *Organisation for Economic Cooperation and Development* (OECD) lässt eine solche Kompetenzorientierung unter Berücksichtigung von Wissensaspekten, affektiven Aspekten und Verhaltensaspekten in ihrer Definition von Financial Literacy für die Studien im Rahmen des *Programme for International Student Assessment* (PISA) erkennen. Für die PISA-Studien wird Financial Literacy folgendermaßen definiert:

> Financial literacy is knowledge and understanding of financial concepts and risks, as well as the skills and attitudes to apply such knowledge and understanding in order to make effective decisions across a range of financial contexts, to improve the financial well-being of individuals and society, and to enable participation in economic life. (OECD, 2023b, S. 40)

Ein solches kompetenzorientiertes Verständnis von Financial Literacy wird in der Literatur teils auch mit den Begriffen *Financial Competency* oder *Financial Capability* beschrieben. Laut Reifner (2011) kann Financial Capability auch mit Finanzkompetenz ins Deutsche übersetzt werden. Zusammengefasst gibt es ein enges und weiter gefasstes Verständnis von Financial Literacy. Beide Verständnisse sind in Abbildung 2.1 dargestellt.

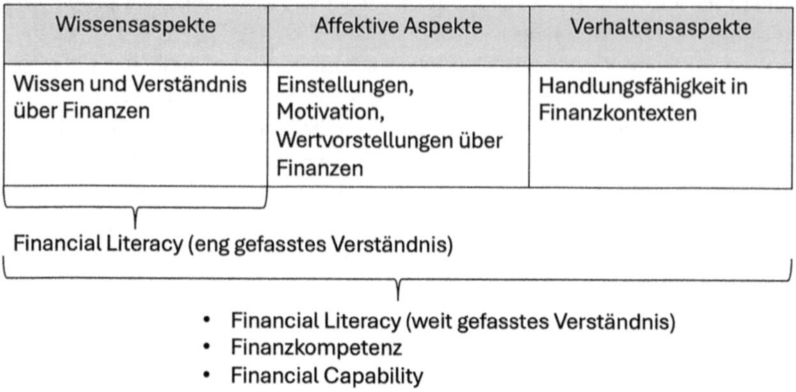

Abbildung 2.1 Begriffsverständnisse von Financial Literacy. (Eigene Darstellung in Anlehnung an Geiger et al., 2016, S. 76)

Des Weiteren lassen sich Unterschiede in der Orientierung von Financial Literacy ausmachen: Nach Weber (2017) sind einige Verständnisse von Financial Literacy auf eine individuelle Orientierung begrenzt, die sich auf das persönliche Geldmanagement konzentriert und das Individuum dabei nur in der Rolle des Konsumierenden sieht. Während die individuelle Orientierung und das persönliche Finanzmanagement weiterhin als wichtige Bestandteile von Financial Literacy angesehen werden sollten, argumentiert Weber (2017), dass die Komplexität finanzieller Entscheidungen unterschätzt wird, wenn die Beziehungen zu anderen ökonomisch Agierenden, wirtschaftlichen Rahmenbedingungen, gesellschaftlichen Einflüssen und individuellen und gesellschaftlichen Folgen von Finanzentscheidungen ausgeblendet werden.

Ähnlich differenzieren Aprea et al. (2015), dass es bei Financial Literacy einmal um persönliche Finanzentscheidungen, beispielsweise bezüglich des Konsums, des Sparens oder des Investierens, geht, diese Entscheidungen aber in einen breiteren gesellschaftlichen und ökonomischen Kontext eingebettet sind. Es gilt zu bedenken, wie eigene Entscheidungen den gesellschaftlichen und ökonomischen Kontext beeinflussen, als auch wie dieser Kontext das individuelle Entscheidungsverhalten prägt.

Durch diese Einbettung von Finanzentscheidungen in den ökonomischen und gesellschaftlichen Kontext ist neben einer individuellen Orientierung auch eine systemische Orientierung bedeutsam, was beispielsweise ein Verständnis für die Funktionsweise von Märkten umfasst. Individuen werden im Rahmen der systemischen Orientierung nicht nur als Konsumierende, sondern als mündige Wirtschaftsbürger*innen gesehen, welche Mitgestalter*innen der institutionellen Rahmenbedingungen sind und zur Teilhabe und Mitwirkung an der Gestaltung eines demokratiekompatiblen Wirtschafts- und Finanzsystems befähigt werden sollen (Aprea et al., 2015). Neben kognitiven Faktoren sollen nach Aprea et al. (2015) auch motivationale und emotionale Faktoren und der Einfluss sozialer Werte und Normen beachtet werden, weshalb sie zusätzlich eine kognitive und non-kognitive Dimension unterscheiden. Abbildung 2.2 illustriert das soeben vorgestellte Verständnis von Financial Literacy, welches sowohl unterschiedliche Orientierungen (individuell und systemisch) als auch kognitive und non-kognitive Aspekte beinhaltet.

Financial Literacy		
	Kognitiv (Wissen und Handlungsfähigkeit)	Non-kognitiv (affektive Aspekte)
Individuelle Orientierung: Persönliche Finanzen	Wissen, Kenntnisse und Fähigkeiten im Kontext des persönlichen Finanzmanagements	Emotionen, Motivationen, Werte und Normen bezüglich des persönlichen Finanzmanagements
Systemische Orientierung: Ökonomischer und gesellschaftlicher Kontext	Wissen, Kenntnisse und Fähigkeiten in Bezug auf den ökonomischen und gesellschaftlichen Kontext	Emotionale und motivationale Aspekte und und Werte und Normen bezüglich des ökonomischen und gesellschaftlichen Kontexts

Abbildung 2.2 Orientierungen von Financial Literacy. (Eigene Darstellung in Anlehnung an Aprea et al., 2015, S. 21)

Die individuell kognitive Orientierung umfasst beispielsweise das Planen und Verwalten von alltäglichen Geldangelegenheiten (z. B. Erstellung eines Budgets und Planung von Ausgaben in Übereinstimmung mit den eigenen Bedürfnissen und Möglichkeiten), während die systemisch kognitive Orientierung das Wissen und die Handlungsfähigkeit bezüglich des ökonomischen und gesellschaftlichen Kontextes beinhaltet (z. B. Wissen, was Inflation bedeutet und wie sich Inflation auf finanzielle Entscheidungssituationen auswirken kann). Die individuell non-kognitive Orientierung beinhaltet, Skepsis gegenüber Werbung zu zeigen, während unter die systemisch non-kognitive Orientierung ein differenziertes Betrachten und Reflektieren der Marktmoral zählt.

Zusammengefasst beinhaltet ein weit gefasstes Verständnis von Financial Literacy verschiedene Kompetenzbestandteile (Wissen, Einstellungen und Verhalten) und verschiedene Orientierungen (individuell und systemisch). Diese Art der Ausdifferenzierung von Financial Literacy findet sich teilweise auch in Finanzkompetenzmodellen wieder, wie im „Rahmen zur Verbesserung der

Finanzkompetenzen für Kinder und Jugendliche in der Europäischen Union“ (Europäische Union/OECD, 2023). Dieser Rahmen berücksichtigt die altersgerechte finanzielle Kompetenzentwicklung in drei Altersgruppen: 6 – 10 Jahre, 11 – 15 Jahre und 16 – 18 Jahre und gliedert sich in vier Themenbereiche: „Geld und Transaktionen“, „Planung und Verwaltung der Finanzen“, „Risiken und Erträge“ sowie „Finanzlandschaft“, wobei die Anzahl und Verteilung der Kompetenzerwartungen auf die Themenbereiche je nach Altersstufe variiert.

Einen beispielhaften Ausschnitt des Kompetenzrahmens aus dem Bereich „Geld und Transaktionen“ bietet Tabelle 2.1. Dort sind Kompetenzanforderungen aus der Subkategorie „Preise, Käufe und Zahlungen“ formuliert.

Tabelle 2.1 Ausschnitt aus dem Kompetenzrahmen für Kinder und Jugendliche (Europäische Union/OECD, 2023)

Verhaltensweisen	Einstellungen	Wissen
Prüft die Richtigkeit von Rückgeld und Belegen	Traut sich zu sagen, wenn das Rückgeld oder die Belege falsch sind	Weiß, dass es einen Unterschied zwischen Großhandels- und Einzelhandelspreisen sowie Erzeuger- und Verbraucherpreisen gibt
Vergleicht ähnliche Produkte nach ihrem Preis		
Unterscheidet zwischen dem Preis und dem Wert einer Ware		

Financial Literacy, in der deutschen Version des Rahmens übersetzt mit Finanzkompetenz, umfasst nach diesem Kompetenzrahmen nicht nur die individuelle Orientierung, also das finanzielle Wohlergehen des Einzelnen, sondern auch das Wohlergehen der Gesellschaft und der Umwelt. Durch bereichsübergreifende Kompetenzen sollen Kinder lernen, ökologische, soziale und unternehmerische Aspekte finanzieller Entscheidungen zu verstehen. So sollen Kompetenzen im Bereich nachhaltiger Finanzen dazu führen, dass Kinder Nachhaltigkeitsaspekte bei persönlichen Finanzentscheidungen bedenken. Unternehmerische Kompetenzen sollen die Eigeninitiative fördern und die Fähigkeit schulen, Ideen umzusetzen, die einen Mehrwert für andere schaffen. Bürgerkompetenzen sollen ein verantwortungsvolles Finanzverhalten und das Gemeinschaftsgefühl fördern (Europäische Union/OECD, 2023).

2.1.2 Bedeutung von Financial Education

Die Begriffe *Financial Literacy*und *Financial Education*werden manchmal synonym verwendet, jedoch sollten diese nach Hung et al. (2009) als unterscheidbare Konzepte definiert werden: Während Financial Literacy ergebnisorientiert ist und einen Lernstand zu einem bestimmten Zeitpunkt beschreibt, ist Financial Education prozessorientiert und bezieht sich auf Maßnahmen, die es einem Individuum ermöglichen sollen, Lernfortschritte bezüglich Financial Literacy zu machen. Der Zusammenhang zwischen Financial Literacy und Financial Education wird in Abbildung 2.3 illustriert.

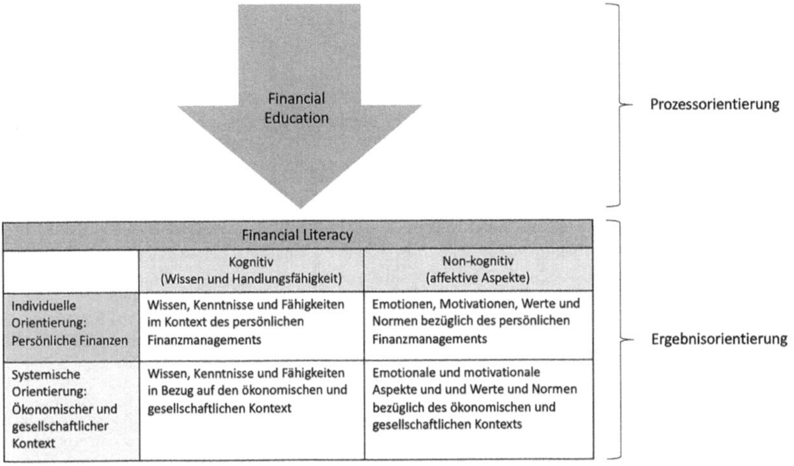

Financial Literacy		
	Kognitiv (Wissen und Handlungsfähigkeit)	Non-kognitiv (affektive Aspekte)
Individuelle Orientierung: Persönliche Finanzen	Wissen, Kenntnisse und Fähigkeiten im Kontext des persönlichen Finanzmanagements	Emotionen, Motivationen, Werte und Normen bezüglich des persönlichen Finanzmanagements
Systemische Orientierung: Ökonomischer und gesellschaftlicher Kontext	Wissen, Kenntnisse und Fähigkeiten in Bezug auf den ökonomischen und gesellschaftlichen Kontext	Emotionale und motivationale Aspekte und und Werte und Normen bezüglich des ökonomischen und gesellschaftlichen Kontexts

Abbildung 2.3 Zusammenhang zwischen Financial Literacy und Financial Education. (Eigene Darstellung in Anlehnung an Aprea et al., 2015, S. 21 und Geiger et al., 2015, S. 76)

Die OECD (2012) folgt einer solchen prozessorientierten Definition, indem Financial Education folgendermaßen beschrieben wird:

> the process by which individuals improve their understanding of financial products and concepts; and through information, instruction and/or objective advice develop the skills and confidence to become more aware of financial risks and opportunities, to make informed choices, to know where to go for help, and to take other effective actions to improve their financial well-being and protection. (OECD, 2012, S.12)

2.1.3 Bedeutung von finanzieller Bildung

Finanzielle Bildung kann sowohl prozessorientiert als auch ergebnisorientiert verstanden werden (Geiger et al., 2016). Das Verhältnis zwischen Financial Literacy, Financial Education und finanzieller Bildung wird in Abbildung 2.4 visualisiert.

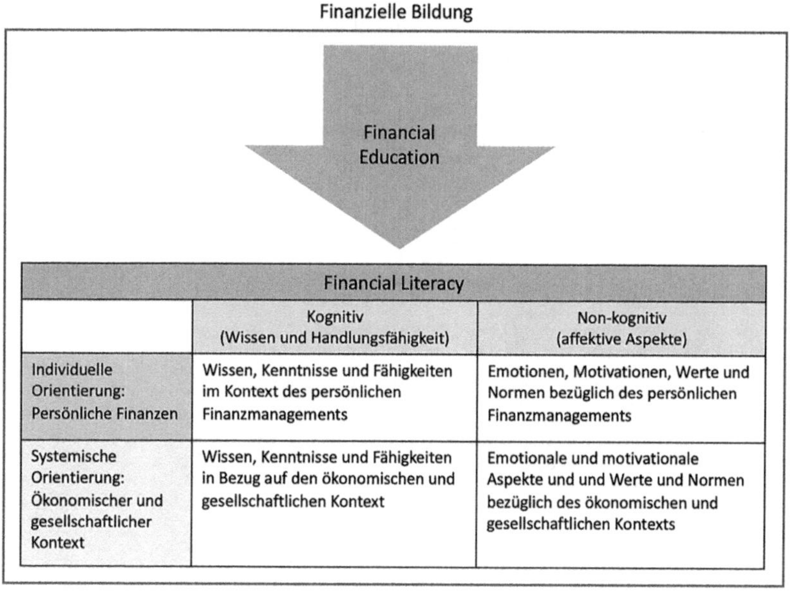

Abbildung 2.4 Begriffsverständnis finanzieller Bildung. (Eigene Darstellung, in Anlehnung an Aprea et al., 2015, S. 21 und Geiger et al., 2016, S. 76)

Kaminski und Friebel definieren finanzielle Allgemeinbildung im Sinne der Prozess- und Ergebnisorientierung, als

> [...] den Prozess zur Entwicklung von Finanzkompetenz. Diese wird als die Summe von Einstellungen, Motivationen, Wertvorstellungen, Kenntnissen, Fähigkeiten und Fertigkeiten verstanden, die es einem Individuum ermöglichen, sich kompetent und mündig auf dem Finanzdienstleistungsmarkt zu orientieren, es befähigen, seine privaten Finanzen zu organisieren, entsprechend zu handeln und sich an der Analyse

und Gestaltung der institutionellen Rahmenbedingungen des Finanzdienstleistungsbereichs zu beteiligen. Finanzielle Allgemeinbildung umfasst neben der Verbraucherperspektive auch die Unternehmensperspektive und die ordnungspolitische Dimension, um eine multiperspektivische Auseinandersetzung mit dem Finanzwesen, den Finanzprodukten und den darauf bezogenen institutionellen Rahmenbedingungen zu ermöglichen (Kaminski und Friebel, 2012, S. 40).

Nach dieser Definition ist finanzielle Allgemeinbildung zum einen als ein Prozess zu verstehen, der auf die Entwicklung von Finanzkompetenz abzielt. Zum anderen bezeichnet finanzielle Allgemeinbildung thematische Inhaltsbereiche, in denen entsprechende Kompetenzen erworben werden sollen (Geiger et al., 2016).

Kaminski und Friebel (2012) verwenden den Begriff der Allgemeinbildung, um klarzustellen, dass finanzielle Allgemeinbildung die gesamte Bevölkerung betrifft, statt berufsspezifisch verstanden zu werden. Die Verwendung von Allgemeinbildung im Zusammenhang mit Finanzen ist allerdings umstritten. Habschick et al. (2003) kritisieren daran, dass der Begriff Allgemeinbildung umfassend definiert ist und sich nicht auf einen Teilbereich, wie den Umgang mit Finanzen, einschränken lässt. Sie empfinden den Begriff finanzielle Grundbildung passender. Von Mania und Tröster (2015) wird finanzielle Grundbildung jedoch im Hinblick auf das Schwierigkeitsniveau innerhalb des niedrigsten Kompetenzbereichs verstanden, sodass es sich um existenziell basale und unmittelbar lebenspraktische Anforderungen alltäglichen Handelns und der Lebensführung in geldlichen Angelegenheiten handelt. Für sie grenzt sich finanzielle Grundbildung damit von weiter gefassten Bildungsbegriffen, wie finanzielle Allgemeinbildung, ab (Mania und Tröster, 2014).

Wird allgemein von finanzieller Bildung gesprochen, gilt es, die Bedeutung des Bildungsbegriffs anzuerkennen. Bildung bedeutet, das eigene Leben durch rationales Denken, Selbstverantwortung und Autonomie zu bestimmen (Frühauf und Retzmann, 2016). Das Bildungsverständnis macht es nach Seeber und Retzmann (2017) notwendig, dass finanzielle Bildung nicht auf rein finanziell rationale Nützlichkeitserwägungen und die Fokussierung auf das persönliche Wohlergehen beschränkt bleibt, sondern auch das verantwortliche Handeln gegenüber der Mitwelt und die Berücksichtigung des gesellschaftlichen Zusammenlebens beinhaltet. Insbesondere im schulischen Kontext könne ansonsten auf den Bildungsauftrag der Schule verwiesen werden und dessen Nichterfüllung als Argument für die Ablehnung finanzieller Bildung angeführt werden. Ein solches Verständnis von finanzieller Bildung, wie es von Seeber und Retzmann (2017) gefordert wird, entspricht in der Ergebnisperspektive am ehesten dem weit gefassten Verständnis von Financial Literacy, mit einem Fokus auf die individuelle und systemische Dimension, wie es auch von Aprea et al. (2015) oder im Rahmen zur Verbesserung der Finanzkompetenz von Kindern und Jugendlichen (Europäische Union/OECD, 2023) vertreten wird (siehe Abschnitt 2.1.1) und bildet die konzeptionelle Grundlage der vorliegenden Arbeit.

2.2 Begriffsklärungen aus dem Bereich Mathematikdidaktik

Aufgrund der uneinheitlichen Verwendung von Begriffen aus dem Bereich der Mathematikdidaktik im Rahmen der Finanzbildung werden in den folgenden Unterkapiteln zentrale mathematikbezogene Begriffe erläutert. Im Mittelpunkt steht dabei der Begriff *Numeracy*, der im Folgenden erläutert und von verwandten Konzepten abgegrenzt wird. Anschließend wird *Financial Numeracy* als Schnittpunkt von Mathematik und Finanzkontext näher erläutert.

2.2.1 Bedeutung von Numeracy

Nach Goos und O'Sullivan (2022) ist es schwierig, *Numeracy*[2] eindeutig zu definieren, weil Numeracy seine Inhalte aus dem umgebenden realen Kontext ableitet und seine Bedeutung daher nicht dauerhaft für alle Situationen und für alle Zeiten festgelegt werden kann. Hinzu kommt, dass sich das Verständnis von Numeracy im Laufe seiner Begriffsgeschichte deutlich weiterentwickelt hat. Erstmals erschien die Bezeichnung Numeracy im Crowther Report im Vereinigten Königreich (Ministry of Education, 1959), in dem Numeracy als Spiegelbild von Literacy beschrieben wurde, aber quantitatives Denken beinhaltete. Etwa 20 Jahre später wurde Numeracy im Cockcroft Report (1982) des Vereinigten Königreichs verwendet, in dem festgeschrieben wurde, dass numeral sein zwei Attribute beinhaltet: eine Vertrautheit mit Zahlen zu haben und in der Lage zu sein, mathematisch dargestellte Informationen zu verstehen, und zwar nicht nur in Form von Zahlen, sondern auch in Form von Grafiken, Diagrammen und Tabellen. Wieder etwa 20 Jahre später identifizierte Steen (2001) mehrere essenzielle Elemente, die ein komplexeres Bild von Numeracy ergeben: Sicherheit im quantitativen Denken

[2] In dieser Arbeit wird durchgängig der englische Begriff *Numeracy* verwendet. Teilweise wird Numeracy ins Deutsche mit Numeralität oder Alltagsmathematik übersetzt. Davon wird in dieser Arbeit abgesehen, da die Übersetzungen oftmals mit einer weniger umfassenden Bedeutungszuschreibung einhergehen und insbesondere die kritische Orientierung, welche die internationale *Numeracy*-Diskussion prägt, im deutschsprachigen Raum bislang wenig fokussiert wird (siehe für eine Ausführung in Lüssenhop und Kaiser, 2021).

und die Fähigkeit zu sinnvollen Schätzungen, logisches Denken und Entscheidungsfindung, den Einsatz mathematischer Werkzeuge in spezifischen Kontexten, die Fähigkeit mit Daten zu argumentieren, sowie ein vertrauter Umgang mit Zahlen und Symbolen, um Situationen angemessen darzustellen. Die verschiedenen Definitionen verdeutlichen, wie sich das Verständnis von Numeracy im Laufe der Zeit ausgeweitet und differenziert hat (Goos & O'Sullivan, 2022).

Jedoch wird Numeracy auch in der heutigen Zeit noch mit unterschiedlichen Bedeutungen verbunden. Nach Goos und O'Sullivan (2022) lassen sich zeitgenössische Auffassungen von Numeracy auf einem Kontinuum verorten, das von technischen Fertigkeiten (Numeracy as a technical skill) bis hin zu sozialen Praktiken (Numeracy as a social practice) reicht.

Am einen Ende des Kontinuums steht die Auffassung von Numeracy als technische Fertigkeit, die vor allem prozedural oder funktional gefasst wird. In diesem Verständnis soll Numeracy Arbeitskräfte hervorbringen, die über die nötigen Kompetenzen verfügen, um zur wirtschaftlichen Entwicklung eines Landes beizutragen:

- *Prozedurale Numeracy:* Diese Perspektive versteht Numeracy primär als Aneignung grundlegender mathematischer Kenntnisse und Fertigkeiten, um insbesondere leistungsschwächere Schüler*innen auf das Leben außerhalb der Schule vorzubereiten. Diese Perspektive wird häufig kritisiert, da sie mit geringen Erwartungen an Lernende und Lehrkräfte einhergeht und stark auf drillbasierte Unterrichtspraktiken fokussiert ist (Dole, 2003).
- *Funktionale Numeracy:* Hier steht der praktische Nutzen im Vordergrund. Numeracy soll die persönliche, soziale und ökonomische Teilhabe des Individuums stärken und zur gesellschaftlichen Produktivität beitragen (Goos & O'Sullivan, 2022).

Am anderen Ende des Kontinuums wird Numeracy stärker als soziale Praxis verstanden, die in spezifischen Kontexten verankert ist und eine kritische Auseinandersetzung mit mathematischen Informationen erfordert:

- *Kontextuelle Numeracy:* Diese Sichtweise verortet Numeracy im Alltag und betont ihre Bedeutung für eine reflektierte, aktive Bürgerschaft. Numeral zu sein bedeutet, Mathematik flexibel und sinnvoll in unterschiedlichen Lebensbereichen – zu Hause, am Arbeitsplatz und in der Gemeinschaft – anzuwenden. Neben mathematischem Wissen spielen dabei auch Dispositionen und allgemeine Denkfähigkeiten eine wichtige Rolle (Goos & O'Sullivan, 2022).

- *Kritische Numeracy:* Diese Perspektive erweitert den Blick auf die gesellschaftliche Dimension von Numeracy. Sie macht darauf aufmerksam, dass mathematische Informationen sowohl manipulierend wirken als auch zur Aufdeckung von Ungleichheit und Ungerechtigkeit beitragen können. Ziel ist es, Lernende zu befähigen, Daten kritisch zu interpretieren, Scheinargumente zu entlarven und mithilfe mathematischer Argumentation soziale Missstände zu hinterfragen (Frankenstein, 2010; Jablonka, 2003).

Innerhalb der Mathematikdidaktik (und generell in der Bildungsforschung) wird stärker das Verständnis von Numeracy als sozialer Praxis und damit einhergehend einer kontextuellen und kritischen Numeracy vertreten (Goos & O'Sullivan, 2022). Geiger et al. (2015) definieren Numeracy dementsprechend als Wissen und Fähigkeiten, die erforderlich sind, um den mathematischen Anforderungen des privaten und öffentlichen Lebens gerecht zu werden und als informierte, reflektierte und mitwirkende Bürger*innen an der Gesellschaft teilzunehmen.

Um heutzutage als numeral zu gelten, muss mathematisches Wissen in lebensweltlichen Kontexten angewendet werden können, wozu auch bestimmte Dispositionen und der adäquate Einsatz mathematischer Werkzeuge benötigt werden. Außerdem ist eine kritische Orientierung von Bedeutung, welche es ermöglicht, durch die Anwendung von Mathematik Argumente und Entscheidungen bezüglich gesellschaftlich relevanter Themen zu hinterfragen und eigene begründete Entscheidungen zu treffen oder Gegenargumente bezüglich Entscheidungen zu entwickeln (Geiger et al., 2015).

Nach Lüssenhop und Kaiser (2021) steht diese kritische Orientierung in der deutschsprachigen Mathematikdidaktik im Einklang mit Winters (1995) Vorstellungen eines allgemeinbildenden Mathematikunterrichts, welcher die Auseinandersetzung mit gesellschaftlich relevanten Themen aus einer mathematischen Perspektive fördern soll. Dabei sollte es eine grundlegende Erfahrung im Rahmen des allgemeinbildenden Mathematikunterrichts sein „Erscheinungen der Welt um uns, die uns alle angehen oder angehen sollten, aus Natur, Gesellschaft und Kultur, in einer spezifischen Art wahrzunehmen und zu verstehen“ (Winter, 1995, S. 17).

2.2.2 Zusammenhang zwischen Numeracy und Mathematik

Numeracy wird als Schnittpunkt von Mathematik und realweltlichen Kontexten gesehen. So erklärt beispielsweise Johnston (1994), dass Numeracy ein kritisches Bewusstsein ist, das Brücken zwischen Mathematik und der realen Welt schlägt. Mathematik und Numeracy sind somit unweigerlich miteinander verbunden, dürfen aber nicht gleichgesetzt werden. Steen (2001) schreibt diesbezüglich:

> Mathematics climbs the ladder of abstraction to see, from sufficient height, common patterns in seemingly different things. [...] But abstraction is not the focus of numeracy. Instead, numeracy clings to specifics, marshalling all relevant aspects of setting and context to reach conclusions (Steen, 2001, S. 17–18).

Während in der Mathematik zunehmend die Abstraktion vom Kontext erzielt werden soll, bleibt der Kontext stets essenzieller Teil von Numeracy. Um als numeral zu gelten, wird von einer Person erwartet, dass sie mathematisches Wissen besitzt. Zudem muss die Person dieses Wissen in realweltlichen Kontexten anwenden können (Gal et al., 2020).

2.2.3 Verwandte Begriffe zu Numeracy

Teilweise werden statt Numeracy andere, ähnliche Begriffe wie *Mathematical Literacy* oder *Quantitative Literacy* verwendet (Goos & O'Sullivan, 2022). In den USA ist der Begriff Quantitative Literacy verbreitet, der die Fähigkeit bezeichnet, mit quantitativen Aspekten des Alltags angemessen umzugehen (Quantitative Literacy Design Team, 2001).

Im Kontext der OECD und der PISA-Studien wird der Begriff Mathematical Literacy verwendet. Dieser Begriff ist verglichen mit dem Begriff Numeracy relativ neu, hat sich aber ebenfalls über die Jahre weiterentwickelt – von einer Definition, die stärker auf Prozeduren und Faktenwissen konzentriert war, zu einer umfassenderen Definition, die weitere Aspekte, wie mathematisches Argumentieren, mit einbezieht. Die Definition von Mathematical Literacy der OECD für die letzte PISA-Studie im Jahr 2022 lautete wie folgt:

> [A] students' capacity to reason mathematically and to formulate, employ, and interpret mathematics to solve problems in a variety of real-world contexts. It includes concepts, procedures, facts and tools to describe, explain and predict phenomena.

> It helps individuals make well-founded judgements and decisions, and become constructive, engaged and reflective 21st-century citizens. (OECD, 2023a, S. 40)

Wie genau Numeracy sich von Mathematical Literacy und Quantitative Literacy unterscheidet, ist innerhalb der Mathematikdidaktik umstritten. Niss und Jablonka (2014) beschreiben Mathematical Literacy als Konzept, das im Schulkontext positioniert ist, während sie Numeracy als Anwendung von Mathematik in lebensweltlichen Kontexten von Erwachsenen ansehen. Geiger et al. (2015) argumentieren stattdessen, dass Numeracy in verschiedenen Ländern unter unterschiedlichen Namen diskutiert wird. So ist es im Vereinigten Königreich, Kanada, Südafrika und Australien üblich, den Begriff Numeracy zu verwenden, während in anderen Ländern eher die Begriffe Quantitative Literacy oder Mathematical Literacy verwendet werden. Trotz unterschiedlicher Begriffsgeschichten lassen sich Numeracy, Quantitative Literacy und Mathematical Literacy aber als nah miteinander verwandte Konzepte verstehen, die sich wechselseitig beeinflusst haben und heute maßgeblich die internationale Bildungspolitik prägen (Goos & O'Sullivan, 2022).

Obwohl es länderspezifische Unterschiede gibt, besteht weitgehende Einigkeit darüber, dass es bei diesen Konzepten um mehr geht als um das bloße Beherrschen grundlegender mathematischer Fertigkeiten. Es geht um die Verbindung zwischen dem, was in formalen Situationen (wie etwa in der Schule) über Mathematik gelernt wurde mit realweltlichen Problemen. Weiterhin bleibt es die Grundannahme, dass Mathematik und die mit ihrer Verwendung verbundenen Praktiken von grundlegender Bedeutung für die Navigation in persönlichen, wirtschaftlichen und soziopolitischen Welten sind (Geiger et al., 2020). Savard und Cavalcante (2021) kritisieren allerdings, dass manche Studien, welche Numeracy als Mathematical Literacy oder Quantitative Literacy konzeptualisieren, implizieren, dass Numeracy in der Schule in Isolation vom Kontext entwickelt werden kann und dann in verschiedenen Kontexten angewandt werden kann. Sie wollen sich durch die Verwendung des Begriffs Numeracy von diesen Konzeptualisierungen abgrenzen, da sie der Meinung sind, dass der Kontext ein grundlegender Aspekt der Entwicklung von Numeracy ist.

In dieser Arbeit wird der Begriff Numeracy verwendet, da dieser aufgrund der Betonung des Kontextes und dessen domänenspezifischen Anforderungen, die auch außermathematischer Sinnstiftung bedürfen, für das Ziel dieser Arbeit – die Gestaltung finanzieller Bildung vom Mathematikunterricht ausgehend – am geeignetsten erscheint. Zudem ist Numeracy der Begriff, welcher in der bestehenden Forschung zur Konzeptualisierung des Schnittpunkts von Mathematik und

Finanzkontext verwendet wird (siehe z. B. Savard & Cavalcante 2021; Gal et al., 2020), wie im nächsten Abschnitt genauer erläutert wird.

2.2.4 Bedeutung von Financial Numeracy

Financial Numeracy stellt eine spezifische Form von Numeracy dar, bei der Mathematik im Finanzkontext angewandt wird (Gal et al., 2020). Somit kann Financial Numeracy auch als Schnittpunkt von Mathematik und Finanzkontext gesehen werden, wie in Abbildung 2.5 dargestellt.

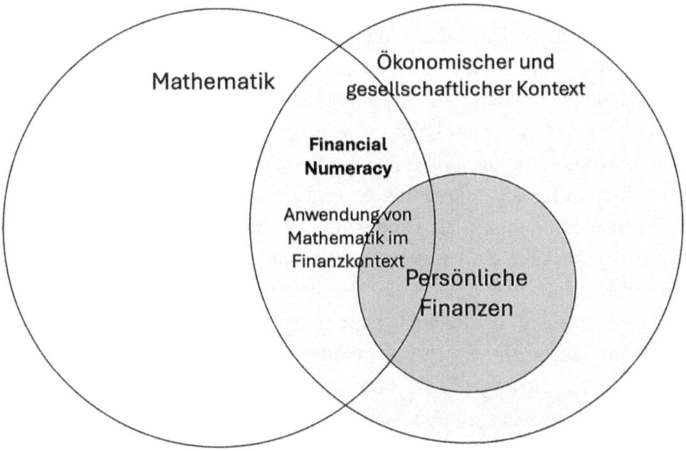

Abbildung 2.5 Financial Numeracy als Schnittpunkt von Mathematik und Finanzkontext. (Eigene Abbildung)

Allerdings herrscht in der Forschungsliteratur Uneinigkeit darüber, was genau Financial Numeracy umfasst. Nach Savard und Cavalcante (2021) tendieren Disziplinen außerhalb der Mathematikdidaktik dazu, die Bedeutung von Numeracy enger zu fassen, als es im Bereich der Mathematikdidaktik der Fall ist, was wiederum mit einem enger gefassten Verständnis von Financial Numeracy einhergeht.

Lusardi (2008) unterscheidet beispielsweise zwischen Basic Financial Numeracy und Financial Literacy und legt fest, dass Financial Numeracy das grundlegendste (und daher schwächste) Wissen darstellt, das für die Entwicklung einer fortgeschrittenen Financial Literacy erforderlich ist. Joo und Chatterjee (2012) konzeptualisieren Financial Numeracy und Financial Literacy in einer ähnlichen zweistufigen Struktur:

> Basic financial numeracy is the level of understanding basic financial math, such as interest rates and inflation (cognitive knowledge) while advanced financial literacy includes decision-making choices in the financial marketplace, such as risk diversification between company stock and mutual funds (behavioral aspects). (Joo & Chatterjee, 2012, S. 127)

In den Definitionen von Joo und Chatterjee (2012) und Lusardi (2008) wird die Bedeutung von Numeracy auf die Wissensdimension beschränkt. Andere Dimensionen, die laut Forschenden in der Mathematikdidaktik (siehe z. B. Goos et al., 2014) ebenfalls zu Numeracy gehören, wie der adäquate Einsatz mathematischer Werkzeuge, werden in dieser Konzeptualisierung nicht als Teil, sondern eher als Ersatz für Numeracy betrachtet. So argumentiert etwa Huston (2010), dass Defizite in Numeracy durch Hilfsmittel wie Taschenrechner oder Software ausgeglichen werden können. Zudem verengt das enge Verständnis von Numeracy das Spektrum mathematischer Inhalte und Prozesse, die in finanziellen Kontexten auftauchen können. So wird Financial Numeracy auf mathematisches Grundwissen (meist begrenzt auf arithmetisches Grundwissen) reduziert.

Savard und Cavalcante (2021) konzeptualisieren Financial Numeracy hingegen deutlich umfassender als die Wege, wie mathematische Ideen und Prozesse in finanziellen und ökonomischen Kontexten produziert, genutzt und kommuniziert werden. Financial Numeracy umfasst dabei das gesamte Spektrum mathematischer Konzepte, Verfahren und Werkzeuge sowie Einstellungen und das Vertrauen, Mathematik in finanziellen Kontexten sinnvoll anzuwenden. Aus der Sicht von Savard und Cavalcante (2021) kann die Anwendung von Mathematik nicht nur bei der Bewältigung mathematischer Anforderungen in persönlichen finanziellen Lebenskontexten helfen, sondern auch dazu dienen, finanzielle Konzepte (z. B. Gewinn oder Inflation) besser zu verstehen und die dahinterliegenden Modellierungen kritisch zu hinterfragen, im Hinblick auf deren soziale Konstruiertheit und deren soziale Auswirkungen.

So ist beispielsweise die Inflation als allgemeiner Anstieg der Preise im Laufe der Zeit ein reales, im täglichen Leben anerkanntes Phänomen. Die Berechnung dieses Indexes ist jedoch eine soziale und wirtschaftliche Konvention, welche eine Auswahl eines Warenkorbs von Waren und Dienstleistungen erfordert, um den durchschnittlichen Anstieg darzustellen. Die Gewichtung der Artikel in diesem Korb ist ebenfalls eine Konvention. Wie der endgültige Indexwert von verschiedenen Institutionen, Unternehmen und Einzelpersonen verwendet wird, hängt von den Wertvorstellungen der einzelnen Akteur*innen ab.

Dieses erweiterte Verständnis von Financial Numeracy, wie es unter anderem von Savard und Cavalcante (2021) vertreten wird, basiert auf einem Verständnis von Numeracy als sozialer Praxis (siehe Abschnitt 2.2.1). Es beinhaltet zum einen die flexible und sinnvolle Anwendung von Mathematik in finanziellen Lebenskontexten (kontextuelle Numeracy). Zum anderen umfasst es, die gesellschaftlichen und wirtschaftlichen Rahmenbedingungen finanzieller Entscheidungen zu durchdringen und dabei Ungleichheiten aufzudecken, die durch bestimmte mathematische Praktiken (re-)produziert werden (kritische Numeracy)

2.3 Financial Numeracy als Teil finanzieller Bildung

Finanzielle Bildung beschreibt den Prozess, der auf die Entwicklung von Finanzkompetenz abzielt und gleichzeitig die Ergebnisse in Form von finanziellem Wissen, Einstellungen und Verhaltensweisen, die es ermöglichen sollen, Finanzentscheidungen zu treffen (Geiger et al., 2016). Financial Numeracy kann als Teil finanzieller Bildung verstanden werden, da die Anwendung von Mathematik bei der Bewältigung finanzieller Situationen helfen kann, bei denen es um die kritische Evaluation von finanziellen Informationen, Daten und Risiken geht (Gal et al., 2020; Geiger et al., 2020). Der Zusammenhang zwischen finanzieller Bildung und Financial Numeracy ist in Abbildung 2.6 dargestellt.

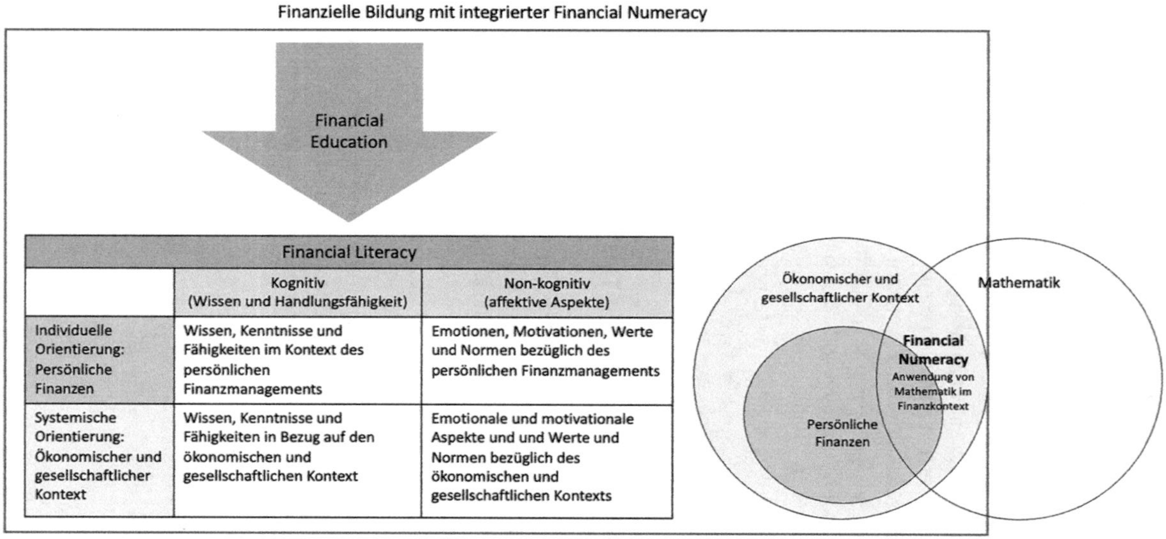

Abbildung 2.6 Financial Numeracy als Teil finanzieller Bildung. (Eigene Abbildung)

Die Relevanz finanzieller Bildung

3

Im vorherigen Kapitel wurden zentrale Begrifflichkeiten und Zusammenhänge erläutert, wobei Financial Numeracy als Teil finanzieller Bildung herausgearbeitet wurde. In den folgenden Kapiteln wird begründet, warum es relevant ist, finanzielle Bildung näher zu beforschen. Zunächst steht die gesamtgesellschaftliche Bedeutung finanzieller Bildung im Mittelpunkt. Im Anschluss wird erläutert, warum Maßnahmen zur Finanzbildung bereits im Grundschulalter sinnvoll sind und weshalb die Schule – und nicht nur das Elternhaus – dafür Verantwortung übernehmen sollte. Abschließend wird begründet, weshalb der Mathematikunterricht ein besonders geeigneter Rahmen für die Förderung finanzieller Bildung ist, insbesondere im Hinblick auf empirische Studien, die einen positiven Zusammenhang zwischen Numeracy und finanzieller Bildung belegen.

3.1 Die gesamtgesellschaftliche Relevanz finanzieller Bildung

Studien zeigen, dass ein höheres finanzielles Bildungsniveau eng mit der Qualität persönlicher Finanzentscheidungen verbunden ist (Grohmann und Menkhoff, 2015). Personen, bei denen ein höheres Finanzbildungsniveau gemessen wurde, sind oftmals besser fähig, ihr Geld zu verwalten, und bauen mit größerer Wahrscheinlichkeit ein höheres Vermögen auf (Lusardi & Mitchell, 2011). Personen mit niedrigem Finanzbildungsniveau werden stattdessen eher mit negativem Kreditverhalten, wie der Anhäufung von Schulden und hoher Kreditbelastung, in Verbindung gebracht (Hastings et al., 2013; Lusardi & Mitchell, 2014). Auch

D.-M. Wiedenhöfer, *Förderung des Umgangs mit Geld in der Grundschule*, Perspektiven der Mathematikdidaktik,
https://doi.org/10.1007/978-3-658-53385-4_3

die PISA-Studien zeigen einen Zusammenhang zwischen Finanzbildungsniveau und Finanzverhalten. Bei Jugendlichen mit hohem Finanzbildungsniveau war die Wahrscheinlichkeit, dass sie laut Selbstberichten Geld sparten, um 72 Prozent höher als bei Jugendlichen mit niedrigem Finanzbildungsniveau. Zudem war die Wahrscheinlichkeit, dass sie vor einem Kauf die Preise in verschiedenen Geschäften verglichen, um 50 Prozent höher (OECD, 2023b).

In Deutschland verfügen Haushalte im internationalen Vergleich über ein relativ hohes durchschnittliches Finanzbildungsniveau: Die getesteten Personen erreichten bei einem Finanzbildungstest im Durchschnitt eine Punktzahl von 76 von 100 möglichen Punkten, während der Durchschnittswert aller teilnehmenden Länder bei 60 von 100 möglichen Punkten lag (OECD, 2023b).

Allerdings zeigen Studien weltweit auch, dass das Niveau finanzieller Bildung in der Gesamtbevölkerung ungleich verteilt ist (Lusardi und Mitchell 2011; OECD, 2023b). Auch in Deutschland weisen bestimmte Bevölkerungsgruppen – insbesondere Frauen, ältere Menschen sowie Personen mit geringerem Bildungsstand und niedrigerem Einkommen – ein unterdurchschnittliches Finanzbildungsniveau auf (OECD, 2024). Aufgrund dieser ungleichen Verteilung des Finanzbildungsniveaus in der Bevölkerung und einer gleichzeitig zunehmenden Komplexität von Finanzentscheidungen wurde von der OECD schon vor 20 Jahren die Entwicklung nationaler Finanzbildungsstrategien angeregt (OECD, 2005). Es wird geraten, Maßnahmen zu ergreifen, um die finanzielle Bildung vom frühestmöglichen Alter an und während des gesamten Lebens zu entwickeln (OECD, 2023b).

Das Hauptziel finanzieller Bildung ist es, Individuen bei der Bewältigung finanzieller Lebenssituationen zu helfen, wodurch sich ein Beitrag zum finanziellen Wohlergehen des Einzelnen und der Gesellschaft erhofft wird (OECD, 2024). Über die Bewältigung finanzieller Lebenssituationen hinaus kann finanzielle Bildung auch zu einem besseren Weltverständnis beitragen. Zum Beispiel kann sie zu einem grundlegenden Verständnis der Funktionen von Geld im gesamtwirtschaftlichen Zusammenhang oder der Funktionsweise von Finanzmärkten in einer globalisierten Wirtschaft verhelfen. Insgesamt soll finanzielle Bildung zur gesellschaftlichen Teilhabe und dabei einmal zur Bewältigung individueller Finanzprobleme und zur Analyse und Bewertung gesamtwirtschaftlicher Problemlagen und Politikkonzeptionen beitragen (Tzanova et al., 2011).

3.2 Die Relevanz finanzieller Bildung für Grundschulkinder

Kinder entwickeln laut entwicklungspsychologischen Studien ein Verständnis von ökonomischen und finanziellen Konzepten und Prozessen[1], indem sie verschiedene Entwicklungsstufen durchlaufen (siehe z. B. Berti und Bombi, 1988; Claar, 1990; Webley, 2005). So kommen Kinder bereits im Alter von zwei bis drei Jahren mit Geld in Berührung, verstehen dann aber noch nicht, welche Funktionen Geld erfüllt. Im weiteren Entwicklungsverlauf verstehen Kinder zunehmend, dass Geld beim Einkaufen gegeben wird, um im Gegenzug Ware zu erhalten. Im Vorschulalter erkennen Kinder, dass unterschiedliche Waren unterschiedliche Geldbeträge erfordern, und beginnen, sich zunehmend an den Zahlen auf den Münzen, statt nur an der Größe der Münzen zu orientieren, um deren Wert zu bestimmen. Zwischen sechs und acht Jahren entwickeln sie ein grundlegendes Verständnis für den Zusammenhang zwischen Ware, Preis und Rückgeld, wobei das Rückgeld zunehmend fehlerfrei berechnet werden kann. Die Entwicklung des Geldverständnisses ist im Grundschulalter noch nicht abgeschlossen, sondern entwickelt sich weiter zu einem abstrakteren Verständnis der Geldfunktionen. Das heißt, es wird zunehmend besser verstanden, dass Geld als allgemein akzeptiertes Tausch- und Zahlungsmittel, Wertmaßstab und Wertspeicher dient, unabhängig von seiner äußeren Form (Claar, 1990).

Diese beschriebene Weiterentwicklung des Geldverständnisses und des Umgangs mit Geld wird zum Teil durch die allgemeine kognitive Entwicklung

---

[1] Entwicklungspsychologische Studien beschäftigen sich meist übergeordnet mit der Entwicklung des ökonomischen Verständnisses von Kindern, wobei das Verständnis finanzieller Konzepte (wie z. B. Wert von Geld) und Prozessen (wie z. B. Tauschprozesse von Geld gegen Ware beim Einkaufen) einen Teil dieser Untersuchungen ausmachen. Damit wird auch ersichtlich, wie das Verständnis finanzieller Konzepte mit dem fortschreitenden ökonomischen Verständnis zusammenhängen. So zeigt sich beispielsweise, dass der Gewinn von Ladenbesitzer*innen erst wirklich nachvollzogen werden kann, wenn Kinder ein integriertes ökonomisches Systemverständnis haben. Jahoda (1979) beschreibt das ökonomische Systemverständnis, welches Kinder im Alter von etwa sechs bis zehn Jahren haben, folgendermaßen: Kinder verstehen in der Regel zwei getrennte Austauschsysteme – eines, bei dem Geld für Waren bezahlt wird (Konsument*innen ↔ Händler*innen ↔ Produzent*innen), und eines, bei dem Geld für Arbeit gezahlt wird (Arbeitnehmer*innen ↔ Arbeitgeber*innen). Diese Systeme sind jedoch noch nicht miteinander verbunden, sodass viele Kinder annehmen, dass der Lohn der Ladenmitarbeiter*innen aus externen Geldquellen stammt. Zudem gehen sie davon aus, dass Waren zu einem festen Preis eingekauft und verkauft werden, sodass kein verwendbarer Überschuss entsteht. Sie müssen verstehen, dass eine Ware im Laden teurer verkauft wird, als sie eingekauft wurde, um von dem Überschuss die Löhne der Ladenmitarbeiter*innen zu bezahlen und um weiterhin einen Gewinn zu erwirtschaften.

der Kinder erklärt, aber auch vom sozialen und kulturellen Umfeld beeinflusst (Webley, 2005). Dabei spielt die finanzielle Sozialisation eine bedeutende Rolle.

Finanzielle Sozialisation bezeichnet den Prozess, durch den Individuen finanzielle Werte, Einstellungen, Normen, Wissen und darauf aufbauend auch Verhaltensweisen erwerben, die zur finanziellen Lebensfähigkeit und zum individuellen Wohlbefinden beitragen (Danes, 1994; Sherraden et al., 2010). Finanzielle Sozialisation wird als lebenslanger Prozess angesehen, aber die frühen Lebensjahre sind besonders prägend (Moschis, 1985). Nach Whitebread und Bingham (2013) beginnen sich finanzielle Gewohnheiten und Verhaltensweisen schon im Vorschulalter auszubilden, sodass im Kindesalter der Grundstein für den Umgang mit Geld bereits gelegt ist. Deshalb ist es sinnvoll, möglichst früh mit gezielter Finanzbildung zu beginnen.

Eine frühe Finanzbildung ist außerdem wichtig, weil Kinder in der Konsumgesellschaft zunehmend selbstständig agieren: Sie treffen Kaufentscheidungen, nutzen digitale Bezahlsysteme und verwalten Taschengeld (Langmeyer & Winklhofer, 2014). Wulfmeyer und Hauenschild (2008) konstatierten schon vor fast 20 Jahren, dass 6- bis 12-jährige Kinder in Deutschland bereits in jungen Jahren eigenständig am Konsum teilnehmen und damit direkt oder indirekt über eine jährliche Summe von mehreren Milliarden Euro bestimmen. Auch aktuelle Befragungen zeigen, dass Kinder aktive Wirtschaftsakteur*innen sind: Im Rahmen einer Erhebung von Mastercard und Bling aus dem Jahr 2024 wurden über 1.000 Kinder und Jugendliche im Alter von 10 bis 18 Jahren zu ihrem Finanzverhalten befragt. Im Durchschnitt erhielten die Befragten monatlich 57,21 Euro Taschengeld. Während Zehnjährige durchschnittlich 23,46 Euro erhielten, bekamen 18-Jährige bereits rund 91,05 Euro im Monat. Es zeigte sich zudem, dass Kinder und Jugendliche frühzeitig Erfahrungen mit Online-Shopping machen: Bereits 20 Prozent der Zehnjährigen hatten schon online eingekauft, bei den 13-Jährigen waren es sogar mehr als 50 Prozent (Schmitz-Engels, 2024).

Laut Langmeyer und Winklhofer (2014) stellt ein kompetenter Umgang mit Geld[2] eine Voraussetzung für eine souveräne Alltagsgestaltung und gesellschaftliche Teilhabe dar. Der kompetente Umgang mit Geld ist also eine zentrale Daseinskompetenz, die aber nicht selbstverständlich erworben wird.

Hinter Gewohnheiten und Verhaltensweisen, die Kinder mit Geld zeigen, muss nicht zwangsläufig tiefergehendes Verständnis liegen. Während beispielsweise viele Kinder und Jugendliche in der Befragung von Mastercard und Bling angaben, über eigenes Geld zu verfügen und damit auch Kaufentscheidungen

[2] Der tägliche Umgang mit Geld bildet laut Tzanova et al. (2011) einen Teilbereich der finanziellen Bildung.

zu treffen, gab nur etwa die Hälfte der Befragten an, einen Überblick über alle Ausgaben zu haben (Schmitz-Engels, 2024).

Auch entwicklungspsychologische Studien zeigen, dass aus bestimmten Verhaltensweisen mit Geld nicht auf dahinterliegendes Verständnis geschlossen werden sollte: So geben Kinder im Vorschulalter bei Kaufladenspielen wie selbstverständlich Geld gegen Ware, weil sie erfahren haben, dass Einkaufen so funktioniert. Werden sie allerdings gefragt, warum sie so handeln, stellt sich heraus, dass sie die funktionalen Gründe hinter diesem Austausch nicht verstehen. Es wird nicht erfasst, dass es sich um einen Austausch von Werten handelt, stattdessen wird der Tausch lediglich moralisch oder als ritualisierter Akt begründet, im Sinne von „Das muss man so machen, sonst ist es nicht richtig." (Berti und Bombi, 1988; Claar, 1996). Auch beim Sparverhalten zeigt sich, dass jüngere Kinder das Sparen zunächst nicht funktional verstehen. Wenn sie sparen, wird dies oftmals noch moralisch motiviert und begründet, um sich beispielsweise so zu verhalten, dass die Eltern zufrieden sind (Sonuga-Barke & Webley, 1993). Auch im Grundschulalter gibt es noch Entwicklungsbedarf bezüglich eines tatsächlich verständnisvollen Verhaltens im Umgang mit Geld. So beschreibt Rosendorfer (1997), dass Kinder als konsumkompetent eingeschätzt werden, weil sie über Produkt- und Markenkenntnisse verfügen, Konsumwünsche artikulieren und oftmals auch genau wissen, wie viel Geld sie für den Kauf eines gewünschten Produktes benötigen. Gleichzeitig fehlt es ihnen aber oftmals an Verständnis für Marktmechanismen und Preisbildung. Mit entsprechenden Bildungsinterventionen könnte hier gezielt angesetzt und das Verständnis gefördert werden.

3.3 Die Relevanz finanzieller Bildung im Schulkontext

Die finanzielle Sozialisation lässt sich nach Langmeyer und Winkelhofer (2014) in drei Sozialisationsinstanzen untergliedern:

- Die primäre Sozialisation erfolgt durch die Eltern und in der Familie.
- Die sekundäre Sozialisation findet in Institutionen wie Kindergarten und Schule statt.

- Die tertiäre Sozialisation umfasst Einflüsse und die Auseinandersetzung mit der Peergroup, den Medien, der Nachbarschaft, Vereinen und der Gesellschaft allgemein[3].

Die Familie als primäre Sozialisationsinstanz hat den stärksten Effekt auf die finanzielle Sozialisation (Shim et al., 2009). Finanzielles Wissen, Fähigkeiten und Einstellungen werden dabei auf drei Wegen erlernt: durch Beobachtungen, Gespräche über Geldthemen, sowie eigene finanzielle Erfahrungen (LeBaron et al., 2019).

Eltern können durch explizite Formen der Sozialisation das Finanzverhalten ihrer Kinder beeinflussen. Nyhus und Webley (2013) zeigten, dass elterliche Vermittlung, wie etwa das Ermutigen zum Sparen und das Vermitteln, wie man mit dem eigenen Geld haushalten kann, einen positiven Einfluss auf die Zukunftsorientierung und die Sparquote junger Erwachsener hat. Explizite Sozialisationsprozesse, wie Finanzgespräche oder gezielte Anleitungen, wirken dabei besonders effektiv, wenn die Eltern-Kind-Beziehung durch Vertrauen und gegenseitigen Respekt geprägt ist (Gudmunson & Danes, 2011). Neben diesen expliziten Formen gibt es aber auch implizite Formen der finanziellen Sozialisation: Viele Lernprozesse verlaufen eher beiläufig und unbewusst statt durch direkte Instruktion. Beutler und Dickson (2008) sowie Rosa et al. (2018) zeigten, dass finanzielle Sozialisation überwiegend durch unbewusst vorgelebte Werte und Handlungen erfolgt. Bereits alltägliche Situationen wie die Beobachtung der Kinder, wie ihre Eltern Einkäufe tätigen oder Rechnungen bezahlen, vermitteln grundlegende finanzielle Werte und Normen, die bis ins Erwachsenenalter wirken.

Finanzielle Bildung durch die Familie als primäre Sozialisationsinstanz ist am wirksamsten, allerdings können Eltern dies nicht alle in derselben Qualität leisten (Tzanova et al., 2011). In Studien hat sich gezeigt, dass das finanzielle Bildungsniveau stark mit dem Bildungsstand, Einkommen und Vermögen zusammenhängt (Lusardi & Mitchell, 2014; OECD 2023b; OECD, 2023c). Eltern mit geringerer Bildung, niedrigerem Einkommen oder weniger Vermögen sind schlechter in der Lage, ihren Kindern Finanzwissen zu vermitteln. (Lusardi et al., 2010). Finanzielle Bildung zu Hause misslingt dann, wenn die Eltern selbst in Geldangelegenheiten inkompetent sind. Finanzielle Inkompetenz kann in diesen Elternhäusern dann über Generationen verfestigt werden (Tzanova et al., 2011). Um dies zu vermeiden und um mehr Chancengerechtigkeit zu schaffen, wird

[3] Auf die dritte Form der Sozialisation wird im Folgenden nicht weiter eingegangen, da sie über den Untersuchungsrahmen dieser Arbeit hinausgeht.

unter anderem von der OECD (2014) gefordert, dass finanzielle Bildung nicht nur Aufgabe der Eltern, sondern auch Teil der Schulbildung sein sollte.

Eine Finanzbildung schon in der Grundschule startend, scheint zudem sinnvoll, da Studien nahelegen, dass Kinder etwa ab der dritten Klasse über eine qualitativ veränderte informelle Theorie der Ökonomie verfügen und auch fortgeschrittenere Begründungsmuster zeigen (z. B. bezüglich Geldwertes, Preisbildung und Tauschprozessen), statt nur sehr oberflächlich über finanzielle Sachverhalte nachdenken zu können (Schug und Birkey, 1985). Darüber hinaus ist es in den oberen Grundschulklassenstufen auch möglich, das Verständnis finanzieller Konzepte und ökonomischer Zusammenhänge gezielt durch Interventionen zu fördern. Verwiesen sei hier auf beispielhafte Interventionsstudien von Berti (1992) zum Gewinnverständnis von Drittklässler*innen und Berti (1999) zum Verständnis von Banken bei Drittklässler*innen.

In der wissenschaftlichen Diskussion gibt es allerdings auch Kritik an finanziellen Bildungsprogrammen. Willis (2008, 2011) sowie Fernandes et al. (2014) äußern grundlegende Zweifel an der Effektivität finanzieller Bildungsprogramme. Jedoch zeigen Metaanalysen, wie jene von Amagir et al. (2018) sowie Kaiser und Menkhoff (2020), dass insbesondere schulische Programme messbare positive Effekte auf das Finanzwissen und in geringerem Maße auch auf das finanzielle Verhalten haben können. Dennoch müssen Finanzbildungsprogramme gut durchdacht und pädagogisch sinnvoll gestaltet sein. Denn vor allem Angebote von Finanzdienstleister*innen stehen in der Kritik, interessengeleitetes Wissen zu vermitteln, wobei das Ziel nicht die Förderung einer kritischen Auseinandersetzung mit finanziellen Entscheidungssituationen, sondern das Akzeptieren bestehender Strukturen oder der Verkauf von Finanzprodukten ist (Schmerr, 2021).

In Deutschland hat eine Bestandsaufnahme zu bestehenden Finanzbildungsprogrammen von Aprea und Suna (2024) gezeigt, dass ein Großteil der Finanzbildungsprogramme von Finfluencer*innen oder privatwirtschaftlichen Anbieter*innen angeboten wird, wobei dort der Fokus stark auf der Vermittlung bestimmter Inhalte in Form von Wissen liegt und suggeriert wird, dass der Erwerb dieses Wissens direkt zur Verbesserung der individuellen Finanzsituation führt. Des Weiteren ist bei den Angeboten der Übergang zwischen Finanzbildungsangebot und Marketing oftmals fließend. Ein solch reduziertes Verständnis finanzieller Bildung birgt die Gefahr, individuelle Verantwortung überzubetonen und systemische Ursachen finanzieller Notlagen auszublenden. Zudem werden soziale und ethische Dimensionen finanzieller Entscheidungen vernachlässigt.

Demgegenüber gibt es Ansätze, schulische Finanzbildung holistischer und kritisch-reflexiv zu gestalten. Diese Ansätze konzentrieren sich nicht ausschließlich auf persönliche Vermögensbildung, sondern berücksichtigen auch gesellschaftliche, wirtschaftliche und ethische Rahmenbedingungen von Finanzentscheidungen. Björklund und Sandahl (2021) plädieren etwa dafür, im Rahmen finanzieller Bildung kritisches Urteilsvermögen zu fördern und gesellschaftliche Zusammenhänge sowie Machtstrukturen sichtbar zu machen. Auch Davies (2015), Lucey et al. (2015) sowie Blue und Grootenboer (2019) unterstreichen, dass eine ethische Orientierung notwendig ist, um Schüler*innen dabei zu unterstützen, finanzielle Fragen kritisch zu reflektieren und faire, nachhaltige Lösungen für zentrale gesellschaftliche Herausforderungen zu entwickeln.

3.4 Die Relevanz finanzieller Bildung vom Mathematikunterricht ausgehend

In vielen Ländern ist finanzielle Bildung bereits fest im Grundschulcurriculum verankert, entweder in Form eines eigenständigen Fachs oder als übergreifende Leitperspektive, welche in alle Fächer integriert werden soll (OECD, 2014). Zum Beispiel wurde in Australien Finanzbildung als Bestandteil schulischer Bildung im Grundschulcurriculum verankert. (Australian Curriculum Assessment and Reporting Authority, o. D.). Auch in Kanada ist finanzielle Bildung in mehreren Bereichen des Grundschulcurriculums verortet, unter anderem im Fach Mathematik (Savard, 2020).

In Deutschland sieht die Situation etwas anders aus: Es gibt für die Finanzbildung bisher weder ein eigenes Fach in der Grundschule noch eine eigene Leitperspektive. Geldwerte sind jedoch unter der Leitidee „Größen und Messen“ in den Bildungsstandards für das Fach Mathematik (Kultusministerkonferenz, 2022) und im Bildungsplan des Landes Baden-Württemberg für das Fach Mathematik verortet. Die Schüler*innen sollen dem Bildungsplan nach Größenvorstellungen der Größe Geldwerte entwickeln und mit der Größe Geldwerte in Kontexten umgehen können (Ministerium für Kultus, Jugend und Sport Baden-Württemberg, 2024). Zudem sind im Bildungsplan des Landes Baden-Württemberg für das Fach Sachunterricht inhaltsbezogene Kompetenzen mit Finanzbezug verortet (Ministerium für Kultus, Jugend und Sport Baden-Württemberg, 2016a).

Finanzielle Bildung vom Mathematikunterricht ausgehend zu gestalten, wird durch empirische Studien gestützt, welche die Bedeutung mathematischer Fähigkeiten für das Verständnis finanzieller Konzepte und Prozesse hervorheben. Darüber hinaus zeigen Korrelationsstudien einen positiven Zusammenhang zwischen Mathematik und finanziellen Ergebnissen. Diese Befunde werden in den folgenden Abschnitten näher erläutert.

3.4.1 Beitrag der Mathematik zum Verständnis finanzieller Konzepte und Prozesse

Innerhalb von Studien, die sich mit der Entwicklung des Verständnisses von und des Umgangs mit Geld bei Kindern beschäftigt haben, zeigt sich immer wieder, wie wichtig neben der allgemeinen kognitiven Entwicklung und domänenspezifisch ökonomischen Einsichten auch mathematische Kompetenzen sind. So stellen nach Claar (1990) sowohl das Verständnis der logisch-arithmetischen Relationen innerhalb des Systems aus Münzen und Scheinen als auch die Quantifizierung des Austauschs von Geld, Ware und Rückgeld wichtige Voraussetzungen für das Verständnis der Aktivitäten im Handel und in der Produktion und der Entstehung von Preisen dar. Des Weiteren benötigen Kinder für effektives Sparen die Fähigkeit, momentane Ausgaben von späterem Bedarf abhängig zu machen und für langfristige Ziele zu planen. Diese Budgetierungsentscheidungen erfordern nach Berti in Sonuga-Barke & Webley (1993) auch die Anwendung mathematischen Wissens und Fähigkeiten.

Darüber hinaus verdeutlichen Studien von Berti und de Beni (1988) und Berti (1992), dass mathematische Kompetenzen auch bei Interventionen, welche auf die Förderung des Verständnisses finanzieller Konzepte abzielen, mitgedacht werden müssen. Kinder, die Schwierigkeiten beim quantitativen Vergleich von Einnahmen und Ausgaben hatten, konnten auch nach gezielten pädagogischen Interventionen kein tragfähiges Verständnis des Gewinnkonzepts entwickeln: Einige Kinder erkannten nicht, dass der Gewinn bei null bleibt, wenn Produkte zum selben Preis verkauft werden, zu dem sie eingekauft wurden. Manche Kinder glaubten, dass bei größerer Verkaufsmenge trotzdem ein Gewinn möglich sei. Andere wiederum verstanden von Beginn an, dass bei identischem Einkaufs- und Verkaufspreis – unabhängig von der verkauften Stückzahl – kein Gewinn erzielt wird. Der präzise Abgleich von Einnahmen und Ausgaben stellt somit eine grundlegende Voraussetzung für das Verständnis des Gewinnkonzepts dar (Berti, 1992).

3.4.2 Positive Korrelationen zwischen Mathematik und finanziellen Ergebnissen

Studien belegen positive Zusammenhänge zwischen Mathematik[4] und finanziellen Ergebnissen[5]. In den PISA-Studien wurden Mathematical Literacy und Financial Literacy bei 15-jährigen Schüler*innen der teilnehmenden OECD-Länder erhoben. Zusammenhangsanalysen zeigten einen signifikant positiven Zusammenhang zwischen Mathematical Literacy und Financial Literacy: Jugendliche, die eine hohe Punktzahl beim Mathematiktest erreichten, wiesen meist auch eine hohe Punktzahl beim Finanztest auf. Im Durchschnitt der OECD-Länder betrug die Korrelation zwischen Financial Literacy und Mathematical Literacy 0,87 (OECD, 2023b). In einer von der Verfasserin dieser Arbeit durchgeführten Studie wurden die mathematischen und finanziellen Fähigkeiten von Viertklässler*innen analysiert. Die Ergebnisse bestätigten ebenfalls einen positiven Zusammenhang zwischen mathematischen und finanziellen Fähigkeiten (Wiedenhöfer, 2023).

Grohmann und Menkhoff (2015) untersuchten, welche Kindheitsvariablen die finanzielle Bildung im Erwachsenenalter beeinflussen. Dabei zeigte sich, dass Rechenfertigkeiten einen positiven Einfluss auf finanzielle Bildung hatten und finanzielle Bildung wiederum einen positiven Einfluss auf das finanzielle Verhalten hatte.

Skagerlund et al. (2018) fanden heraus, dass ein zentraler Bestandteil von Financial Literacy auf Numeracy und die emotionale Einstellung bezüglich Zahlen zurückgeführt werden kann. So kann ausgeprägte Mathematikangst dazu führen, finanzielle Entscheidungen insgesamt zu vermeiden. Die Fähigkeit, Zahlen zu verstehen und eine emotionale Einstellung zu Zahlen zu haben, die den

[4] Hier wird der Begriff Mathematik als übergeordneter Begriff verwendet, da die Studien sich auf unterschiedliche mathematikbezogene Begriffe beziehen, unter anderem auf Mathematical Literacy oder Numeracy. Im Rahmen der Darstellung der Studienergebnisse werden die Begrifflichkeiten der Autor*innen verwendet, um die Begriffsvielfalt zu verdeutlichen und Ergebnisse nicht durch die Verwendung von Begriffsübersetzungen, die teilweise im Deutschen andere Bedeutungen haben, zu verfälschen. Die Problematik der vielen verschiedenen Begrifflichkeiten wurde bereits in Kapitel 2 ausgeführt.

[5] Finanzielle Ergebnisse werden hier ebenfalls als Oberbegriff verwendet. Einmal bezieht sich dieser Oberbegriff auf Testergebnisse zur Messung des Finanzbildungsniveau (z. B. Ergebnisse beim PISA-Test für Financial Literacy). Andererseits können sich finanzielle Ergebnisse im Leben auf die finanzielle Situation von Personen beziehen. Zum Beispiel wird es in Studien als positives finanzielles Ergebnis im Leben angesehen, wenn eine Person keine Kreditkartenschulden hat (siehe z. B. Peters et al., 2019).

Einzelnen nicht daran hindert, sich täglich mit Mathematik und finanziellen Entscheidungen zu befassen, ist daher eine treibende Kraft für die Entwicklung von Financial Literacy.

Auch die finanziellen Ergebnisse im Leben werden durch Mathematik beeinflusst. Peters et al. (2019) führten eine Sekundäranalyse mithilfe eines Datensatzes der Vereinigten Staaten (der *Understanding America Study*) durch. Der Datensatz enthielt Informationen bezüglich positiver finanzieller Ergebnisse (z. B. Investitionen), objektiver Numeracy (gemessen durch flüssiges Rechnen) und numerischem Selbstvertrauen der Befragten. Flüssiges Rechnen zusammen mit dem numerischen Selbstvertrauen konnte die (selbstberichteten) finanziellen Ergebnisse vorhersagen. Erwachsene mit hoher objektiver Numeracy und hohem numerischem Selbstvertrauen hatten die besten finanziellen Ergebnisse im Leben. Allerdings war hohes numerisches Selbstvertrauen zusammen mit einer niedrigen objektiven Numeracy mit den schlechtesten finanziellen Ergebnissen verbunden.

De Bruin & Slovic (2021) stellten eine Sekundäranalyse der *Lloyd's Register Foundation World Risk Poll 2019* vor, bei der grundlegende Rechenfähigkeiten von Teilnehmern aus 141 Ländern gemessen wurden. Sie fanden heraus, dass Menschen, die nicht in der Lage waren, einfache numerische Umrechnungen vorzunehmen (z. B. zu verstehen, dass 1 zu 10 gleichbedeutend mit 10 % ist), tendenziell zu den Ärmsten in ihrem Land gehörten.

Zusammenfassend zeigt sich die Relevanz finanzieller Bildung auf mehreren Ebenen: Auf gesamtgesellschaftlicher Ebene zeigt sich, dass finanzielle Bildung eng mit individuellen finanziellen Entscheidungen, Wohlstand und gesellschaftlicher Teilhabe verknüpft ist, gleichzeitig jedoch ungleich verteilt bleibt. Aus entwicklungspsychologischer Perspektive wird deutlich, dass Kinder bereits früh finanzielle Erfahrungen machen und grundlegende Vorstellungen entwickeln, die jedoch häufig noch nicht auf einem tragfähigen konzeptuellen Verständnis beruhen. Daraus ergibt sich die Notwendigkeit gezielter Bildungsangebote bereits im Grundschulalter. Zudem zeigt sich, dass die Familie als zentrale Sozialisationsinstanz zwar eine wichtige Rolle spielt, jedoch bestehende Ungleichheiten verstärken kann, weshalb der Schule eine kompensatorische Funktion zukommt. Schließlich unterstreichen sowohl curriculare Verankerungen als auch empirische Befunde die besondere Bedeutung des Mathematikunterrichts für die Förderung finanzieller Bildung, insbesondere im Hinblick auf die wichtige Rolle mathematischer Kompetenzen für das Verständnis finanzieller Zusammenhänge, weshalb Gestaltungsmöglichkeiten finanzieller Bildung im Mathematikunterricht genauer untersucht werden sollten.

4 Stand der Forschung: Finanzielle Bildung im Mathematikunterricht

Im vorherigen Kapitel wurde die Relevanz finanzieller Bildung für Kinder ab dem Grundschulalter und im schulischen Kontext, sowie die tragende Rolle der Mathematik für die Finanzbildung dargestellt: Studien belegen, dass mathematisches Verständnis grundlegend ist, um finanzielle Konzepte und Prozesse zu verstehen (Berti, 1992). Mathematische Fähigkeiten und förderliche Einstellungen hängen außerdem positiv mit dem finanziellen Bildungsniveau und langfristigen finanziellen Ergebnissen im Leben zusammen (OECD, 2023; Skagerlund et al., 2018). Der Mathematikunterricht in der Grundschule bietet somit eine vielversprechende Möglichkeit, finanzielle Bildung frühzeitig und für alle Kinder zugänglich zu machen. Im Folgenden wird deshalb der Forschungsstand dazu dargelegt, wie Finanzbildung im Mathematikunterricht wirksam gestaltet werden kann. Dabei werden zwei Gestaltungsansätze fokussiert, welche sich in der bisherigen Forschung als wirkungsvoll erwiesen haben: Lernen durch Erfahrungen und ein Fokus auf das Lehren und Lernen von Numeracy.

4.1 Lernen durch Erfahrungen

Totenhagen et al. (2015) analysierten in ihrem Literaturreview Bildungsprogramme für Kinder und Jugendliche mit dem Ziel, Gestaltungsmerkmale zu identifizieren, die nachweislich positive Veränderungen im finanziellen Wissen und Verhalten bewirken können. Sie kamen zu dem Schluss, dass die effektivsten Methoden der finanziellen Bildung die sind, welche aktive Lernerfahrungen und -aktivitäten ermöglichen. Auch Collins und Odders-White (2015) sprechen sich für erfahrungsbasierte Lernformen aus. Sie betonen, dass sich finanzielle Kompetenzen vor allem durch praktische Anwendung entfalten.Dabei bieten

D.-M. Wiedenhöfer, *Förderung des Umgangs mit Geld in der Grundschule*, Perspektiven der Mathematikdidaktik,
https://doi.org/10.1007/978-3-658-53385-4_4

sich unterschiedliche schulische Möglichkeiten an, erfahrungsbasiertes Lernen zu realisieren – etwa durch die Interaktion mit realen oder simulierten Finanzprodukten und -dienstleistungen. Solche Erfahrungen fördern nicht nur kognitive, sondern auch affektive Kompetenzbestandteile: Wie Drever et al. (2015) hervorheben, tragen authentische Handlungssituationen wesentlich zur Entwicklung von Selbstwirksamkeitserleben und Vertrauen in die eigene finanzielle Handlungsfähigkeit bei – beides gilt als entscheidender Faktor für langfristiges finanzielles Wohlbefinden.

Amagir et al. (2018) führten eine Metastudie durch, in der sie die Wirksamkeit schulischer Finanzbildungsprogramme untersuchten und relevante Gestaltungsmerkmale für verschiedene Schulstufen herausarbeiteten. In dieser Metastudie stellte sich erfahrungsbasiertes Lernen im Grundschulbereich als besonders vielversprechender Vermittlungsansatz heraus, der neben finanziellen Einstellungen und Wissen auch das finanzielle Verhalten positiv beeinflussen konnte. Amagir et al. (2018) schlussfolgerten daraus, dass es bei finanzieller Bildung nicht nur darum gehen sollte, neue Fähigkeiten zu erwerben, sondern auch darum, zu wissen, wie man diese Fähigkeiten anwendet, und den Schülern auf dieser Grundlage zu helfen, Erfahrungen zu sammeln, die sie stärken. In der Grundschule sollte demnach der Fokus auf einer handlungsorientierten Didaktik liegen, deren zentrales Kennzeichen „Lernen durch Handeln" ist. Zudem sei es entscheidend, dass Schüler*innen die Auswirkungen ihrer Entscheidungen direkt erfahren, indem sie aktiv am Lernprozess beteiligt sind.

In Studien, welche sich mit der Entwicklung des finanziellen und ökonomischen[1] Verständnisses von Kindern auseinandersetzen, wird neben Lernen durch Beobachtung und Gespräche schon lange auf die Bedeutung eigener Handlungserfahrungen hingewiesen. Schug und Birkey (1985) untersuchten das ökonomische Verständnis von Kindern und folgerten, dass Kinder früher ein reflektiertes Verständnis von ökonomischem Tausch und Werbung entwickelten als von Konzepten wie monetärem Wert oder Opportunitätskosten, weil sie mit den ersteren Konzepten eher persönliche Erfahrungen sammeln konnten. Eine Empfehlung von Schug und Birkey (1985) war es deshalb, Grundschulkindern im Unterricht wirtschaftsbezogene Erfahrungen zu ermöglichen, etwa durch die Simulation von Geschäften oder Banken. Kulturvergleichende Studien zeigen, wie sich die Entwicklung des Gewinnverständnisses aufgrund unterschiedlicher Erfahrungsräume unterscheiden kann: Jahoda (1983) zeigte, dass simbabwische Kinder mit direkter

[1] Ökonomisches Verständnis ist für die finanzielle Bildung von Bedeutung, da es neben dem Umgang mit persönlichen Finanzen auch um die Berücksichtigung des ökonomischen und gesellschaftlichen Kontextes gehen sollte, in dem Finanzen eingebettet sind (siehe Kapitel 2 zur Klärung von Begrifflichkeiten und Zusammenhängen).

Markterfahrung schneller ein Verständnis für Gewinn entwickelten als britische Kinder, welche nicht dieselben Erfahrungen machen konnten. Auch Saxe (1988) konnte zeigen, dass brasilianische Kinder, die als Straßenverkäufer*innen tätig waren, aufgrund ihrer Erfahrungen im Handel schon recht früh ein Verständnis wirtschaftlicher Zusammenhänge (hier zwischen Preisen, Gewinn und Inflation) entwickelten. Abramovitch et al. (1991) zeigten, dass Kinder, die regelmäßig Taschengeld bekamen, in einer simulierten Einkaufssituation besser in der Lage waren, das ihnen zur Verfügung stehende Geld zu verwalten und reflektierte Ausgabestrategien zu entwickeln als Kinder, welche nur unregelmäßig oder gar kein Geld erhielten.

Praktische Erfahrungen mit Geld können auch einen bedeutsamen Beitrag zur Förderung mathematischer Kompetenzen leisten. So zeigte sich in der bereits erwähnten Studie von Saxe (1988), dass Kinder, die als Straßenverkäufer*innen arbeiteten, eher in der Lage waren, profitablere Angebote zu erkennen und den Gewinn entsprechend korrekt zu berechnen als Kinder, die nicht als Straßenverkäufer*innen arbeiteten. Auch weitere Studien haben gezeigt, dass Alltagserfahrungen mit dem Kaufen und Verkaufen wichtige Lerngelegenheiten für den Erwerb arithmetischen Wissens darstellen (Guberman, 1996; Khan, 1999; Saxe, 1991; Taylor, 2009). Kinder entwickeln in solchen finanziellen Kontexten ein Verständnis für Zahlen und Rechenoperationen, indem sie beispielsweise Münzen und Geldscheine zur Unterstützung bei Preisberechnungen nutzen oder Strategien zur Preisermittlung von Waren anwenden (Guberman, 1996; Saxe, 1991; Taylor, 2009).

Auch deutsche mathematikdidaktische Studien zu Kindern und Geld zeigen, wie groß der Einfluss der Erfahrungen mit Geld auf mathematische Kompetenzen im Umgang mit Geld ist: Franke und Kurz (2003) zeigten, dass Erstklässler*innen häufig den Preis günstiger Produkte (v. a. Lebensmittel bzw. Dinge des täglichen Bedarfs) überschätzten und teurerer Produkte (z. B. Autos, Häuser) unterschätzten.Preise von Produkten, die sie selbst schon gekauft hatten, konnten die Kinder besser einschätzen als Preise von Produkten, die sie noch nicht gekauft hatten. Bei den Studien von Grassmann et al. (2005, 2006, 2008) erhöhte sich der Anteil an Kindern, die allein einkaufen waren von Schulbeginn bis Klasse 2; zeitgleich verbesserten sich auch ihre Preisvorstellungen (erhoben durch das Zuordnen angemessener Preise zu Produkten des alltäglichen Bedarfs).

Thiel (2008) berechnete im Rahmen der Studien zu Kindern und Geld von Grassmann et al. (2005, 2006, 2008) mittels eines Kausalmodells, wie sich die Erfahrungen mit Geld vor Schulbeginn auf die späteren Fähigkeiten im Umgang mit Geld und das Rechnen (mit und ohne Geld) auswirkten. Das Kausalmodell, welches in Abbildung 4.1 zu sehen ist, erklärt dabei Leistungsunterschiede zwischen Kindern, nicht Leistungen selbst.

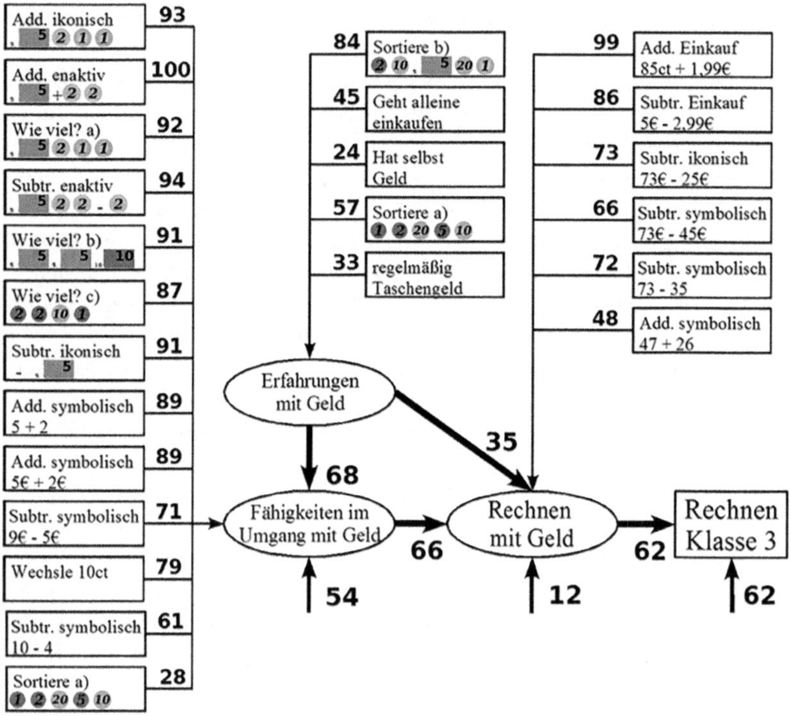

Abbildung 4.1 Kausalmodell zur Erklärung von Leistungsunterschieden (Thiel, 2008, S. 217)

Das Kausalmodell zeigt, dass Kinder, die vor Schulbeginn mehr Erfahrungen im Umgang mit Geld gemacht hatten und bessere Fähigkeiten im Umgang mit Geld zeigten, zum Ende von Klasse 2 besser mit Geld rechnen konnten und dabei auch Aufgaben lösen konnten, die so noch nicht im Unterricht thematisiert wurden. Zudem konnten die Erfahrungen mit Geld vor Schulbeginn 25 Prozent der Varianz des Rechnens in der dritten Klasse erklären (Thiel, 2008).

In den mathematikdidaktischen Studien zeigten sich jedoch auch starke Variationen bezüglich der Erfahrungen im Umgang mit Geld unter den befragten Kindern (Franke & Kurz, 2003; Grassmann et al., 2005, 2006, 2008). Ruwisch (2024) führte eine Replikationsstudie von Grassmann et al. (2005) durch und konstatierte, dass die Erfahrungen im Umgang mit Geld bei den untersuchten Schulanfänger*innen im Jahr 2023 nahezu identisch mit denen von Kindern vor 20 Jahren sind, trotz veränderter Kindheit bezüglich des Umgangs mit Geld. Sowohl bei Grassmann et al. (2005) als auch bei Ruwisch (2024) hatten fast alle Kinder zu Schulbeginn schon Einkaufserfahrungen mit den Eltern im Supermarkt gesammelt, jedoch waren nur etwas weniger als ein Drittel der Kinder bereits allein einkaufen. Weniger als ein Drittel der Kinder erhielten regelmäßig Taschengeld; der Großteil der Kinder erhielt nur unregelmäßig Geld über Geldgeschenke; vereinzelt erhielten Kinder auch schon durch Arbeit Geld.

Bezüglich der Geldkenntnisse konnten nur etwas über ein Drittel der befragten Kinder alle Münzen und Scheine (der Euro-Währung) richtig benennen. Viele Kinder hatten zudem Schwierigkeiten, zwischen der Anzahl und dem tatsächlichen Wert von Münzen zu unterscheiden (Grassmann et al., 2005; Ruwisch, 2024). Aufgrund dieser großen Heterogenität bezüglich der Vorerfahrungen mit Geld sollten potenzielle Erfahrungsdefizite in der Unterrichtsplanung berücksichtigt werden. Franke und Kurz (2003) schlagen deshalb vor, im Unterricht die Preise der örtlichen Supermärkte zu erkunden, damit Kinder realistische Preisvorstellungen entwickeln können. Auch Thiel (2008) vertritt die Meinung, dass es in manchen Fällen lernwirksamer sein kann, praktische Erfahrungen mit Geld, zum Beispiel beim Einkaufen, zu ermöglichen, als weitere Arbeitsblätter zum Rechnen mit Geldbeträgen bearbeiten zu lassen.

Neben mathematischen Kompetenzen kann erfahrungsbasierte Finanzbildung im Mathematikunterricht auch das *Engagement* fördern. Engagement mit Mathematik ist laut Attard (2014) ein multidimensionales Konstrukt, welches auf einer kognitiven, operativen und affektiven Ebene operiert. Engagement mit Mathematik entsteht, wenn Schüler*innen das Lernen von Mathematik wertschätzen und die Bedeutung von Mathematik für ihr Leben und ihre Zukunft anerkennen (Attard, 2014). Attard (2018) untersuchte, ob die Integration finanzieller Bildung in erfahrungsbasierten Lehr-Lern-Arrangements das Engagement mit

Mathematik von australischen Grundschüler*innen verbessern kann. Eine Schulklasse plante und führte hierfür einen Markttag an ihrer Schule durch, bei dem die Schüler*innen eigene Produkte herstellen und verkaufen sollten. Die Ergebnisse der Studie zeigen, dass die teilnehmenden Schüler*innen kognitiv, operativ und affektiv in das Lernen eingebunden waren, und ihr Verständnis mathematischer Konzepte im Zusammenhang mit finanzieller Bildung sich ebenso verbesserte wie ihr Wissen über finanzielle Zusammenhänge.

Trotz der soeben geschilderten Potenziale erfahrungsbasierten Lernens gibt es auch Grenzen, die bedacht werden müssen: Nicht jede Erfahrung wirkt sich automatisch positiv auf das Wissen über und den kompetenten Umgang mit Geld aus. Stattdessen kommt es auch darauf an, wie diese Erfahrungen ausgestaltet sind und von den Kindern reflektiert werden. So zeigen Studien (z. B. von Arndt & Kopp, 2015; Berti und Bombi, 1988; Claar, 1996), dass jüngere Kinder mitunter annehmen, dass, wenn sie Rückgeld an der Supermarktkasse erhalten, dies ein Geschenk des Verkaufspersonals sei. Hier wurden nur die Oberflächenmerkmale des Bezahlvorgangs erfasst, ohne einen quantitativen Zusammenhang zwischen Ware, Preis und Rückgeld herzustellen. Franke und Kurz (2003) stellten zudem fest, dass Kinder, die ihre Eltern häufig beim Einkaufen begleiteten und damit viele Einkaufserfahrungen sammelten, dadurch nicht unbedingt adäquate Preisvorstellungen ausbildeten oder mathematische Fähigkeiten im Umgang mit Geld erwarben. Wenn die Eltern das Bezahlen übernehmen, haben die Kinder nur wenig tatsächlichen Kontakt mit Geld und Preisen.

Mit der Zunahme bargeldloser Zahlungsmethoden verändern sich außerdem die Erfahrungsräume, in denen Kinder den Umgang mit Geld erlernen. Bereits Rosendorfer (2000) wies darauf hin, dass für Kinder der Zusammenhang zwischen Kaufhandlung und Bezahlung unter Einsatz von Bargeld sichtbar ist, während der Zusammenhang unter Einsatz bargeldloser Zahlungsmittel weniger nachvollziehbar ist. Durch den zunehmenden Zugang von Minderjährigen zu bargeldlosen Zahlungsmitteln steige demnach das Risiko, dass Kinder zentrale Konzepte wie die Funktion von Geld als Zahlungs- und Tauschmittel nicht in vollem Umfang erfassen, da der Umgang mit Bargeld als Erfahrungsraum entfällt. Auch im Bereich der Mathematikdidaktik werden die Entwicklungen in Ländern wie Norwegen, in denen Bargeldzahlungen kaum noch möglich sind und der Zahlungsverkehr fast ausschließlich digital erfolgt, kritisch reflektiert. Thiel (2015) verweist darauf, dass fehlende konkrete Erfahrungen im Umgang mit Münzen und Scheinen das Erlernen grundlegender mathematischer und ökonomischer Zusammenhänge erheblich erschweren kann. Empirisch wird die Problematik dieses Erfahrungsdefizits bereits vereinzelt belegt. In einer Studie von Jay et al. (2022)

interpretierten einige Kinder im Alter von vier bis sechs Jahren digitale Zahlungen als „kostenlos“, da kein sichtbarer Tausch von Geld gegen Ware stattfand. Eine Studie von He et al. (2023) zeigte zudem, dass chinesische Kinder, die mehr Erfahrungen mit digitalen Zahlungen über das Smartphone gemacht hatten als mit Bargeldzahlungen, weniger gut das Prinzip des Rückgelds verstanden und anwenden konnten und beim Bezahlen häufiger Fehler machten, indem sie mehr als das verfügbare Budget ausgeben wollten.

Ein ausgearbeitetes, wirksames Beispiel für erfahrungsbasiertes Lernen in der Grundschule ist die von Batty et al. (2020) evaluierte simulierte Klassenraum-Ökonomie (im Original *My Classroom Economy* – MCE), bei der die Schüler*innen ihr eigenes Geld im Klassenzimmer verwalten. Zu den Hauptaktivitäten der Schüler*innen innerhalb der Simulation gehören das Verdienen von Gehältern, die Verwaltung von Ausgaben, und das Treffen von Ausgabenentscheidungen an einem Klassenkaufladen oder bei klasseninternen Auktionen. Bei den untersuchten amerikanischen Schüler*innen (der Klassenstufen 3 bis 5), welche zehn Wochen am MCE-Programm teilnahmen, ergaben sich signifikant positive Veränderungen im finanziellen Wissen, den Einstellungen und dem Verhalten. Wissen wurde über einen Multiple-Choice-Test mit 13 Fragen erfasst, der Themen wie Eigentum und Miete, Budgetierung, Opportunitätskosten, Zinseszins, Gewinn und Verlust, Kontostände sowie Preise alltäglicher Produkte abdeckte. Die finanziellen Einstellungen und das Verhalten wurden anhand zweier Skalen erfasst: einer Skala zum Budgetierungsverhalten (z. B. Planen von Ausgaben, Vertrauen in finanzielle Entscheidungen) und einer Skala zur finanziellen Sozialisation (z. B. Gespräche über Geld innerhalb der Familie), jeweils mit fünfstufigen Antwortformaten zur Selbsteinschätzung.

Das Programm MCE wurde von Batty et al. (2020) auch hinsichtlich seiner Wirkung auf die Mathematikleistungen der teilnehmenden Schüler*innen untersucht, wobei sich ein gemischtes Bild ergab. Die Analyse der Ergebnisse standardisierter Mathematik-Tests (Florida State Assessment) sowie des Erreichens der staatlich definierten Mathematikstandards ergab keine signifikanten Unterschiede zwischen der MCE-Gruppe und der Kontrollgruppe. Das bedeutet, dass die Teilnahme an MCE allein keine messbaren Effekte auf das Abschneiden der Schüler*innen in formalen Leistungstests hatte. Anders stellte sich die Situation bei den im Unterricht vergebenen Mathematiknoten dar: Schüler*innen in MCE-Klassen erzielten im dritten Trimester des Schuljahres signifikant häufiger die Bestnote als Schüler*innen in der Kontrollgruppe. Der Unterschied von 3,2 Prozentpunkten entspricht einer kleinen, aber statistisch signifikanten Verbesserung. Bei einem ergänzenden Vergleich mit Schüler*innen aus Schulen, in denen MCE nicht implementiert wurde, zeigte sich zudem, dass Kinder aus

MCE-Schulen deutlich häufiger die staatlich festgelegten Mathematikstandards erreichten –mit einem Unterschied von über 10 Prozentpunkten. Dieses Ergebnis deutet den Autor*innen nach darauf hin, dass der tatsächliche Effekt von MCE auf die Mathematikleistung in den Ergebnissen der Hauptstudie möglicherweise unterschätzt wurde – insbesondere, weil ein Teil der Kontrollgruppe im weiteren Verlauf des Schuljahres ebenfalls mit MCE arbeitete.

Auch in der deutschen Mathematikdidaktik werden Simulationen als Möglichkeit des erfahrungsbasierten Lernens in Form der Einführung eines Klassenkaufladens vorgeschlagen (siehe z. B. Hölzel, 2011). Durch das Kaufen und Verkaufen von Produkten und das selbstständige Festsetzen von Preisen sollen bei Kindern das Verständnis der Größe Geldwerte und mathematische Fähigkeiten im Umgang mit Geld gefördert werden. Allerdings gibt es im deutschen Raum keine Wirksamkeitsstudien zum erfahrungsbasierten Lernen durch diese Art von Simulation.

4.2 Numeracy als Schnittpunkt von Mathematik und Finanzkontext

Wie bereits in Kapitel 2 bei den Begriffsklärungen erläutert, wird Numeracy häufig eng definiert, insbesondere im Hinblick auf seine Bedeutung für die finanzielle Bildung, wo es häufig auf einen beschränkten Inhaltsbereich mathematischen Wissens reduziert wird. Im Gegensatz dazu wird in der Mathematikdidaktik bezüglich Numeracy ein umfassenderes Verständnis verfolgt, indem es als kritisches Bewusstsein angesehen wird, das Mathematik mit realweltlichen Kontexten verbindet (Tout, 2020).

Aufgrund der Anerkennung der wichtigen Rolle des Kontextes bei der Entwicklung von Numeracy hat in den letzten Jahren die Untersuchung numeraler Praktiken an Bedeutung gewonnen. Um Numeracy zu fördern, reicht es nicht aus, mathematisches Wissen und Fertigkeiten in Isolation vom Kontext zu erheben und zu entwickeln. Stattdessen ist es wichtig zu verstehen, wie Menschen Mathematik tatsächlich in ihrem Alltag in spezifischen Kontexten nutzen und daran anzuknüpfen. Es geht also mehr darum, was Menschen tatsächlich mit Mathematik tun, als was sie in Mathematiktests wissen (Yasukawa et al., 2018).

Während Kompetenzen Handlungsdispositionen sind, die situationsspezifisch zum Einsatz kommen und als erwerbbar gelten (Klieme und Hartig, 2008), sind Praktiken situationsspezifisch in Gebrauch genommene Kompetenzen. Eine Praktik ist ohne die Situation nicht verständlich (Barton und Hamilton, 2003).

Erhebungen wie das *Programme for the International Assessment of Adult Competencies* (PIAAC) erfassen bereits, wie häufig Erwachsene numerale Praktiken anwenden, etwa beim Berechnen von Rückgeld, Planen eines Budgets oder Vergleichen von Preisen (Rammstedt et al., 2024). Neben der Analyse der Häufigkeit numeraler Praktiken gibt es auch Studien, die untersuchen, welche Art von Mathematik im Alltag verwendet wird und für welche Zwecke. So zeigen etwa die Arbeiten von Northcote und Marshall (2016) sowie Northcote und McIntosh (1999), dass die höchste Prozentzahl der Berechnungen von Erwachsenen im Alltag dem Themengebiet „Geld und Finanzen" zugeordnet ist und im praktischen Gebrauch weniger auf schriftliche Berechnungen zurückgegriffen wird, sondern eher mentale Strategien verwendet werden. Zudem kommt dem überschlagsmäßigen Rechnen neben dem Ausführen exakter Berechnungen eine große Bedeutung zu.

Über diese Untersuchungen von numeralen Praktiken im Alltag hinaus wird Numeracy zunehmend als eingebettet in kulturelle, gesellschaftliche und machtbezogene Dynamiken verstanden – eine Perspektive, die in der Mathematikdidaktik unter dem Begriff *Numeracy as Social Practice* bekannt ist (Yasukawa et al., 2018). Soziale und kontextuelle Einflüsse prägen nach der Auffassung von Numeracy als soziale Praxis maßgeblich, wie Mathematik im Alltag angewendet wird, was eine zusätzliche Komplexität für die Erforschung und Vermittlung von Numeracy bedeutet. Forschung im Rahmen des Verständnisses von Numeracy als soziale Praxis wirft Fragen über die Übertragbarkeit der formalen Schulmathematik auf alltägliche Kontexte auf (Geiger et al., 2020).

Numeracy in der Schule zu fördern stellt eine Herausforderung dar, da die mathematische Praxis im Schulkontext oft nicht mit den Praktiken im Alltag übereinstimmt – insbesondere bezüglich des Umgangs mit Geld. Obwohl viele erfolgreiche mathematische Strategien dokumentiert wurden, welche Kinder informell in ihren alltäglichen finanziellen Aktivitäten nutzen (z. B. beim Kaufen und Verkaufen), hat sich ebenfalls gezeigt, dass Kinder zwar in der Lage sind, Probleme im Kontext dieser Aktivitäten zu lösen, viele aber Schwierigkeiten haben, ähnliche mathematische Probleme zu lösen, wenn sie im Schulkontext präsentiert werden. So beobachteten Nunes et al. (1993), dass Kinder, die als Straßenverkäufer*innen arbeiteten, geldbezogene Probleme mit Hilfe ihrer informellen Strategien außerhalb der Schule effektiv lösen konnten, aber Schwierigkeiten hatten, wenn dieselben Aufgaben in der Schule etwas anders präsentiert wurden.

In ähnlicher Weise hebt Brenner (1998) hervor, dass das Verständnis der Kinder von Geld in ihrem täglichen Leben oft von der Art und Weise abweicht, wie finanzielle Probleme im Klassenzimmer präsentiert werden, und die Schüler*innen scheinen es als eine Art didaktischen Vertrag wahrzunehmen, dass in der Schule der finanzielle Kontext weitgehend ignoriert wird (z. B., ob die Preise in einer Textaufgabe angemessen sind) und sich nur auf die Anwendung mathematischer Verfahren konzentriert wird. Auch in einer deutschen Lernstandserhebung von Scherer (1999) wurde konstatiert, dass die Preise von Produkten bei Sachaufgaben von Kindern nur sehr selten auf deren Angemessenheit hinterfragt wurden. In einer etwas aktuelleren Studie beobachtete Taylor (2009) das Einkaufsverhalten von Kindern in einem realen Geschäft und in einem im Klassenzimmer simulierten Kaufladen und stellte fest, dass gute numerische Fertigkeiten allein ohne reale Einkaufserfahrungen für erfolgreiche Einkäufe nicht ausreichen. Überdies konnten Kinder, die beim Einkaufen in der realen Welt Kenntnisse und Fertigkeiten erworben hatten, diese nicht immer auf etwas veränderte Situationen im Klassenzimmer übertragen.

Zusammenfassend scheint oftmals eine Lücke zwischen der gelernten Schulmathematik und der Anwendung von Mathematik in realen Kontexten zu klaffen. Um diese Lücke zu schließen, sind Interventionen erforderlich, welche Numeracy fördern. Numeracy bedeutet dabei mehr als nur grundlegende Rechenfertigkeit oder auch schulischer Erfolg in Mathematik. Es geht darum, schulmathematisches Wissen auf reale, oft komplexe Situationen anzuwenden – inklusive Problemlösen, kritischem Urteilen und dem Verstehen des nicht-mathematischen Kontexts (Geiger et al., 2015).

In den letzten Jahren wurde erforscht, wie Numeracy im Unterricht wirksam gefördert werden kann, insbesondere vor dem Hintergrund, dass das bloße Vermitteln mathematischen Wissens oft nicht ausreicht, um eine erfolgreiche Anwendung in lebensweltlichen Kontexten zu gewährleisten. Das *Numeracy in the 21st Century*-Modell (Goos et al., 2012) wurde ursprünglich als Werkzeug zur Unterrichtsplanung und -reflexion für Lehrkräfte entwickelt, hat sich aber auch als Strukturierungshilfe für die Gestaltung von fächerübergreifenden Numeracy-Aufgaben bewährt (Goos et al., 2012, 2013). Es bietet zudem eine Basis, Schwierigkeiten von Schüler*innen bezüglich Numeracy zu beschreiben. Das Modell ist in Abbildung 4.2 dargestellt.

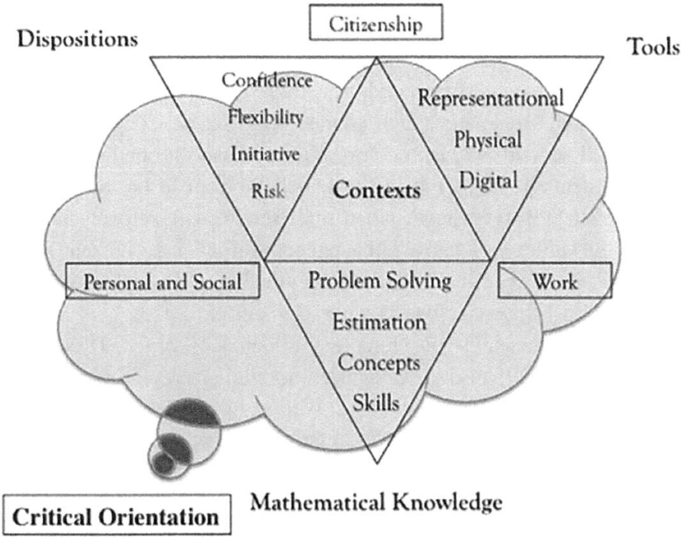

Abbildung 4.2 Numeracy in the 21st-Century (Goos et al., 2014, S. 84)

Das Modell besteht aus vier miteinander verbundenen Dreiecken. Der Kontext steht im Mittelpunkt, was seine zentrale Bedeutung für Numeracy unterstreicht: Numeracy ist die Verwendung von Mathematik, um in lebensweltlichen Kontexten zu agieren. Die Verwendung von Mathematik ohne einen Kontext kann nicht als numerale Aktivität angesehen werden. Um als numeral zu gelten, muss eine Person in der Lage sein, Mathematik problembezogen und situationsspezifisch auszuwählen und anzuwenden. Die anderen Dreiecke, welche um den Kontext herum angeordnet sind, repräsentieren die weiteren Dimensionen von Numeracy (Goos et al., 2020).

Mathematisches Wissen als eine dieser Dimensionen umfasst konzeptuelles und prozedurales Wissen, die Anwendung von Problemlösestrategien und die Fähigkeit, sinnvolle Schätzungen auszuführen. Eine numerale Person sollte über mathematisches Wissen verfügen und dieses Wissen in einer für einen bestimmten Kontext relevanten Weise anwenden können (Goos et al., 2020).

Um numeral zu sein, werden auch bestimmte Dispositionen benötigt. Um mit Hilfe der Mathematik Probleme in der realen Welt zu lösen, muss eine Person zunächst einmal Selbstvertrauen haben und Bereitschaft zeigen, mathematische Ansätze zur Bewältigung lebensweltbezogener Aufgaben zu nutzen. Zu den Dispositionen gehört es aber auch, Mathematik flexibel und adaptiv anzuwenden, je nachdem, was im Kontext gefordert wird (Goos et al., 2020).

Eine weitere Dimension von Numeracy bilden Werkzeuge. Diese lassen sich nach Goos et al. (2029) in drei Kategorien unterteilen: repräsentative, physische und digitale Werkzeuge. Repräsentative Werkzeuge fördern das mathematische Verständnis und dienen häufig der Kommunikation mathematischer Inhalte. Dazu zählen etwa Diagramme, Karten, Zeichnungen und Tabellen. Zu physischen Werkzeugen gehören unter anderem Messinstrumente (z. B. Lineale, Messbecher oder Waagen). Digitale Werkzeuge umfassen Computer, Software zur Erstellung von Grafiken, Taschenrechner, Apps für Tablets und das Internet. Die Nutzung digitaler Werkzeuge zur Organisation, Verwaltung und Erkundung von Daten und Informationen bietet zwar eindeutige Vorteile, doch erfordern solche Aktivitäten die Fähigkeit, ein von einem digitalen Werkzeug erzeugtes Ergebnis zu interpretieren und über seine Gültigkeit und Angemessenheit zu urteilen (Geiger et al. 2015; Hoyles et al. 2010). Die Bereitschaft und Fähigkeit, sich ein Urteil über die Validität eines von einem Werkzeug erzeugten Ergebnisses zu bilden, anstatt eine Ausgabe blind zu akzeptieren, verbindet diese Dimension mit dem Aspekt der kritischen Orientierung (Goos et al., 2020).

Die vier bereits genannten Dimensionen von Numeracy sind eingebettet in eine kritische Orientierung. Eine Person zeigt eine kritische Orientierung, wenn sie in der Lage ist, Mathematik anzuwenden, um Informationen und Daten in einem bestimmten Kontext zu analysieren und zu bewerten, Entscheidungen und Urteile zu treffen, Meinungen zu bilden, Argumente zu untermauern und ein Argument oder eine Position in Frage zu stellen. Dies umfasst das Überprüfen von Lösungen auf ihre Sinnhaftigkeit sowie das Interpretieren von Informationen und das entsprechende Handeln, wenn nötig. Ein einfaches Beispiel für eine kritische Orientierung ist die Überprüfung aller Informationen zu einem beworbenen Produkt, um sicherzustellen, dass es wirklich ein gutes Preis-Leistungs-Verhältnis bietet (Larkin et al., 2020). Eine kritische Orientierung schließt die Fähigkeit ein, Argumente oder Positionen zu hinterfragen. Dabei kann auch über alltägliche, persönliche Entscheidungen hinausgegangen werden, um zu verstehen, wie Mathematik in gesellschaftlichen Zusammenhängen genutzt oder missbraucht wird, um sich kritisch an öffentlichen Diskursen zu beteiligen (Goos et al., 2020).

Einzelne Dimensionen des Numeracy-Modells (Goos et al., 2012) wurden für Financial Numeracy spezifiziert (Geiger et al., 2020). Insbesondere bezüglich des finanziellen Kontextes und der kritischen Orientierung wurden weitere Gestaltungserkenntnisse generiert, welche in den folgenden Abschnitten ausgeführt werden.

4.2.1 Gestaltungserkenntnisse bezüglich des finanziellen Kontextes

Bezüglich des Kontextes wird von Burkhardt et al. (2024) geraten, oberflächliche *border contexts*zu vermeiden, die lediglich mathematische Probleme in eine finanzielle Situation einkleiden, ohne den finanziellen Kontext bei der Problemlösung wirklich mitbedenken zu müssen. Stattdessen sollten Aufgaben so gestaltet werden, dass der finanzielle Kontext ernst genommen wird. Dies schließt ein, Annahmen, die zu einem bestimmten mathematischen Modell führen, aufzudecken und die mathematische Lösung im Kontext zu interpretieren und zu evaluieren. Es sollen dafür *tapestry contexts* verwendet werden, bei denen Mathematik und Kontext enger verflochten sind (Burkhardt et al., 2024).

Savard und Cavalcante (2021) gehen noch weiter und betonen, dass Finanzen nicht nur als ein weiterer Kontext behandelt werden sollten, in dem Mathematik angewandt werden kann. Stattdessen sollte Financial Numeracy auch beinhalten, finanzielle Konzepte durch Mathematik besser zu verstehen und die Einbettung von Finanzen in größere Systemzusammenhänge zu erfassen. Um die verschiedenen Möglichkeiten des Lehrens und Lernens von Financial Numeracy im Schulkontext aufzuzeigen, entwickelten Savard und Cavalcante (2021) ein pyramidenförmiges Modell mit drei Dimensionen (siehe Abbildung 4.3). Die Dimensionen sind miteinander verbunden und bei der Thematisierung im Unterricht können sie fließend ineinander übergehen. Im Folgenden werden die Dimensionen einzeln erläutert und jeweils mit einem für die Grundschule geeigneten Beispiel illustriert.

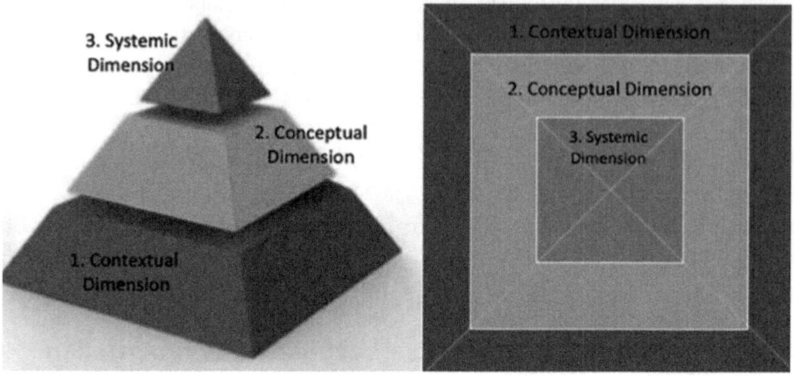

Abbildung 4.3 Modell für Financial Numeracy (Savard & Cavalcante, 2021, S. 15)

1. *Kontextuelle Dimension:* In dieser Dimension wird ein finanzieller Kontext (z. B. Einkaufen) verwendet, um mathematische Inhalte zu lernen oder einzuüben. Dabei kann der finanzielle Kontext mehr oder weniger ernst genommen werden, häufig dient er aber lediglich dazu, eine mathematische Aufgabe einzukleiden und könnte theoretisch durch jeden anderen Kontext ersetzt werden.
   Bezogen auf die Grundschule könnte das zum Beispiel die Aufgabe „Tom kauft ein Spielzeugauto für 10 € und eine Sonnenbrille für 8 €. Wie viel muss er bezahlen?“ sein. Je nachdem, wie diese Aufgabe im Unterricht thematisiert wird, kann sie in erster Linie zur Einübung der Addition dienen. Der finanzielle Kontext wäre auch durch einen beliebigen anderen Kontext austauschbar, zum Beispiel. „Tom hat 10 rote Blumen und 8 blaue Blumen. Wie viele Blumen hat er insgesamt?“. Der Kontext kann jedoch auch tiefergehend berücksichtigt werden, indem genauer analysiert wird, wie Mathematik in konkreten finanziellen Situationen tatsächlich angewendet wird. Ob und wie beispielsweise der Gesamtpreis beim Einkaufen überprüft wird, hängt stark von der konkreten Situation ab: Ist das verfügbare Geld knapp, wird meist genauer nachgerechnet. Ist hingegen klar, dass ausreichend Geld vorhanden ist, erfolgt eher eine grobe Überschlagsrechnung.
2. *Konzeptuelle Dimension:* In dieser Dimension liegt der eigentliche Fokus nicht mehr auf der Mathematik selbst, sondern auf finanziellen Konzepten, welche durch mathematische Aktivitäten wie Schätzen, Messen, Vergleichen, Zählen oder Runden besser verstanden werden sollen. Bezogen auf die Grundschule

würde diese Dimension beispielsweise umfassen, Geld in seinen Funktionen als allgemein akzeptiertes Zahlungs- und Tauschmittel und als Wertmaßstab zu verstehen. Auch wie der ökonomische Wert einer Ware (oder einer Dienstleistung), repräsentiert als Preis, zustande kommt, kann durch mathematische Aktivitäten besser verstanden werden.

Savard et al. (2020) vertreten den Standpunkt, dass Preise als spezifische Art der Messung im Mathematikunterricht thematisiert werden sollten und nicht nur als Kontext, um Arithmetik zu lernen. Gerade im deutschen Kontext ist diese Perspektive anschlussfähig, da Geldwerte in den Bildungsstandards unter der Leitidee „Größen und Messen" als Größe verortet sind (Kultusministerkonferenz, 2022). Größen werden durch gedankliche Abstraktion von messbaren Eigenschaften realer Objekte gewonnen. Größen, denen dieselbe Äquivalenzrelation zugrunde liegt, werden zu einem Größenbereich zusammengefasst (Franke & Ruwisch, 2010). Die Größe Geldwerte nimmt dabei eine Sonderstellung unter den zu thematisierenden Größen der Grundschule ein, da sie einige Besonderheiten bezüglich der Repräsentanten, der Einheiten und der Äquivalenz- und Ordnungsrelation aufweist (Franke und Ruwisch, 2010)[2]. Es handelt sich bei der Größe Geldwerte nicht um eine physikalische Größe, welche Abstraktionen objektiv messbarer Eigenschaften von Gegenständen oder Vorgängen darstellt. Folglich gibt es auch keine Messgeräte, mit denen der Wert von Waren oder Dienstleistungen objektiv ermittelt werden kann. Savard et al. (2020) sprechen hier von pragmatischer statt repräsentativer Messung und beziehen sich dabei auf Hand (2016).

Nach Hand (2016) bedeutet repräsentative Messung, dass Eigenschaften von Objekten aus der physischen in die numerische Welt unter Verwendung von Maßeinheiten abgebildet werden. Eine solche Abbildung muss die Beziehungen, die in der physischen Welt beobachtet werden, bewahren. Daher

[2] Repräsentanten der Größe Geldwerte sind nicht nur Münzen und Scheine (und andere Formen von Geld), sondern auch die Preise von Waren und Dienstleistungen. Die Einheiten Euro und Cent sind in festen Stückelungen verfügbar, was bedeutet, dass Geldbeträge beim Bezahlen mit Bargeld nicht beliebig unterteilt werden können. Im elektronischen Zahlungsverkehr oder bei Preisangaben (z. B. an der Tankstelle Benzin für 134,9 Cent pro Liter) ist allerdings eine Angabe von weiteren Dezimalstellen möglich. Zudem handelt es sich beim Geldwert nicht um eine standardisierte Maßeinheit, da Geldwerte in unterschiedlichen Währungen ausgedrückt werden können, wobei der Wechselkurs von der wirtschaftlichen Lage des Landes abhängt. Bei Geldbeträgen lassen sich zudem Äquivalenzrelationen (z. B. zwei 50-Cent-Münzen sind genauso viel Wert wie eine Ein-Euro-Münze) und Ordnungsrelationen (z. B. eine 50-Cent-Münze ist weniger Wert als eine Ein-Euro-Münze) ausmachen (Franke und Ruwisch, 2010). Bei Warenwerten hingegen lassen sich diese Relationen nicht feststellen, weil Preise nicht invariant sind (Thiel, 2015).

werden bei der repräsentativen Messung die Eigenschaften von Objekten und die Beziehungen zwischen ihnen auf Zahlen übertragen. Bei der pragmatischen Messung hingegen wird die zu messende Eigenschaft erst durch den Messprozess selbst konstruiert. Savard et al. (2020) argumentieren, dass die Bestimmung des wirtschaftlichen Wertes einer Ware oder Dienstleistung eine Tätigkeit ist, die auf pragmatischer Messung beruht. Um zu wissen, wie viel Geld man beispielsweise für ein Brot verlangen oder bezahlen soll, muss man viele verschiedene Variablen berücksichtigen. Die Menge des Brotes, die Art des Brotes und der Ort, an dem es verkauft wird, sind allesamt wichtig für die Bestimmung des wirtschaftlichen Wertes. Darüber hinaus ist die Abwägung der einzelnen Variablen eine Berechnung, die zwischen den beiden an der Wirtschaftstätigkeit beteiligten Parteien definiert und vereinbart werden muss.

Winter (1992) äußerte ähnliche Gedanken zu Geld im Mathematikunterricht, indem er sich auf verschiedene Arten der Modellbildung bezieht: Beim Messen von physikalischen Größen, wie Längen, handelt es sich demnach um deskriptive (beschreibende) Modelle. Bei alltäglichen Aktivitäten der Menschen miteinander – speziell bezogen auf ihren Geldverkehr – handelt es sich dagegen um normative (bestimmende) Modelle (Winter, 1992). Sowohl Savard et al. (2020) als auch Winter (1992) vertreten den Standpunkt, dass im Mathematikunterricht Verständnis bei den Schüler*innen entwickelt werden muss, dass das Festlegen von Preisen ein grundlegend anderer Prozess ist als das Messen physikalischer Größen, wie Längen oder Gewichten. So folgert Winter: „Wenn es also heißt 'Diese Menge Milch kostet 0,79 €', so ist das weltweit von der Aussage 'Diese Menge Milch wiegt 1 kg' entfernt.“ (Winter, 1992, S. 17).

Statt sich auf die Addition von Preisen zu beschränken, umfasst die konzeptionelle Dimension, Preise als finanzielles Konzept zu thematisieren. Im Mathematikunterricht wird somit nicht nur berechnet, wie viel beispielsweise eine Sonnenbrille und ein Spielzeugauto zusammen kosten, sondern auch untersucht, wie ein Preis von 10 € für das Spielzeugauto und ein Preis von 8 € für die Sonnenbrille zustande kommen. Dabei werden Einflussfaktoren der Preisbildung, wie Produktions-, Verpackungs- und Vertriebskosten, in den Blick genommen. Darüber hinaus kann thematisiert werden, dass Preise je nach Verkaufsort und Verkaufszeitpunkt variieren.

3. *Systemische Dimension:* Die systemische Dimension beschäftigt sich damit, wie Finanzen größere Systeme (z. B. Wirtschaft, Politik) beeinflussen und gleichzeitig von diesen größeren Systemen beeinflusst werden. Während Geld verwendet wird, um den ökonomischen Wert von Waren und Dienstleistungen darzustellen, ist es im Mathematikunterricht weniger üblich, die besondere Art

der Messung zu hinterfragen und zu ergründen. Es wird weniger thematisiert, dass dahinter soziale, kulturelle und politische Akteur*innen stecken, die die Mathematik nutzen, um Werte zu vermitteln (Savard und Cavalcante, 2021). Nachdem beispielsweise erkannt wurde, dass Preisbildung nicht objektiv, sondern gesellschaftlich konstruiert ist – also nicht einfach die Realität abbildet, sondern sie aktiv mitgestaltet –, ergibt sich ein nächster Schritt: Die Mechanismen der Preisbildung kritisch zu hinterfragen. Dabei geht es darum, zu analysieren, welche Interessen, Werte und Normen in einem bestimmten wirtschaftlichen System wirksam sind, wie sich diese in Preisen widerspiegeln und wie alternative Modelle denkbar wären.
Der Preis, zu dem ein Produkt oder eine Dienstleistung verkauft wird, ist nicht naturgegeben, sondern hängt maßgeblich von der Wirtschaftsordnung ab. In einem marktwirtschaftlich orientierten System erfolgt der Verkauf in der Regel mit dem Motiv des Gewinnstrebens: Produkte werden teurer verkauft, als sie eingekauft wurden. Bei hoher Nachfrage und geringem Angebot lassen sich besonders hohe Gewinnspannen erzielen. Diese Prinzipien lassen sich mathematisch darstellen – etwa durch die Berechnung von absolutem oder relativem Gewinn. Doch über das Verständnis der zugrundeliegenden Mathematik hinaus ist es wichtig, auch die sozialen Folgen solcher Mechanismen zu reflektieren. Unter bestimmten Umständen kann es dazu führen, dass essenzielle Güter, wie Trinkwasser oder Medikamente, für manche Personengruppen nicht mehr bezahlbar sind. Dies steht im Widerspruch zu sozialen Werten wie Gerechtigkeit oder Teilhabe. In solchen Fällen sind politische Maßnahmen denkbar, um regulierend in das Marktgeschehen einzugreifen und sicherzustellen, dass lebenswichtige Produkte für alle zugänglich bleiben.

Bezogen auf das Beispiel mit dem Spielzeugauto und der Sonnenbrille könnte kritisch hinterfragt werden, wie die Preise dieser Produkte zustande kommen und ob sie gerechtfertigt sind. Dazu kann die Preiszusammensetzung genauer analysiert und die dahinterstehenden Interessen verschiedener Akteur*innen beleuchtet werden. In diesem Zusammenhang lässt sich das Verhältnis von Umsatz, Kosten und Gewinn thematisieren sowie die Frage diskutieren, weshalb ein Produkt im Handel zu einem höheren Preis verkauft wird, als es eingekauft wurde, und welche Funktion Gewinne für Unternehmen erfüllen. Gleichzeitig bietet sich die Möglichkeit, das Gewinnstreben kritisch hinsichtlich seiner sozialen und ökologischen Folgen zu reflektieren. So kann beispielsweise thematisiert werden, dass ein Spielzeugauto zu einem vergleichsweise niedrigen Preis angeboten werden kann, wenn die Produktionskosten durch niedrige Löhne oder den Einsatz minderwertiger Materialien reduziert werden. Ebenso kann diskutiert werden, dass sich der Verkaufspreis in Zeiten hoher Nachfrage erhöhen kann, obwohl sich an der Qualität des Produkts nichts verändert hat. Umgekehrt können auch Preissenkungen oder Mengenrabatte Gegenstand der Analyse sein. Sie dienen häufig dazu, die Nachfrage zu steigern und dadurch Umsatz und gegebenenfalls auch den Gesamtgewinn zu erhöhen. Gleichzeitig können solche Preisstrategien jedoch Überkonsum begünstigen, wenn Produkte vor allem deshalb gekauft werden, weil sie besonders günstig erscheinen, und nicht, weil tatsächlich ein Konsumbedarf besteht.

Savard und Cavalcante (2021) betonen, dass die systemische Dimension für die finanzielle Bildung besonders interessant ist, weil sie nicht nur individuelles Handeln betrifft, sondern das Verstehen und Hinterfragen wirtschaftlicher und gesellschaftlicher Zusammenhänge verlangt. Zugleich ist sie jedoch auch die anspruchsvollste Dimension.

4.2.2 Gestaltungserkenntnisse bezüglich der kritischen Orientierung

Da finanzielle Entscheidungen immer mit der Auswahl zwischen verschiedenen Optionen verbunden sind, argumentieren Sawatzki und Sullivan (2017) weiterhin, dass es wichtig ist, finanzielle Aufgabenstellungen im Mathematikunterricht so zu gestalten, dass sie eine kritische Orientierung fördern. Eine kritische Orientierung bezüglich Financial Numeracy sollte folgende Aspekte beinhalten, welche in den nachstehenden Abschnitten ausführlicher erläutert werden:

- Die Fähigkeit, Herausforderungen anzunehmen, Optionen zu vergleichen sowie mathematisches und soziales Denken miteinander zu verknüpfen (Sawatzki & Sullivan, 2017).
- Die Beurteilung der Angemessenheit von sozialem und mathematischem Denken in finanziellen Kontexten (Blue et al., 2018; Sawatzki & Sullivan, 2017).

Sawatzki (2017) untersuchte bei australischen Grundschüler*innen der fünften und sechsten Klasse, wie diese Entscheidungen in finanziellen Dilemmas trafen. Diese Dilemmas basierten auf realitätsnahen finanziellen Situationen zum Geld ausgeben, Geld sparen oder Geld verdienen, welche Kindern bekannt oder für sie zumindest vorstellbar sind. Die finanziellen Dilemmas waren dabei so gestaltet, dass sie mehr als eine mögliche Lösung hatten und die Kinder ihre Entscheidungen begründen mussten. So konnten Lehrkräfte mehr darüber erfahren, wie die Schüler*innen finanzielle Entscheidungen trafen und auf welche Wissensfonds sie dabei zurückgriffen. Gleichzeitig konnte die finanzielle Entscheidungsfindung der Kinder gefördert werden, mit Schwerpunkt auf prozessbezogene mathematische Kompetenzen.

Es stellte sich allgemein als Herausforderung dar, die Kinder dazu zu bringen, mathematisches und soziales Denken und Begründen bei ihren Entscheidungen zu kombinieren. Soziales Denken und Begründen schließt nach Sawatzki (2017) ökonomisches, finanzielles und verbraucherorientiertes Denken und Begründen ein. Viele Kinder verfügten über ein ausgeprägtes soziales Verständnis von Geld, das sich primär in Wertvorstellungen und Einstellungen bezüglich Finanzen äußerte. Dieses Wissen zogen sie eher zur Unterstützung ihrer Entscheidungen heran als mathematische Kenntnisse und Fähigkeiten.

Beispielsweise ging es in einem finanziellen Dilemma um Frank und Nellie, die zwei Autos besitzen und damit zur Arbeit fahren. Die Aufgabe an die Schüler*innen war es, Möglichkeiten zu finden, wie Frank und Nellie gemeinsam Geld sparen können, auf Grundlage der gegebenen Informationen zu Fahrtstrecken und Kilometerkosten. Frank fährt demnach mit einem kleineren Auto (15 Cent pro Kilometer) bis zur nächsten Bahnstation und legt damit wöchentlich 20 km mit dem Auto zurück, während Nellie mit einem größeren Auto (30 Cent pro Kilometer) wöchentlich 100 km von und zur Arbeit fährt.

Einige Schüler*innen äußerten durchaus reflektierte Überlegungen zum Sparen, die ein ausgeprägtes soziales Verständnis erkennen ließen – etwa die Idee, dass das Teilen eines Autos Geld spart oder dass ein großes Auto ein verzichtbarer Luxus ist. Gleichzeitig vermieden viele Kinder, mathematische Informationen aktiv in die Problemlösung einzubeziehen, obwohl diese Informationen zentral für eine informierte Entscheidung gewesen wären. So empfahl ein Kind, dass Nellie zur Arbeit laufen sollte, da dies gesünder sei, obwohl sie 100 km pro Woche zurücklegt – eine Distanz, die praktisch nicht zu Fuß zurückzulegen ist.

Manche Kinder, die Mathematik nutzten, um ihre Entscheidung zu begründen, machten dabei Fehler, die ihnen selbst nicht auffielen. So berechnete ein Kind, wie viel Geld Frank und Nellie sparen könnten, wenn sie die Autos tauschen würden. Beim Berichten der mathematischen Lösung vergaß das Kind allerdings, den berechneten Centbetrag in Dollar und Cent umzuwandeln und interpretierte somit, dass für die Autos pro Woche Benzinkosten von 3600 Dollar entstehen und die Einsparung durch das Tauschen der Autos 600 Dollar pro Woche betragen würde (statt umgewandelt 36 Dollar Benzinkosten insgesamt und einer Differenz von 6 Dollar durch das Tauschen der Autos). Dem Kind fiel nicht auf, dass die Zahlen, welche es zur Begründung der Entscheidung heranzog, in der Situation keinen Sinn machten. Insgesamt stand die fehlende Verknüpfung von sozialem und mathematischem Denken einer informierten finanziellen Entscheidungsfindung im Weg (Sawatzki, 2013).

In einem weiteren finanziellen Dilemma zum Ausgeben von Geld sollten Schüler*innen entscheiden, wie ein Schuhrabatt fair aufgeteilt werden kann. Das Dilemma bestand aus zwei Aufgabenteilen, dargestellt in Abbildung 4.4.

Task 1: The main learning task

Jenny and Carly go shopping for shoes. Jenny chooses one pair for $110 and another for $100. Carly chooses a pair that costs $160.

When they go to pay, the assistant says that there is a sale on, and they get 3 pairs of shoes for the price of 2 pairs (the cheapest pair becomes free).

Give two options for how much Jenny and Carly should each pay?

Explain which of these options is fairer.

Task 2: The subsequent consolidating task

Jenny and Carly go shopping for shoes. Jenny chooses one pair for $110 and another for $100. Carly chooses a pair that costs $60. When they go to pay, the assistant says that there is a sale on, and they get 3 pairs of shoes for the price of 2 pairs (the cheapest pair becomes free).

Give two options for how much Jenny and Carly should each pay?

Explain which of these options fairer.

Explain in what ways the fairer solution depends on the cost of Carly's shoes.

Abbildung 4.4 Finanzielles Dilemma zum Ausgeben von Geld (Sawatzki und Sullivan, 2017, S. 1362)

Die Vorstellungen der Schüler*innen von Freundschaft und Fairness prägten stark, wie sie das Dilemma interpretierten und Mathematik einsetzten, um eine Entscheidung zu treffen. Fairness wurde häufig als gleichmäßiges Teilen verstanden, unabhängig davon, ob diese Lösung im jeweiligen Kontext sinnvoll war. Eine Herausforderung für die Schüler*innen bestand darin, mehr als eine Verteilungsoption zu entwickeln und zu erkennen, dass dasselbe mathematische Modell – zum Beispiel eine Gleichverteilung der Kosten nach dem Rabatt – nicht in beiden Situationen gleichermaßen angemessen ist. So schlugen manche Schüler*innen in Aufgabe 2 Lösungen vor, bei denen Carly mehr zahlte, als ihr Schuhpaar Wert war. Die Ergebnisse zeigen, dass Schüler*innen gezielt darin unterstützt werden müssen, ihr soziales und mathematisches Denken mit dem konkreten Problemkontext abzugleichen, bevor sie eine finanzielle Entscheidung treffen. Nur so können sie zu reflektierten und begründeten Entscheidungen gelangen (Sawatzki & Sullivan, 2017).

Blue et al. (2018) forschten dazu, wie eine finanzielle Bildung vom Mathematikunterricht ausgehend gestaltet werden kann, welche die sozialen und ethischen Implikationen finanzieller Entscheidungen berücksichtigt. Sie untersuchten, wie australische Kinder einer vierten Klasse die beste Spendensammlungsoption begründeten. Sie sollten entscheiden, welche Speisen zu welchen Preisen im Rahmen eines Schulfestes verkauft werden sollten, um dadurch Geldspenden zu sammeln. Blue et al. (2018) zeigten die Notwendigkeit, die sozio-mathematischen Spannungen zu diskutieren, die in finanziellen Entscheidungen enthalten sind – Entscheidungen, die potenziell andere Menschen betreffen können. Ähnlich wie Sawatzki und Sullivan (2017) sind sie der Ansicht, dass die Verknüpfung sozialer, ethischer sowie mathematischer Aspekte der Aufgabe notwendig ist, um die Auswirkungen finanzieller Entscheidungen zu verstehen. Mathematisches Denken und Rechnen allein reichen nicht aus, wenn nicht gleichzeitig die Frage berücksichtigt wird, wie diese Rechnungen das Leben und die Situation anderer beeinflussen. Zum Beispiel muss bedacht werden, dass durch den Verkauf der Speisen ein Gewinn gemacht werden muss, um Spenden zu sammeln, und somit der Verkaufspreis der Speisen höher als der Einkaufspreis sein muss. Gleichzeitig muss aber auch bedacht werden, dass die Speisen für alle Schüler*innen bezahlbar bleiben. Es ist von Bedeutung, dass Schüler*innen nicht nur mathematisch korrekt handeln, sondern auch die sozialen und ethischen Konsequenzen ihrer Entscheidungen reflektieren.

Zusammenfassend macht der aktuelle Forschungsstand zur Gestaltung finanzieller Bildung im Mathematikunterricht deutlich, dass eine wirksame Förderung sowohl erfahrungsbasierte Lerngelegenheiten als auch Aufgabenformate erfordert, welche die verschiedenen Dimensionen von Numeracy fördern, wobei insbesondere auf eine kritische Orientierung für das Treffen informierter finanzieller Entscheidungen und auf die Entwicklung eines tiefgehenden Verständnisses finanzieller Konzepte und ökonomischer Zusammenhänge geachtet werden sollte.

5 Ableitung von Forschungsfragen aus Theorie und Stand der Forschung

Das Ziel dieser Arbeit ist es, einen Beitrag zur Beantwortung der folgenden übergeordneten Forschungsfrage zu leisten:

- Wie kann finanzielle Bildung im Mathematikunterricht der dritten und vierten Klasse gestaltet werden?

Die Untersuchung von Dritt- und Viertklässler*innen erfolgte aus mehreren Gründen: Zum einen liegen für den deutschen Kontext bislang kaum mathematikdidaktische Forschungsergebnisse zu älteren Grundschulkindern im Bereich Geld und finanzielle Bildung vor; bestehende Studien konzentrieren sich überwiegend auf Schulanfänger*innen (siehe z. B. Grassmann et al., 2005; Ruwisch, 2024). Zum anderen deuten bisherige Befunde darauf hin, dass Kinder ab etwa acht Jahren über qualitativ differenziertere Vorstellungen ökonomischer Zusammenhänge verfügen und komplexere Begründungsmuster zeigen als jüngere Kinder (siehe z. B. Schug & Birkey, 1985). Darüber hinaus sind ihre mathematischen Kompetenzen zu diesem Zeitpunkt bereits so weit entwickelt, dass finanzielle Kontexte nicht mehr künstlich vereinfacht werden müssen. Dadurch können beispielsweise auch realitätsnahe Preisdarstellungen mit Dezimalzahlen angemessen berücksichtigt werden. Ausgehend vom aktuellen Forschungsstand zur finanziellen Bildung im Mathematikunterricht lassen sich wirksame Gestaltungsansätze folgendermaßen zusammenfassen:

- *Lernen durch Erfahrungen:* Erfahrungsbasiertes Lernen hat sich in einer Metastudie, welche die erfolgreichsten Gestaltungselemente für finanzielle

D.-M. Wiedenhöfer, *Förderung des Umgangs mit Geld in der Grundschule*, Perspektiven der Mathematikdidaktik,
https://doi.org/10.1007/978-3-658-53385-4_5

Bildung untersucht hat, im Grundschulkontext als besonders effektiv erwiesen (Amagir et al., 2018). Praktische Erfahrungen mit Geld können nicht nur das finanzielle und ökonomische Verständnis fördern (Claar, 1996), sondern auch mathematische Kompetenzen verbessern (Grassmann, 2008) und das Engagement im Mathematikunterricht erhöhen (Attard, 2018). Ein praktisches und auf seine Wirksamkeit getestetes Beispiel für erfahrungsbasiertes Lernen in der Grundschule ist die von Batty et al. (2020) beschriebene simulierte Klassenraum-Ökonomie (*My Classroom Economy* –MCE), bei der die Schüler*innen ihr eigenes Geld verwalten.

- *Aufgabendesign zur Förderung von Financial Numeracy:* In Studien wurden des Öfteren Probleme bei der Übertragung von Schulmathematik auf lebensweltliche Kontexte, unter anderem Finanzkontexte, konstatiert (siehe z. B. Brenner, 1998; Nunes et al., 1985; Taylor, 2009). Daraufhin wurde Numeracy als kritische Verbindung zwischen Mathematik und lebensweltlichen Kontexten stärker erforscht, wobei Numeracy zunehmend als soziale Praxis, die in kulturelle und soziale Strukturen eingebettet ist, verstanden wird. Bestehende Modelle zum Lehren und Lernen von Numeracy verdeutlichen, dass es nicht ausreicht, mathematisches Wissen kontextlos zu betrachten oder fördern zu wollen, da es sich bei Numeracy um ein mehrdimensionales Konstrukt handelt, das mathematisches Wissen, Kontext, Dispositionen, Werkzeuge sowie eine kritische Orientierung umfasst (Geiger et al., 2014). Studien im Bereich der Financial Numeracy liefern vertiefende Einblicke in diese Dimensionen im finanziellen Kontext: Sawatzki und Sullivan (2017) betonen, dass eine kritische Orientierung wichtig für die Entwicklung finanzieller Entscheidungsfähigkeit ist, da sie die Fähigkeit stärkt, Optionen zu vergleichen und mathematisches mit sozialem Denken zu verknüpfen. Blue et al. (2018) heben hervor, dass diese kritische Orientierung auch die Reflexion über die Angemessenheit mathematischer und sozialer Überlegungen umfasst. Savard und Cavalcante (2021) differenzieren Financial Numeracy in eine kontextuelle, konzeptuelle und systemische Dimension. Damit wird deutlich, dass Finanzen nicht lediglich als ein weiterer Anwendungskontext für Mathematik verstanden werden sollten (kontextuelle Dimension). Es sollte auch darum gehen, finanzielle Konzepte durch mathematische Aktivitäten zu durchdringen (konzeptuelle Dimension) sowie deren systemische Einbettung in wirtschaftliche, politische und ethische Zusammenhänge zu erkennen (systemische Dimension).

Allerdings bestehen weiterhin Forschungslücken bezüglich der Gestaltung finanzieller Bildung vom Mathematikunterricht ausgehend: Es existieren bislang bezüglich des erfahrungsbasierten Lernens vornehmlich quantitative Belege der

Wirksamkeit und nur wenige qualitative Erkenntnisse, die konkrete Lernprozesse und Gelingensbedingungen beschreiben. Obwohl die Studie von Batty et al. (2020) positive Effekte der erfahrungsbasierten Lernumgebung MCE auf finanzielles Wissen, Einstellungen und Verhalten belegt, bleibt unklar, welche konkreten Lernprozesse dafür verantwortlich sind. Durch den ausschließlichen Einsatz quantitativer Messverfahren lassen sich die Ursachen der beobachteten Veränderungen nicht tiefergehend nachvollziehen. Auch die Darstellung der Mathematikeffekte über standardisierte Tests und Endnoten erlaubt keine Rückschlüsse darauf, wie das Programm zur Anwendung mathematischer Inhalte in spezifischen finanziellen Kontexten beitragen kann und wie finanzielle Bildung gezielt in den Mathematikunterricht integriert werden kann.

Zum Aufgabendesign für die Förderung von Financial Numeracy liegen bereits einige Erkenntnisse vor; insgesamt handelt es sich jedoch um ein noch junges Forschungsfeld, das weiterer theoretischer Fundierung und empirischer Untersuchungen bedarf (Geiger et al., 2020). Des Weiteren liegen zu Financial Numeracy bisher nur Erkenntnisse aus anderen Ländern (z. B. Australien oder Kanada) und vorwiegend mit Lernenden ab der 5. Klasse vor. Diese Ergebnisse sind nur eingeschränkt auf den deutschen Grundschulkontext übertragbar, da sich sowohl die curriculare Einbettung als auch die Vorerfahrungen der Kinder im Umgang mit Geld unterscheiden können.

Im Gegensatz zu Ländern wie Australien, wo finanzielle Bildung explizit im Lehrplan ab der Grundschule verankert ist, hat Deutschland diesen Schritt noch nicht getan. In Deutschland wird finanzielle Bildung bislang nur implizit berücksichtigt, etwa im Fach Mathematik über die Verortung der Größe Geldwerte in den Bildungsstandards Mathematik unter der Leitidee „Größen und Messen“ (Kultusministerkonferenz, 2022). Darüber hinaus können sich die finanziellen Erfahrungsräume der Schüler*innen länderspezifisch unterscheiden. In Schweden beispielsweise sind bargeldlose Transaktionen die Norm, während in Deutschland im Jahr 2023 immer noch mehr als die Hälfte aller Zahlungen in bar getätigt wurden (Ego et al., 2024).

Die bestehenden Theorien und Gestaltungserkenntnisse zur finanziellen Bildung im Mathematikunterricht werden im Rahmen der empirischen Studie dieser Arbeit aufgegriffen und für die Zielgruppe deutscher Grundschulkinder der dritten und vierten Klasse weiterentwickelt. Deshalb werden folgende untergeordnete Forschungsfragen untersucht:

- Welche Hürden im Hinblick auf Financial Numeracy zeigen sich bei Schüler*innen der dritten und vierten Klasse?

- Welche Gelingensbedingungen lassen sich für einen erfahrungsbasierten Lernansatz – in Form einer Klassenraum-Ökonomie – identifizieren?
- Welche Implikationen ergeben sich daraus für die Gestaltung von Aufgaben zur Förderung von Financial Numeracy?

Methodik 6

Zur Beantwortung der Forschungsfragen wurde die fachdidaktische Entwicklungsforschung nach Prediger und Link (2012) angewendet. Fachdidaktische Entwicklungsforschung ist ein etabliertes methodisches Vorgehen in der mathematikdidaktischen Forschungsgemeinschaft, da sie Theorie und Praxis systematisch verbindet. Dazu gehören zum einen die Entwicklung innovativer Unterrichtsformen zur Erforschung kindlicher Lernprozesse, zum anderen die schrittweise Verfeinerung lokaler Unterrichtstheorien durch iterative Unterrichtsexperimente mit dem Ziel einer breiteren theoretischen und praktischen Anwendung (Bakker & Van Eerde, 2014; Prediger et al., 2015).

Dieses methodische Vorgehen erwies sich zur Beantwortung der Forschungsfragen dieser Studie als besonders geeignet, weil es vertiefte Einblicke in die Denkprozesse von Schüler*innen erlaubt und sowohl Lernfortschritte als auch Herausforderungen sichtbar macht. Dadurch konnte die Finanzbildungsintervention in iterativen Zyklen weiterentwickelt werden. Ziel war die Entwicklung eines Theorieprodukts in Form vertiefter Erkenntnisse zu Gelingensbedingungen erfahrungsbasierten Lernens und zur Gestaltung von Aufgaben zur Förderung von Financial Numeracy sowie eines Praxisprodukts in Form eines erprobten Lehr-Lern-Arrangements für den Mathematikunterricht der dritten und vierten Klasse. Die Entwicklungsforschung dieser Studie umfasste zwei Zyklen, welche in Abbildung 6.1 dargestellt sind.

Ergänzende Information Die elektronische Version dieses Kapitels enthält Zusatzmaterial, auf das über folgenden Link zugegriffen werden kann https://doi.org/10.1007/978-3-658-53385-4_6 .

D.-M. Wiedenhöfer, *Förderung des Umgangs mit Geld in der Grundschule*, Perspektiven der Mathematikdidaktik,
https://doi.org/10.1007/978-3-658-53385-4_6

Abbildung 6.1 Entwicklungsforschungszyklen dieser Arbeit. (Eigene Abbildung)

Im ersten Zyklus im Jahr 2023 wurde die Intervention – in Form eines erfahrungsbasierten Lehr-Lern-Arrangements – mit 16 Schüler*innen implementiert. Der Fokus lag dabei auf der Untersuchung von Hürden für Financial Numeracy in der kontextuellen Dimension sowie auf der Analyse von Gelingensbedingungen für erfahrungsbasiertes Lernen.

Im zweiten Zyklus im Jahr 2024 wurde die weiterentwickelte Intervention mit weiteren 15 Schüler*innen erprobt, welche nicht bereits in Zyklus 1 teilgenommen hatten. Hier standen – ausgehend von bereits konstatierten Hürden in

Zyklus 1 – die vertiefte Untersuchung von Hürden für Financial Numeracy in der konzeptuellen und systemischen Dimension sowie die erneute Analyse der Gelingensbedingungen erfahrungsbasierten Lernens im Mittelpunkt.

Im Folgenden werden die methodischen Entscheidungen zur Datenerhebung, zu den Untersuchungsbedingungen und zur Datenanalyse näher erläutert. Dabei wird auch dargelegt, wie ethische und datenschutzrechtliche Anforderungen erfüllt sowie die Gütekriterien qualitativer Forschung berücksichtigt und umgesetzt wurden.

6.1 Begründung und Beschreibung der Datenerhebung

Zur Erhebung des Finanzbildungsniveaus von Personen stehen verschiedene Instrumente zur Verfügung, die jedoch insbesondere im Hinblick auf die Entwicklung und Gestaltung von Bildungsinterventionen mit Einschränkungen verbunden sind. Im Folgenden werden Problematiken gängiger Erhebungsverfahren skizziert, bevor anschließend das methodische Vorgehen dieser Arbeit vorgestellt und begründet wird.

Ein häufig genutzter Ansatz besteht in der Erhebung von Selbsteinschätzungen. Dabei werden die Befragten gebeten, ihre finanziellen Kenntnisse, ihr Verständnis sowie ihre Fähigkeiten selbst zu bewerten. Auch das finanzielle Verhalten wird häufig über Selbstberichte erfasst – so etwa in PISA-Studien zur Erhebung des Finanzbildungsniveaus von Jugendlichen, in denen die Schüler*innen unter anderem gefragt werden, wie oft sie in den letzten zwölf Monaten bei Barzahlungen das Rückgeld überprüft haben oder kontrollieren, wie viel Geld ihnen zur Verfügung steht (OECD, 2023b). Solche Verfahren sind jedoch methodisch problematisch, da sie anfällig für Verzerrungen durch soziale Erwünschtheit und Selbstüberschätzung sind. Kombinierte Studien, die subjektive Einschätzungen mit objektiven Testverfahren vergleichen, zeigen, dass Befragte ihre Finanzkompetenzen häufig überschätzen (Aprea et al., 2012). Ein rein subjektives Erhebungsinstrument kann daher ein verzerrtes Bild des tatsächlichen Wissens- und Fähigkeitsstands liefern.

Objektivere Erhebungsverfahren, die häufig eingesetzt werden, sind Wissenstests. Ein Beispiel hierfür sind die *Big Three*-Fragen von Lusardi und Mitchell (2011), ein Test mit drei Fragen, der sich auf Grundkenntnisse zu Zinsen, Inflation und Risikostreuung bezieht und aufgrund seiner Kürze und Standardisierung zur Messung des finanziellen Bildungsniveaus weit verbreitet ist. Auch für die Grundschule gibt es inzwischen erste Erhebungsinstrumente für finanzielles Wissen:

Batty et al. (2020) prüften bei Drittklässler*innen das persönliche Finanzwissen mit 12 Multiple-Choice-Fragen. Ein ähnliches Format stellen die *Financial Fitness for Life*-Tests vom *Council of Economic Education* (o. D.) dar, welche es für verschiedene Klassenstufen, unter anderem für Grundschüler*innen, gibt. Fernandes et al. (2014), Kaiser und Menkhoff (2017) sowie Tang et al. (2015) weisen allerdings kritisch darauf hin, dass solche Testergebnisse häufig zur Prognose späteren Finanzverhaltens herangezogen werden – obwohl zwischen Wissen und Handeln eine deutliche Lücke klafft. Hohe Punktzahlen im finanziellen Wissenstest bedeuten also keineswegs automatisch, dass sich dies im finanziellen Verhalten positiv widerspiegelt. Deshalb, so betont Huston (2010), sollten Erhebungsinstrumente nicht nur erfassen, ob eine Person die relevanten Informationen kennt, sondern auch, ob sie dieses Wissen angemessen anwenden kann.

Weiterhin werden solche Wissenstests als Grundlage für die Gestaltung und Weiterentwicklung von Lehr-Lern-Arrangements kritisiert, weil sie mangels offener Aufgabenformate die spontanen Sichtweisen der Lernenden ausblenden; gerade diese Einsichten sind laut Davies (2009) jedoch entscheidend für didaktische Entscheidungen. Wie wenig geschlossene Formate über das tatsächliche Denken von Kindern verraten, zeigt auch eine Studie von Sawatzki und Goos (2018), bei der es um Preisvorstellungen von Grundschulkindern ging. Viele Kinder kreuzten in einer Frage zu Preisen eines Multiple-Choice-Tests eine Antwortmöglichkeit an, bei der der Verkaufspreis für selbst gebackene Muffins bei einem Schulfest unterhalb der Herstellungskosten lag, was als falsch gewertet wurde. Erst vertiefende Fokusgruppengespräche, bei denen die Schüler*innen ebenfalls Preise festlegen und ihre Preisfestlegungen begründen sollten, offenbarten jedoch, dass diese Preisentscheidungen unter den Herstellungskosten nicht zwingend aus mangelndem Verständnis von Kosten- und Preiskalkulationen resultierten, sondern durch soziale Werte motiviert waren. Die Kinder wollten sicherstellen, dass sich möglichst viele Mitschüler*innen die Muffins leisten können. Ihre Entscheidungen waren also weniger ökonomisch-rational, sondern vielmehr sozial begründet. Das Beispiel zeigt, wie wichtig es ist, durch offene Aufgaben und Gespräche die Denk- und Begründungsmuster der Kinder tiefer zu ergründen, um daran pädagogisch anknüpfen zu können. Auch Aprea und Wuttke (2016) kritisieren, dass Instrumente zur Erhebung des finanziellen Bildungsniveaus nur selten realistische Problemstellungen enthalten und kaum kognitiv anspruchsvolle Anforderungen wie finanzielle Entscheidungsfindung oder Problemlösen in kontextnahen Situationen berücksichtigen.

Um Informationen zu den Rahmenbedingungen finanzieller Bildung zu erfassen, werden Erhebungen teilweise durch Fragen zur finanziellen Sozialisation in der Familie ergänzt. So beinhaltet der PISA-Test zur Finanzbildung von

Jugendlichen neben den Test-Items, mit welchen das Niveau finanzieller Bildung festgestellt wird, einen ergänzenden Schüler*innenfragebogen, in dem die Schüler*innen Fragen dazu beantworten, wofür sie Geld erhalten und wer in der Familie letztlich über finanzielle Belange entscheidet – also ob die Jugendlichen frei über ihr Geld verfügen oder die Eltern mitbestimmen (OECD 2023b).

Einen ähnlichen Zugang wählten Batty et al. (2020), indem den Grundschulkindern ihrer Studie neben den Fragen des Wissenstests auch Fragen zur finanziellen Sozialisation gestellt wurden, zum Beispiel, wie oft sie in der Familie über Geldangelegenheiten sprechen.

Da keine der beschriebenen Erhebungsinstrumente allein das Konstrukt der finanziellen Bildung vollständig angemessen abbilden können, scheint eine Kombination von Erhebungsmethoden angebracht. Im Kontext fachdidaktischer Entwicklungsforschung bieten sich iterative Design-Experiment-Zyklen in Verbindung mit qualitativen Auswertungsmethoden besonders an, da sie eine theoriebasierte und zugleich praxisorientierte Weiterentwicklung lokaler Lehr-Lerntheorien ermöglichen (Cobb et al., 2003; Komorek & Duit, 2004). Das methodische Vorgehen der Datenerhebung in dieser Arbeit zielte darauf ab, tiefere Einblicke in die Vorstellungen, Begründungsmuster und Verhaltensweisen von Lernenden im Umgang mit Geld zu gewinnen. Daten wurden für jeden Zyklus wie folgt erhoben:

- *Halbstrukturierte Interviews vor der Intervention:* Die Interviews dienten dazu, die Einstellungen bezüglich der Anwendung von Mathematik im Alltag und des Umgangs mit Geld, das Verständnis grundlegender finanzieller Konzepte (Geld und Preise), und die finanzielle Entscheidungsfindung der Kinder anhand von Selbsteinschätzungen und Selbstberichten und einem hypothetischen Entscheidungsfindungsszenario zu untersuchen. Das Entscheidungsfindungsszenario war in einem Einkaufskontext eingebettet, bei dem die Kinder die geeignetste Entscheidung aufgrund begrenzten Geldes treffen sollten. Dies erforderte das Einschätzen des Gesamtpreises des Einkaufs und Preisvergleiche von Produkten.
- *Teilnehmende Beobachtungen während der Intervention:* Als Intervention wurde ein erfahrungsbasiertes Lehr-Lern-Arrangement in Form einer simulierten Klassenraum-Ökonomie gestaltet. Die finanzielle Entscheidungsfindung und das Verhalten der Schüler*innen während dieser Simulation wurden beobachtet. Da die Intervention von der Autorin dieser Arbeit selbst durchgeführt wurde, richtete sich die Beobachtung zugleich auf die Auswirkungen des eigenen Unterrichtshandelns und dessen reflexive Analyse. Im Unterschied zu

Forschungssettings, in denen Forschende externe Lehrkräfte und deren Schüler*innen beobachten, handelte es sich um eine reflexive Form teilnehmender Beobachtung, bei der die eigene Planung, Gestaltung und Durchführung der Intervention als Teil des Forschungsprozesses verstanden und in die Analyse einbezogen wurden. Die Simulation wurde in der Ausgestaltung an das etablierte Programm *My Classroom Economy*, welches von Batty et al. (2020) evaluiert wurde, angelehnt. In dieser Simulation verdienten und verwalteten die Schüler*innen ihr eigenes Geld. Sie hatten dabei feste Einnahmen und Ausgaben und mussten ihr Geld so einteilen, dass sie im festgelegten Sparzeitraum von sechs Wochen genug Geld für ein Sparziel ansparten. Außerdem konnten sie einen selbstbestimmten Teil ihres Geldes für Produkte an einem Klassenkaufladen ausgeben. Alle Kinder hatten regelmäßige Einnahmen in Form eines festen Gehalts für die Teilnahme an den Stunden des Lehr-Lern-Arrangements und feste Ausgaben in Form von Miete für ihren Tisch im Klassenzimmer. Diese Einnahmen und Ausgaben bilden auch die Grundlage des Originalprogramms *My Classroom Economy*. Sowohl die Art der Einnahmen und Ausgaben als auch die Bedingungen, unter denen die Kinder ihr Geld verwalten, können im Programm flexibel angepasst werden. Im Rahmen des gestalteten Lehr-Lern-Arrangements hatten die Kinder keine Möglichkeit, Schulden zu machen, etwa durch das Nichtbezahlen der Miete. Das ursprüngliche Programm sieht dies jedoch als optionale Erweiterung vor, um den Kindern zusätzliche Erfahrungen mit den Konsequenzen eigener finanzieller Entscheidungen zu ermöglichen. Das Sparziel in diesem Lehr-Lern-Arrangement war eine gemeinsame Abschlussfeier, für die die Kinder über einen Zeitraum von sechs Wochen genügend Geld ansparen sollten. Entsprechend mussten sie ihre weiteren Ausgaben im Klassenkaufladen sorgfältig abwägen[1].

---

[1] Die Klassenraum-Ökonomie wurde in dieser Studie nicht als Instrument zur Verhaltenssteuerung eingesetzt. In vielen Umsetzungen erhalten Schüler*innen im Rahmen der Klassenökonomie Bonuszahlungen für erwünschtes Verhalten oder müssen Bußgelder bei Regelverstößen entrichten. Ein solcher Ansatz wird jedoch kritisch diskutiert, da es sich dabei um ein extrinsisches Belohnungssystem handelt, das zwar kurzfristig wirksam sein kann, langfristig jedoch negative Effekte haben könnte. Lemos und Veríssimo (2014) zeigen, dass intrinsische Motivation konsistent mit besseren schulischen Leistungen verbunden war, während extrinsische Motivation gegen Ende der Grundschulzeit einen negativen Einfluss auf die Leistungen hatte. Vor diesem Hintergrund wurde die Klassenraum-Ökonomie im Lehr-Lern-Arrangement bewusst nicht als Belohnungs- oder Bestrafungssystem konzipiert, sondern als Lernumgebung, in der alle Kinder eigenständig Erfahrungen im Umgang mit Geld sammeln konnten. Ziel war es, finanzielle Entscheidungen handelnd zu erproben, deren Konsequenzen zu reflektieren und zu verstehen, wie ökonomische Zusammenhänge – etwa Preisänderungen

- *Halbstrukturierte Interviews nach der Intervention:* Wie bei den anfänglichen Interviews wurden dieselben Fragen gestellt und ähnliche Szenarien verwendet, um Veränderungen in den finanziellen Einstellungen, dem finanziellen Verständnis und der finanziellen Entscheidungsfindung zu analysieren.

Die kontinuierliche Beobachtung im erfahrungsbasierten Lehr-Lern-Arrangement erlaubte einen prozessorientierten Fokus und eröffnete damit tiefere Einblicke in Lernverläufe, Hürden, Chancen und Gelingensbedingungen – über einen reinen Vorher-Nachher-Vergleich von Lernständen hinaus (Prediger & Link, 2012).

Eine ausführliche Darstellung der Datenerhebung findet sich bei der Darstellung der beiden Entwicklungsforschungszyklen – verwiesen sei hierfür auf Abschnitt 7.1 und 8.1. In diesen Kapiteln wird jeweils erläutert, wie die relevanten Daten für den jeweiligen Entwicklungsforschungszyklus erhoben wurden, und das Vorgehen der Datenerhebung wird inhaltlich aufgrund theoretischer Vorannahmen begründet. In Abschnitt 8.1 wird außerdem begründet, wie das Vorgehen der Datenerhebung aufgrund empirischer Erkenntnisse aus dem ersten Entwicklungsforschungszyklus für den zweiten Entwicklungsforschungszyklus angepasst wurde.

6.2 Feldzugang und Beschreibung der Untersuchungsbedingungen

Die teilnehmenden Schüler*innen wurden aus zwei ländlich gelegenen Grundschulen des Ostalbkreises des Bundeslandes Baden-Württemberg in Deutschland rekrutiert, mit denen bereits zuvor Partnerschaften im Rahmen von Initiativen zur finanziellen Bildung bestanden. Die bestehenden Kooperationen ermöglichten eine verlässliche und langfristige Zusammenarbeit über beide Forschungszyklen hinweg. Einbezogen wurden Schüler*innen der dritten und vierten Klassenstufe, deren mathematisches Leistungsniveau – beurteilt auf Grundlage ihrer bisherigen Mathematiknoten – variierte. Am ersten Zyklus der Forschung und Entwicklung nahmen elf Jungen und fünf Mädchen teil, am zweiten Zyklus zehn Jungen und fünf Mädchen. Tabelle 6.1 gibt einen Überblick über Klassenstufen und Geschlechter der teilnehmenden Kinder in beiden Zyklen.

im Klassenkaufladen infolge von Veränderungen auf der Angebots- oder Nachfrageseite – das eigene Verhalten beeinflussen können.

Tabelle 6.1 Übersichtstabelle der teilnehmenden Kinder an der Entwicklungsforschung

Zyklus 1				Zyklus 2			
Anzahl Drittklässler*innen		Anzahl Viertklässler*innen		Anzahl Drittklässler*innen		Anzahl Viertklässler*innen	
9		7		10		5	
davon Mädchen	davon Jungen	davon Mädchen	davon Jungen	davon Mädchen	davon Jungen	davon Mädchen	davon Jungen
2	7	3	4	4	6	1	4

Die Interviews vor und nach der Intervention wurden jeweils mit zwei Kindern gleichzeitig durchgeführt – zum einen aus zeitlichen Gründen, zum anderen aufgrund der damit verbundenen methodischen Vorteile. So wird durch das dialogische Setting das Machtgefälle zwischen Erwachsenen und Kindern reduziert (Heinzel, 2012), und die Gesprächsform entspricht eher alltagsnahen Kommunikationssituationen von Kindern. Zum Einsatz kam ein dialoggestütztes Paarinterview nach dem Konzept von Weltzien (2009). Dies stellt eine Mischform zwischen Einzel- und Gruppeninterview dar: Es ermöglicht eine offene Gesprächsatmosphäre ohne den in Gruppendiskussionen befürchteten Gruppenzwang, da nur zwei Kinder anwesend sind. Gleichzeitig können durch den gemeinsamen Austausch positive Effekte einer dialogischen Auseinandersetzung entstehen. Die Interviews dauerten jeweils zwischen 30 und 40 Minuten und fanden während der regulären Unterrichtszeit in einem Nebenraum der Schule statt. Die Kinder wurden in Zweiergruppen nacheinander aus dem Unterricht geholt. Die Zweiergruppen wurden für die Interviews vor der Intervention zufällig zusammengestellt und für die Interviews nach der Intervention in derselben Konstellation beibehalten.

Zu Beginn jedes Interviews wurde eine vertrauensvolle Gesprächsatmosphäre geschaffen. Die Interviewerin stellte sich zunächst persönlich vor und erklärte, dass es keine richtigen oder falschen Antworten gebe. Stattdessen interessiert sie sich dafür, wie die Kinder über Geld denken und wie sie in bestimmten Situationen Entscheidungen treffen würden. Dies war besonders wichtig, da die Interviews im schulischen Kontext stattfanden und sonst der Eindruck einer Testsituation entstehen könnte. Auch der Zweck der Videoaufzeichnung wurde transparent gemacht: Die Kinder wurden darüber informiert, dass ausschließlich die Interviewerin die Aufnahmen zu Analysezwecken ansehen werde und keine weitere Person Zugang erhalte. Die Interviews wurden anhand eines halbstrukturierten Leitfadens durchgeführt. Das bedeutet, dass zentrale Fragen und der grundsätzliche Ablauf vorgegeben waren, gleichzeitig aber ausreichend Spielraum bestand, um flexibel auf Antworten einzugehen, gezielt nachzufragen oder spontane Perspektiven der Kinder aufzugreifen. Der Leitfaden gliederte sich in drei Abschnitte und ist vollständig im Anhang im elektronischen Zusatzmaterial einsehbar:

1. Selbstberichte zum Umgang mit Geld und zur Anwendung von Mathematik im Alltag,
2. ein hypothetisches Entscheidungsszenario, in dem die Kinder eine finanzielle Entscheidung treffen und begründen sollten,
3. die Erfassung von Vorstellungen über finanzielle Konzepte.

Die Interviewfragen waren überwiegend offen formuliert und zielten darauf ab, Einblicke in das Denken und Begründen der Kinder zu erhalten. Die Aufgabenstellungen waren für alle Kinder gleich. Besonderer Wert wurde auf eine kindgerechte Sprache gelegt: Die Fragen wurden bewusst einfach formuliert, um für Dritt- und Viertklässler*innen verständlich zu sein. Es wurde im Vorfeld definiert, wie bei Verständnisschwierigkeiten nachgefragt oder alternative Formulierungen angeboten werden konnten, um die Vergleichbarkeit dennoch zu gewährleisten. Sowohl die Interviews als auch die Intervention in Form der einzelnen Unterrichtsstunden des gestalteten Lehr-Lern-Arrangements wurden von der Autorin dieser Arbeit selbst durchgeführt.

Die Teilnahme an der Intervention – ein erfahrungsbasiertes Lehr-Lern-Arrangement – erfolgte für die Kinder auf freiwilliger Basis und war Teil eines außerschulischen Programms. Außerschulische Programme in Form von Arbeitsgemeinschaften sind im deutschen Grundschulkontext unterschiedlich organisiert und nicht an allen Schulen fester Bestandteil des Schulalltags. Die Rahmenbedingungen unterschieden sich auch an den beiden beteiligten Schulen dieser Studie. An einer Schule fand die Intervention im sogenannten Mittagsband statt, in dem die Kinder einmal pro Woche zwischen verschiedenen AG-Angeboten wählen konnten. Zwar bestand eine Wahlmöglichkeit hinsichtlich der konkreten AG, jedoch war die Teilnahme an einem Angebot von einigen Eltern ausdrücklich gewünscht, da ihre Kinder bis in den Nachmittag hinein betreut werden sollten. An der zweiten Schule waren AG-Angebote hingegen kein regulärer Bestandteil des Schulalltags. Für die Intervention wurde dort ein zusätzlicher Nachmittagstermin eingerichtet, an dem interessierte Kinder freiwillig teilnehmen konnten. Ein Selektionsbias hin zu eher interessierten und motivierten Kindern für das Thema Geld kann daher nicht ausgeschlossen werden, dürfte jedoch nicht auf alle Teilnehmenden gleichermaßen zutreffen.

Die Intervention fand über einen Zeitraum von acht Wochen jeweils einmal pro Woche am Nachmittag statt und wurde per Audio- und Videoaufzeichnung dokumentiert. Jede Einheit umfasste eine Schulstunde. Die Durchführung der Intervention erfolgte in den regulären Klassenzimmern der teilnehmenden Kinder. Die Zusammensetzung der Gruppen orientierte sich an den bestehenden Klassenverbänden, wobei jeweils kleinere Teilgruppen gebildet wurden. Gerade in frühen Entwicklungsphasen eines Lehr-Lern-Arrangements sind Design-Experimente unter kontrollierten Bedingungen mit Kleingruppen von Lernenden besonders geeignet. Sie erlauben eine detaillierte Rekonstruktion inhaltlicher und prozessbezogener Aspekte und stellen damit eine wichtige Grundlage für die theoriegestützte Weiterentwicklung und Optimierung des Arrangements dar (Prediger & Link, 2012).

6.3 Aufbereitung und Auswertung der Daten

Die Interviews wurden mit der Software f4transkript (audiotranskription.de – Dr. Dresing & Pehl GmbH, 2024) transkribiert. Dabei erfolgte die Übertragung in standardsprachliches Deutsch. Dialektale Formulierungen wurden bereinigt, da die inhaltlich-thematische Ebene im Vordergrund stand (Mayring, 2023). Es wurden die Transkriptionsregeln nach Dresing und Pehl (2018) angewendet, konkret in Form einer erweiterten inhaltlich-semantischen Transkription, bei der wörtlich transkribiert wird. Auch Zögern, Wortfindungshemmungen und gleichzeitige Rede wurden erfasst, da diese Aspekte ebenfalls als aufschlussreich erschienen und zusätzlichen Informationsgehalt bezüglich der Begründungen finanzieller Entscheidungen oder Vorstellungen über finanzielle Konzepte bieten konnten. Die Regeln der erweiterten Transkription nach Dresing und Pehl (2018) sind in Tabelle 6.2 aufgelistet.

Tabelle 6.2 Regeln der erweiterten inhaltlich-semantischen Transkription aus Dresing und Pehl (2018, S. 23)

1	Wort- und Satzabbrüche werden mit „/“ markiert: „Ich habe mir aber Sor/Gedanken gemacht.“ Wortdoppelungen werden immer notiert.
2	Pausen werden je nach Länge durch Auslassungspunkte in Klammern markiert. Hierbei steht „(.)“ für circa eine Sekunde, „(..)“ für circa zwei Sekunden, „(…)“ für circa drei Sekunden und „(Zahl)“ für mehr als drei Sekunden.
3	Rezeptionssignale und Fülllaute aller Personen („hm, ja aha, ähm“ etc.) werden transkribiert. Ausnahme: Backchanneling der interviewenden Person, während eine andere Person spricht, wird nicht transkribiert, solange der Redefluss dadurch nicht unterbrochen wird.
4	Nach der Partikel „hm“ wird eine Beschreibung der Betonung in Klammern festgehalten. Zu nutzen sind: bejahend, verneinend, nachdenkend, fragend, wohlfühlend, z. B. „hm (bejahend)“.
5	Sprecherüberlappungen werden mit „//“ gekennzeichnet. Bei Beginn des Einwurfes folgt ein „//“. Der Text, der gleichzeitig gesprochen wird, liegt dann innerhalb dieser „/ /“ und der Einwurf der anderen Person steht in einer separaten Zeile und ist ebenfalls mit „//“ gekennzeichnet.
6	Mehrere Fülllaute hintereinander werden ohne Satzzeichen dazwischen getippt (z. B. „ähm ähm ähm also da sind wir …“).

Ergänzend wurden während der Stunden des erfahrungsbasierten Lehr-Lern-Arrangements Feldnotizen angefertigt, die unmittelbar nach den jeweiligen Stunden fertiggestellt wurden. Sie dokumentierten sowohl die Begründungen als auch das beobachtbare Verhalten der Kinder. Reichten die Notizen für eine detaillierte Analyse nicht aus, wurden ausgewählte Unterrichtsausschnitte zusätzlich transkribiert, um das Handeln der Kinder sowie ihre Entscheidungsbegründungen im genauen Wortlaut nachvollziehen zu können.

Die Auswertung der Daten erfolgte mittels qualitativer Inhaltsanalyse nach Mayring (2022). Im Zentrum dieses Verfahrens steht die Entwicklung eines Kategoriensystems, in dem Kategorien definiert und relevante Textstellen zugeordnet werden. Als inhaltsanalytische Technik wurde die strukturierende Inhaltsanalyse gewählt. Ihr Ziel besteht darin, bestimmte Aspekte aus dem Material herauszufiltern und anhand zuvor festgelegter Ordnungskriterien einen systematischen Querschnitt zu erstellen (Mayring, 2022). Damit die Zuordnung einzelner Materialeinheiten trennscharf und im Sinne der Forschungsabsicht möglichst objektiv erfolgen konnte, wurde das von Mayring (2022) vorgeschlagene schematische Vorgehen zur Kodierung angewandt:

1. Definition der Kategorien: Exakte Bestimmung, welche Textbestandteile unter eine Kategorie fallen.
2. Ankerbeispiele: Angabe konkreter Textstellen, die exemplarisch einer Kategorie zugeordnet werden.
3. Kodierregeln: Formulierung von Regeln zur eindeutigen Abgrenzung zwischen Kategorien, um Zuordnungsprobleme zu vermeiden.

Die Kategorienbildung erfolgte in einem deduktiv-induktiven Verfahren: Die Hauptkategorien wurden theoriegeleitet (deduktiv) aus den Forschungsfragen und dem theoretischen Rahmen entwickelt, während die Unterkategorien induktiv aus dem Datenmaterial herausgebildet wurden. Die einzelnen Schritte der qualitativen Inhaltsanalyse wurden mit Hilfe der Software MAXQDA 2022 (VERBI Software, 2021) durchgeführt.

Das Vorgehen der Datenanalyse unterschied sich je nach Entwicklungsforschungszyklus und diesem zugrunde liegenden Analysefokus. Im ersten Zyklus lag der Forschungs- und Entwicklungsfokus darauf, wie die teilnehmenden Kinder Mathematik in Einkaufssituationen anwendeten und welche Hürden sich bei der Anwendung von Mathematik im finanziellen Kontext für die Kinder ergaben. Als Analyseeinheit wurden deshalb vornehmlich Datenmaterial bezüglich der Selbstberichte der teilnehmenden Kinder zur Anwendung von Mathematik und zum Umgang mit Geld, ihre Reaktionen auf das hypothetisches Einkaufsszenario und Feldnotizen zur Entscheidungsfindung und dem Verhalten der Schüler*innen während der Intervention beim Einkaufen am Klassenkaufladen gewählt und zur Weiterentwicklung des Lehr-Lern-Arrangements herangezogen.

Im zweiten Zyklus lag der Forschungs- und Entwicklungsfokus stärker darauf, wie die teilnehmenden Kinder die finanziellen Konzepte Geld und Preise verstanden und welche Verständnishürden bestanden. Als Analyseeinheit wurden deshalb vornehmlich die Interviewausschnitte analysiert, welche Aufschluss über das Verständnis der Kinder bezüglich der finanziellen Konzepte „Geld“ und „Preise“ gaben und darüber, wie sie ihr Wissen über diese Konzepte und wirtschaftliche und gesellschaftliche Zusammenhänge nutzten, um während der Intervention Entscheidungen bezüglich der Preisfestlegungen für den Klassenkaufladen zu treffen und zu begründen.

Aufgrund der besseren Nachvollziehbarkeit wird die detaillierte Darstellung der einzelnen Analyseschritte den beiden Forschungs- und Entwicklungszyklen zugeordnet und jeweils direkt vor die Ergebnispräsentation gestellt (siehe Abschnitt 7.1 und 8.1). Auf diese Weise kann zugleich verdeutlicht werden, wie die Datenanalyse und die dabei verfolgten Schritte jeweils durch theoretische Vorannahmen geleitet waren.

6.4 Informationen zu Ethik und Datenschutz

Die Datenerhebung und -verarbeitung erfolgten datenschutzkonform. Die Einhaltung der datenschutzrechtlichen Vorgaben erfolgte auf Grundlage der Verordnung (EU) 2016/679 – Datenschutz-Grundverordnung (DSGVO) der Europäischen Union. Vor Beginn der Untersuchung wurden informierte Einwilligungen der Erziehungsberechtigten sowie die Zustimmung der Schulleitung schriftlich eingeholt. Die Einwilligungen umfassten die Durchführung der Intervention, die Ton- und Videoaufzeichnungen sowie die wissenschaftliche Auswertung der erhobenen Daten. Es wurde darauf hingewiesen, dass die Einwilligung jederzeit ohne Angabe von Gründen widerrufen werden kann und bereits erhobene Daten in diesem Fall gelöscht werden.

Vor jedem Interview wurde zusätzlich eine informelle Zustimmung der Kinder eingeholt. In kindgerechter Sprache wurden ihnen Ziel und Ablauf des Interviews sowie der Umgang mit ihren Daten erklärt. Dabei wurde betont, dass es keine richtigen oder falschen Antworten gibt, dass sie keine Fragen beantworten müssen und das Interview jederzeit abbrechen können.

Alle personenbezogenen Daten wurden vollständig anonymisiert, um Rückschlüsse auf teilnehmende Kinder auszuschließen. Bei der Transkription wurden Namen durch Pseudonyme ersetzt; Schulnamen, Namen Dritter sowie Ortsangaben wurden entfernt oder neutralisiert.

Da das Thema Geld potenziell sensible Bereiche berührt, wurde bei der Formulierung der Fragen besonders darauf geachtet, keine persönlichen oder belastenden Informationen zu erzwingen. Hypothetische Entscheidungssituationen ermöglichten es den Kindern, über fiktive Fälle zu sprechen, ohne eigene finanzielle Lebenslagen offenlegen zu müssen. Auch bei Selbstberichtsfragen wurde eine freiwillige Beteiligung deutlich gemacht, zum Beispiel durch Formulierungen wie „Möchtest du von einem Gespräch über Geld in deiner Familie erzählen?" Im erfahrungsbasierten Lehr-Lern-Arrangement wurde zudem durch den Einsatz von Simulationen sichergestellt, dass alle Kinder unter vergleichbaren Bedingungen agierten. Dadurch konnten finanzielle Entscheidungen reflektiert werden, ohne reale Unterschiede in den familiären Verhältnissen zu thematisieren oder offenzulegen.

Die anschließende Transkription der erhobenen Daten erfolgte mithilfe der Software f4transkript (audiotranskription.de – Dr. Dresing & Pehl GmbH, 2024) und die Auswertung der Daten mithilfe der Software MAXQDA 2022 (VERBI Software, 2021) – beide genannten Programme sind DSGVO-konform.

Die Durchführung der Untersuchung orientierte sich an den ethischen Leitlinien der Deutschen Gesellschaft für Erziehungswissenschaft (DGfE), insbesondere im Hinblick auf den Schutz der Persönlichkeitsrechte, die informierte Einwilligung, die Anonymisierung personenbezogener Daten sowie den sensiblen Umgang mit Kindern als Forschungsteilnehmenden (DGfE-Vorstand, 2010).

6.5 Methodologische Reflexion

In Anlehnung an Mayring (2023) wurden die folgenden sechs Gütekriterien qualitativer Forschung berücksichtigt: Verfahrensdokumentation, Regelgeleitetheit, Triangulation, argumentative Interpretationsabsicherung, kommunikative Validierung sowie Nähe zum Gegenstand. Im Folgenden wird erläutert, wie die Einhaltung dieser Kriterien im Rahmen der vorliegenden Studie sichergestellt wurde.

- *Verfahrensdokumentation:* Die einzelnen Schritte der Datenerhebung und -auswertung wurden detailliert beschrieben, um den Forschungsprozess für Dritte nachvollziehbar und überprüfbar zu machen (Kirk & Miller, 1986). Dazu gehören die Explikation des eigenen Vorverständnisses, die Beschreibung und Begründung des eingesetzten Analyseinstrumentariums sowie die genaue Darstellung des methodischen Vorgehens. Dazu wurde eine detaillierte Beschreibung der Datenerhebung und Datenanalyse der zwei Zyklen jeweils vor der Ergebnisdarstellung vorgenommen. Zudem wurden die Entscheidungsprozesse innerhalb der Analyse offengelegt – etwa wenn ein weiterer Analyseschritt erforderlich wurde oder mit widersprüchlichen beziehungsweise wenig aussagekräftigen Daten (z. B. bezüglich Selbsteinschätzungen) umgegangen werden musste. Auf diese Weise wurden eine möglichst hohe Transparenz und methodische Nachvollziehbarkeit gewährleistet.

- *Regelgeleitetheit:* Das methodische Vorgehen orientierte sich an den Ablaufmodellen und einzelnen Arbeitsschritten der qualitativen Inhaltsanalyse nach Mayring (2022). Dadurch wurde ein systematisches und nachvollziehbares Vorgehen sichergestellt. Das erhobene Material wurde in sinnvolle Analyseeinheiten unterteilt, die anschließend schrittweise und regelgeleitet bearbeitet wurden. Die Analyse erfolgte dabei konsequent entlang eines einheitlichen Kodierleitfadens und auf Basis eines zuvor entwickelten Kategoriensystems, das auf alle Interviews und Beobachtungen gleichermaßen angewendet wurde. Dieses strukturierte Vorgehen macht die Analyse prinzipiell reproduzierbar – insbesondere bei einer wiederholten Anwendung derselben Kategorien und Auswertungsregeln auf vergleichbarem Datenmaterial.
- *Triangulation:* Zur Analyse wurden unterschiedliche Datenquellen herangezogen, darunter Interviewaussagen, Beobachtungen während des erfahrungsbasierten Lehr-Lern-Arrangements sowie ergänzende Feldnotizen. Neben subjektiven Selbstberichten der Kinder kamen auch objektivere Erhebungsverfahren zum Einsatz, etwa hypothetische Entscheidungsszenarien oder beobachtbares Verhalten in der Simulation. Dabei handelt es sich um verschiedene Datenquellen derselben Kinder, sodass unterschiedliche Perspektiven auf deren Denken und Handeln miteinander in Beziehung gesetzt werden konnten.
- *Argumentative Interpretationsabsicherung:* Kodierungen und daraus abgeleitete Interpretationen wurden nicht vorausgesetzt oder pauschal behauptet, sondern systematisch begründet und durch Daten gestützt. Die Zuordnung von Aussagen zu Kategorien wurde im Kodierleitfaden dokumentiert und in der Ergebnisdarstellung jeweils mit passenden Exzerpten aus Interviews oder Beobachtungen belegt. Auch alternative Deutungen sowie widersprüchliche oder mehrdeutige Aussagen wurden festgehalten und reflektiert. Darüber hinaus wurden die Ergebnisse beider Zyklen, ihre Interpretationen und die theoretische Einordnung auf Fachkonferenzen mit Schwerpunkt Numeracy präsentiert und mit Expert*innen für Numeracy und Financial Numeracy diskutiert. In diesem Rahmen erfolgte ein Peer Debriefing: Datenmaterial aus Interviews und Unterrichtsbeobachtungen wurde mit Fachpersonen geteilt, die

nicht direkt an der Studie beteiligt waren und kein Eigeninteresse an ihr hatten. So konnten Interpretationen kritisch überprüft und mögliche Verzerrungen durch subjektive Voreingenommenheit reduziert werden.

- *Kommunikative Validierung:* Um die Beweggründe für finanzielle Verhaltensweisen und Entscheidungen der Kinder besser zu verstehen, wurden bei Bedarf gezielte Rückfragen gestellt – etwa: „Warum hast du das so gemacht?" oder „Wie hast du das entschieden?". Ziel war es, Begründungen und dahinterliegende Vorstellungen möglichst direkt im Moment des Handelns zu erfassen und kindliche Deutungen besser nachvollziehen zu können. Dabei wurde bewusst darauf geachtet, keine voreiligen Interpretationen vorzunehmen und suggestive Fragen zu stellen, wie zum Beispiel „Das hast du gemacht, weil … oder?", um die Erklärungen und Begründungen der Kinder möglichst wenig zu beeinflussen.
- *Nähe zum Gegenstand:* Bereits zu Beginn der Interviews wurde versucht, ein offenes und möglichst gleichberechtigtes Gesprächsverhältnis zu schaffen – im Gegensatz zu experimentellen Forschungsdesigns, die häufig mit einer gewissen Intransparenz oder sogar Täuschung arbeiten. Den Kindern wurde daher das Ziel der Untersuchung offen kommuniziert: Es ging darum, mehr über ihren Umgang mit Geld und ihre Denkweisen in finanziellen Situationen zu erfahren. Die Erhebung knüpfte bewusst an die Alltagswelt der Kinder an, unter anderem durch Selbstberichte zur Anwendung von Mathematik und zum Umgang mit Geld im Alltag. Anstatt die Kinder aus ihrem gewohnten Kontext herauszunehmen, wurde bewusst im schulischen Umfeld gearbeitet. Die teilnehmenden Beobachtungen fanden hierbei in Kleingruppen statt, die aus bestehenden Klassenverbänden gebildet wurden. Dabei wurde versucht, im Rahmen erfahrungsbasierter Simulationen finanzielle Alltagssituationen möglichst realitätsnah nachzubilden – etwa durch die Aufgabe, Geld an einem Klassenkaufladen auszugeben, um eine Einkaufssituation zu simulieren. Gleichwohl muss berücksichtigt werden, dass es sich um Simulationen handelt, die reale finanzielle Situationen nur in Teilen abbilden.

Neben den sechs allgemeinen Gütekriterien qualitativer Forschung nach Mayring (2023) wurde auch die kontinuierliche Reflexion der eigenen Rolle im Forschungsprozess als zentrales Qualitätsmerkmal berücksichtigt. Die fortlaufende Auseinandersetzung mit der eigenen Position, Perspektive und Einflussnahme ist insbesondere bei forschungsnaher, teilnehmender Erhebung mit Kindern unverzichtbar. Zum einen war es vorteilhaft, dass alle Daten von der Forschenden (und Autorin dieser Arbeit) selbst erhoben wurden, wodurch ein umfassender Einblick in die Lernprozesse der Kinder sowie ein vertieftes Verständnis für deren Denk-

und Handlungsweisen möglich wurden. Zum anderen birgt diese Nähe auch die Gefahr unbeabsichtigter Beeinflussung. Daher wurde die eigene Rolle während des gesamten Prozesses – vor, während und nach der Datenerhebung sowie in der Analyse – kritisch reflektiert. In den Interviews wurde bewusst auf Suggestivfragen verzichtet und wertende Reaktionen vermieden, um die Aussagen der Kinder nicht zu beeinflussen. Sollte im Nachhinein deutlich geworden sein, dass bestimmte Antworten möglicherweise durch die Interviewführung beeinflusst wurden, wurde dies bei der Interpretation berücksichtigt. Auch während der teilnehmenden Beobachtungen wurde die Einflussnahme möglichst gering gehalten. Die Forschende agierte beispielsweise im Klassenkaufladen als Kassiererin, bewertete das Verhalten der Kinder jedoch nicht als positiv oder negativ, um die Handlungen möglichst unbeeinflusst erfassen zu können. Dabei wurde berücksichtigt, dass auch Beobachtungsprotokolle bereits interpretative Anteile enthalten (de Boer & Reh, 2012). Im Rahmen der Analyse wurde die eigene Perspektive regelmäßig hinterfragt – insbesondere mit Blick darauf, ob Interpretationen angemessen und begründet sind oder ob alternative Deutungen möglich wären.

7 Darstellung von Entwicklungsforschungszyklus 1

Im Fokus dieses Kapitels stehen die Darstellung und Analyse der im ersten Zyklus erhobenen Daten sowie die Diskussion der Ergebnisse. Daraus werden dann die Implikationen für das Design des Lehr-Lern-Arrangements in der Intervention abgeleitet. Der erste Entwicklungsforschungszyklus fokussierte dabei vornehmlich die kontextuelle Dimension von Financial Numeracy. Das heißt, es ging darum, inwieweit die Schüler*innen Mathematik in einem finanziellen Kontext – hier in einem Einkaufskontext – verwenden konnten.

7.1 Detaillierte Beschreibung der Datenerhebung und Datenanalyse

In den folgenden Abschnitten werden die Datenerhebung und die einzelnen Schritte der Datenanalyse des ersten Entwicklungsforschungszyklus im Detail erläutert, um die Nachvollziehbarkeit und Transparenz des Forschungsprozesses zu gewährleisten. Zunächst werden in Abschnitt 7.1.1 die Erhebung und Auswertung der Selbstberichte zum persönlichen Umgang mit Geld sowie zur Anwendung von Mathematik im Alltag beschrieben. In Abschnitt 7.1.2 werden die Erhebung und Auswertung der Daten zur finanziellen Entscheidungsfindung beim Einkaufen beschrieben.

D.-M. Wiedenhöfer, *Förderung des Umgangs mit Geld in der Grundschule*, Perspektiven der Mathematikdidaktik,
https://doi.org/10.1007/978-3-658-53385-4_7

7.1.1 Datenerhebung und Auswertung der Selbstberichte

Der erste Teil des Interviews umfasste Selbsteinschätzungen und Selbstberichte der teilnehmenden Kinder. Die Interviewleitfragen gliederten sich dazu in zwei thematische Blöcke – Mathematik und Finanzen – wie auch in Tabelle 7.1 ersichtlich. Weil die Anwendung von Mathematik im Finanzkontext von Interesse war, wurden einerseits Fragen zur eingeschätzten Notwendigkeit von Mathematik im Alltag und zur Verwendung von Mathematik in Alltagskontexten – im Sinne numeraler Praktiken – gestellt. Andererseits sollten Fragen zur Einschätzung des eigenen Umgangs mit Geld, Erfahrungen mit Geld und zur finanziellen Sozialisation Einblicke in die Rolle der Familie als primäre finanzielle Sozialisationsinstanz sowie weitere Informationen zum Lernen durch Erfahrungen als eine Form der finanziellen Sozialisation ermöglichen.

Zunächst beantworteten die Kinder mehrere Fragen anhand einer vierstufigen Likert-Skala. Auf eine neutrale Antwortkategorie wurde bewusst verzichtet, um die Kinder zu einer klaren Positionierung zu ermutigen. Um die Skala an den Grundschulkontext anzupassen, wurde sie altersgerecht und visuell unterstützt operationalisiert. Für häufigkeitsbezogene Fragen (z. B. „Wie oft sprecht ihr zu Hause über Geld?") legten die Kinder zwischen einer und vier Münzen in einen „Geldbeutel". Eine Münze entsprach „fast nie", zwei Münzen „manchmal", drei Münzen „oft" und vier Münzen „sehr oft". Für Aussagen zur selbsteingeschätzten Kompetenz (z. B. „Wie gut kannst du deiner Meinung nach mit Geld umgehen?") kam eine farbcodierte Emoji-Skala zum Einsatz. Diese reichte von einem roten Emoji mit traurigem Gesichtsausdruck (1 = Das kann ich nicht gut) über zwei Zwischenstufen (2 = Das kann ich weniger gut; 3 = Das kann ich gut) bis zu einem dunkelgrünen Emoji mit fröhlichem Gesichtsausdruck (4 = Das kann ich sehr gut). Die Kinder markierten ihre Antwort, indem sie eine Klammer an das Emoji mit der Farbe steckten, die ihre Selbsteinschätzung am besten widerspiegelte.

Jeweils im Anschluss an die Einschätzungen mithilfe der Likert-Skalen folgte eine offene Vertiefungsfrage. Die Bewertungen auf der Likert-Skala sind nur bedingt aussagekräftig – zum einen aufgrund des allgemeinen Problems sozial erwünschter Antworten, zum anderen, weil die Selbsteinschätzungen im Beisein eines weiteren Kindes erfolgten, die Fragen relativ allgemein formuliert waren und die Skalenpunkte spezifischer hätten benannt werden müssen. Die Skalen dienten daher in erster Linie dazu, den Kindern Zeit zum Nachdenken über ein Thema zu geben und den Übergang zu den offenen Fragen zu erleichtern, um das Interview abwechslungsreicher zu gestalten. In die Ergebnisdarstellung wurden die Bewertungen dennoch einbezogen, da insbesondere die Kombination mit den offenen Fragen aufschlussreiche Einblicke darüber bot, warum Kinder bestimmte Einschätzungen vornahmen und wie sie Fragen – etwa zur Häufigkeit der Verwendung von Mathematik im Alltag – teilweise anders interpretierten als erwartet.

Im Interview nach der Intervention wurden dieselben Fragen erneut gestellt, jedoch mit einer Beschränkung auf die Verwendung von Mathematik in Finanzkontexten sowie auf Erfahrungen mit und Gespräche über Geld während der Interventionsphase. Ergänzend wurde eine Frage zur Wahrnehmung der Intervention aufgenommen: Die Kinder wurden gebeten, das Lehr-Lern-Arrangement, an dem sie teilgenommen hatten, zu beschreiben und zu berichten, was ihnen an der Teilnahme gefallen und nicht gefallen hat.

Die Fragen des Interviewleitfadens waren bereits thematisch strukturiert, weshalb diese Themen (welche in Tabelle 7.1 in der linken Spalte ersichtlich sind) die Hauptkategorien der strukturierenden Inhaltsanalyse bildeten. Zu diesen Hauptkategorien wurden aus den Antworten der Kinder Subkategorien induktiv aus dem Datenmaterial gewonnen. So wurde etwa unter der Hauptkategorie „Verwendung von Mathematik im Alltag“ erfasst, in welchen Kontexten die Kinder von mathematischen Anwendungen berichteten. Beispielsweise wurden Aussagen zur Nutzung von Mathematik beim Einkaufen oder zum Nachzählen von erhaltenem Geburtstagsgeld unter der Subkategorie „Geldkontext“ zusammengefasst. Äußerungen zur Anwendung von Mathematik in der Schule – etwa beim Lernen für Tests oder bei Hausaufgaben – wurden der Subkategorie „schulisch geprägter Kontext“ zugeordnet.

Tabelle 7.1 Interviewleitfragen zu den Selbstberichten

	Selbsteinschätzung auf vierstufiger Likert-Skala	Offene Frage (Selbstberichte)
Mathematik im Alltag (Numeracy)		
Notwendigkeit von Mathematik für Alltag	Wie wichtig findest du Mathematik für dein tägliches Leben? (1 = nicht wichtig bis 4 = sehr wichtig)	Warum empfindest du Mathematik für dein tägliches Leben als wichtig (oder unwichtig)?
Verwendung von Mathematik im Alltag (numerale Praktiken)	Wie oft verwendest du Mathematik in deinem täglichen Leben? Zum Beispiel, um etwas zu berechnen oder etwas zu messen. (1 = fast nie bis 4 = sehr oft)	Kannst du mir von einer Situation erzählen, in der du Mathematik im täglichen Leben verwendet hast? Zum Beispiel beim Einkaufen, Backen, Spielen oder für andere Dinge.
Erfahrungen mit Geld und finanzielle Sozialisation		
Gespräche über Geld	Wie oft finden Gespräche über Geld zu Hause statt? (1 = fast nie bis 4 = sehr oft)	Möchtest du von einem Gespräch über Geld erzählen?
Selbstkonzept Umgang mit Geld	Wie gut schätzt du dich selbst im Umgang mit Geld ein? (1 = nicht gut bis 4 = sehr gut)	Was bedeutet für dich ein guter Umgang mit Geld?
		Falls keine Idee: Wenn über ein Kind gesagt wird, dass es gut mit Geld umgehen kann, was muss es dazu können?
Entscheidungen mit Geld		Hast du in letzter Zeit Entscheidungen mit Geld getroffen, zum Beispiel wofür du Geld ausgeben willst oder ob du auf etwas sparen möchtest? Danach: Möchtest du von einer Entscheidung erzählen, die du mit Geld getroffen hast?
		Falls Entscheidungen getroffen wurden: Gab es auch schon mal eine Entscheidung mit Geld, die du im Nachhinein bereut hast?

7.1.2 Datenerhebung und Auswertung finanzieller Entscheidungsfindung

Im Anschluss an die Selbstberichte wurde den Kindern ein Entscheidungsszenario vorgelegt, bei dem sie eine hypothetische finanzielle Entscheidung treffen sollten. Diese Entscheidungsszenarien waren angelehnt an Sawatzkis (2017) finanzielle Dilemmas, bei denen Kinder mit einer realitätsnahen und für sie vorstellbaren Problemsituation konfrontiert werden und ihre getroffene Entscheidung begründen sollten. Durch diese Aufforderung zur Begründung der Entscheidung sollten tiefere Einblicke in die Denkweisen der Kinder bei finanziellen Entscheidungen gewonnen werden. Ziel war es, zu erfassen, ob Kinder bei ihren Begründungen mathematisches und soziales Denken miteinander verknüpfen und die Angemessenheit mathematischer Lösungen im finanziellen Kontext beurteilen können. Konkret bedeutet dies für das Entscheidungsszenario, dass beispielsweise eine Überschlagsrechnung nicht nur formal korrekt nach den Rundungsregeln ausgeführt werden kann, sondern auch im Hinblick auf ihre Angemessenheit in der jeweiligen finanziellen Situation evaluiert wird. Ebenso reicht es beim Vergleich von Produkten nicht aus, rein rechnerisch zu bestimmen, welches Produkt absolut oder relativ günstiger ist – entscheidend ist auch der Abgleich mit den tatsächlich benötigten Mengen im spezifischen Einkaufskontext.

Im hypothetischen Einkaufsszenario sollten die Schüler*innen eine Entscheidung darüber treffen, wie sie am besten vorgehen würden, wenn das zur Verfügung stehende Geld an der Supermarktkasse nicht ausreicht, um alle vorgesehenen Zutaten für eine Pizza oder einen Kuchen zu bezahlen. Die Situation erforderte eine Überprüfung des Gesamtpreises, eine kontextbezogene Interpretation von Überschlagsrechnungen sowie einen Produktaustausch auf der Grundlage von Preisvergleichen von ähnlichen Produkten.

Die im Szenario geforderten Kompetenzen entsprechen den Kompetenzanforderungen, die im Rahmen zur Verbesserung der Finanzkompetenz von Kindern und Jugendlichen (Europäische Union/OECD, 2023) aufgelistet werden. So entspricht das Überprüfen des Gesamtpreises beim Einkauf einer Anforderung aus der Subdomäne „Geld und Transaktionen“, in der es heißt: „Prüft, ob Wechselgeld und Quittung korrekt sind, und hat das Selbstvertrauen, dies anzusprechen, wenn das nicht der Fall ist“ (Europäische Union/OECD, 2023, S. 28)[1]. Auch der Preisvergleich zwischen Produkten knüpft an eine Kompetenzformulierung aus derselben Subdomäne an: „Vergleicht ähnliche Produkte anhand des Preises und versteht, dass ein Produkt/eine Dienstleistung überteuert sein kann“ (Europäische Union/OECD, 2023, S. 28 f.).

Zunächst wurde den Kindern die Ausgangssituation im Einkaufsszenario vorgelesen und visuell präsentiert (siehe Abbildung 7.1). Zusätzlich erhielten sie ein Rezept mit den Mengenangaben der benötigten Produkte (siehe Abbildung 7.2). Die Kinder hatten anschließend etwas Zeit, sich die Informationen anzusehen und erste Überlegungen zu äußern. Dabei konnte bereits beobachtet werden, ob sie spontan versuchten, den Gesamtpreis zu überprüfen oder Lösungsstrategien zu entwickeln.

Daraufhin erhielten sie die Gelegenheit, sich alle vier Entscheidungsmöglichkeiten genau anzusehen und sich anschließend begründet für eine der Möglichkeiten zu entscheiden.

[1] Finanzielle Kompetenzen werden im Bildungsplan Baden-Württemberg für die Grundschule bisher lediglich indirekt aufgegriffen, beispielsweise im Rahmen des Leitprinzips Verbraucherbildung, das unter anderem die Themenbereiche Finanzen und Vorsorge sowie Alltagskonsum umfasst (Ministerium für Kultus, Jugend und Sport Baden-Württemberg, 2016b). Eine Verpflichtung, sich zusätzlich an den Finanzkompetenzrahmen der OECD und der Europäischen Union zu orientieren, besteht in Deutschland nicht. Wie bereits in der Einleitung dieser Arbeit dargelegt, kann der OECD-Rahmen jedoch als Orientierung für die Gestaltung von Unterricht zur Förderung finanzieller Kompetenzen dienen. Er zählt zu den wenigen Kompetenzrahmen, die Grundschulkinder ausdrücklich berücksichtigen und ein breites Verständnis finanzieller Bildung zugrunde legen, das Wissen, Fähigkeiten und Einstellungen sowie die individuelle und systemische Dimension finanzieller Bildung umfasst.

Abbildung 7.1 Einstieg in das Einkaufsszenario. (Eigene Abbildung)

Die Entscheidungen 1 und 2 bezogen sich auf die Überprüfung des Gesamtpreises des Einkaufs mithilfe zweier Überschlagsrechnungen – eines Überschlags auf den nächsten ganzen Euro mit anschließender Kompensation und eines Überschlags auf den nächsten ganzen Euro ohne anschließende Kompensation. Letzterer stellt in vielen Einkaufssituationen eine sinnvolle erste Orientierung dar, da häufig lediglich abgeschätzt werden muss, ob das vorhandene Geld grundsätzlich ausreicht. Ist das Budget jedoch – wie in der vorliegenden Aufgabe – knapp bemessen, ist eine genauere Überschlagsrechnung mit anschließender Kompensation erforderlich, um eine verlässliche Entscheidung treffen zu können. Die Schüler*innen sollten die Überschlagsrechnungen nachvollziehen und deren Angemessenheit für den Einkaufskontext beurteilen (siehe Abbildung 7.3).

Die Entscheidungen 3 und 4 bezogen sich auf Preisvergleiche ähnlicher Produkte, wobei zusätzlich die im Rezept angegebenen Mengen der Produkte berücksichtigt werden mussten. Im Mittelpunkt stand somit der Vergleich von Preis-Mengen-Verhältnissen, ohne dass weitere Kriterien wie Qualität oder Inhaltsstoffe in die Produktvergleiche einbezogen wurden. Auf diese Weise

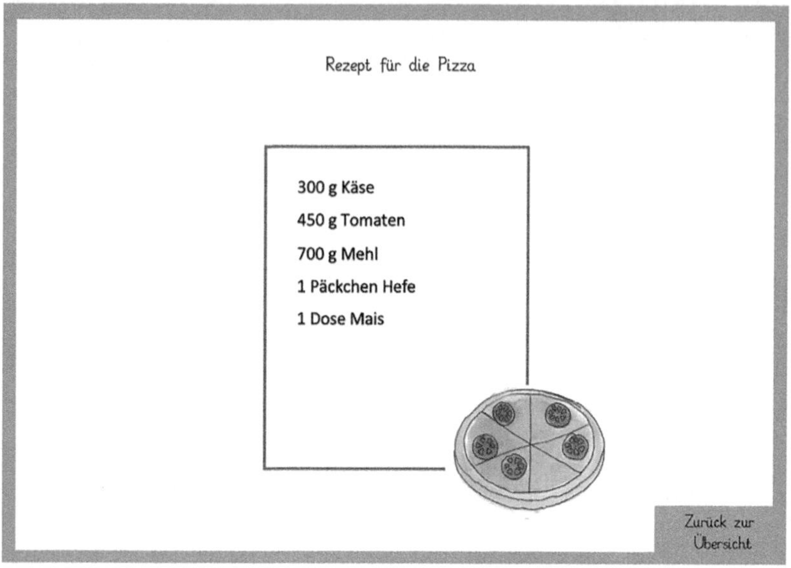

Abbildung 7.2 Rezept mit benötigten Mengenangaben im Einkaufsszenario. (Eigene Abbildung)

sollte gezielt die mathematische Fähigkeit zur Erkennung und Nutzung von Proportionalität erfasst werden (siehe Abbildung 7.4).

Um Veränderungen in der Entscheidungsfindung vor und nach der Intervention erfassen zu können, wurde den Kindern im Interview vor der Intervention ein Szenario mit vier Entscheidungsmöglichkeiten vorgelegt. Sie sollten eine Entscheidungsmöglichkeit auswählen und begründen, warum sie sich so entscheiden würden. Eine anschließende Bewertung durch die Interviewerin – etwa in Form von Rückmeldungen zu „richtigen" oder „falschen" Entscheidungen – erfolgte bewusst nicht. Im Interview nach der Intervention wurde ein vergleichbares Entscheidungsszenario eingesetzt. Die grundlegende Struktur blieb dabei identisch, während die äußere Gestaltung leicht variiert wurde. Zum Beispiel ging es einmal um das Einkaufen für eine Pizza und einmal für einen Kuchen. Zudem wurden die Figuren gewechselt: Einmal war es ein Mädchen, welches einkaufen ging, das andere Mal war es ein Junge. Die mathematischen Anforderungen blieben jedoch gleich: Die Szenarien erforderten immer das Beurteilen der Angemessenheit verschiedener Überschlagsrechnungen zum Überprüfen des Gesamtpreises

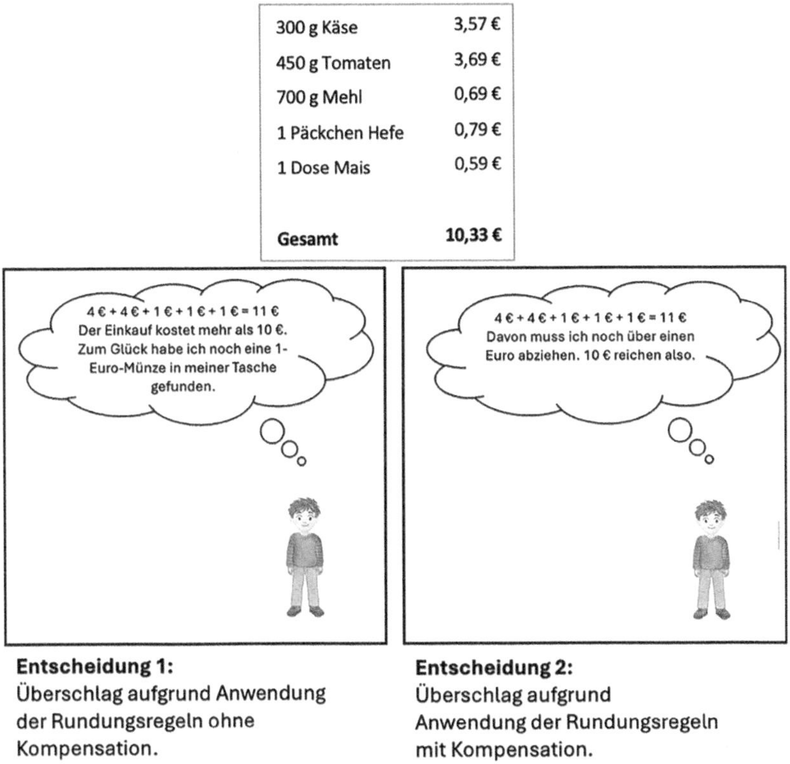

Abbildung 7.3 Gesamtpreis überprüfen im Einkaufsszenario (eigene Abbildung)

und einen Preis-Mengen-Vergleich von ähnlichen Produkten. Durch diese ähnliche Gestaltung der Erhebung konnten Unterschiede in der Entscheidungsfindung sowie in der Qualität und Tiefe der zugehörigen Begründungen vor und nach der Intervention erfasst werden.

Für die Analyse der finanziellen Entscheidungsfindung beim Einkaufen kamen mehrere Schritte zum Einsatz. Im ersten Schritt wurde analysiert, welche der vier vorgegebenen Entscheidungsoptionen von den Kindern ausgewählt wurde. Zusätzlich wurde eine fünfte Kategorie eingeführt, wenn Kinder eine eigene, nicht vorgegebene Entscheidung entwickelten. Grundlage des Kategoriensystems bildeten also die Kategorien 1 bis 4 sowie die zusätzliche Kategorie „5: eigene Entscheidung“. Beim Einkaufsszenario galt Entscheidung 3 als die sinnvollste,

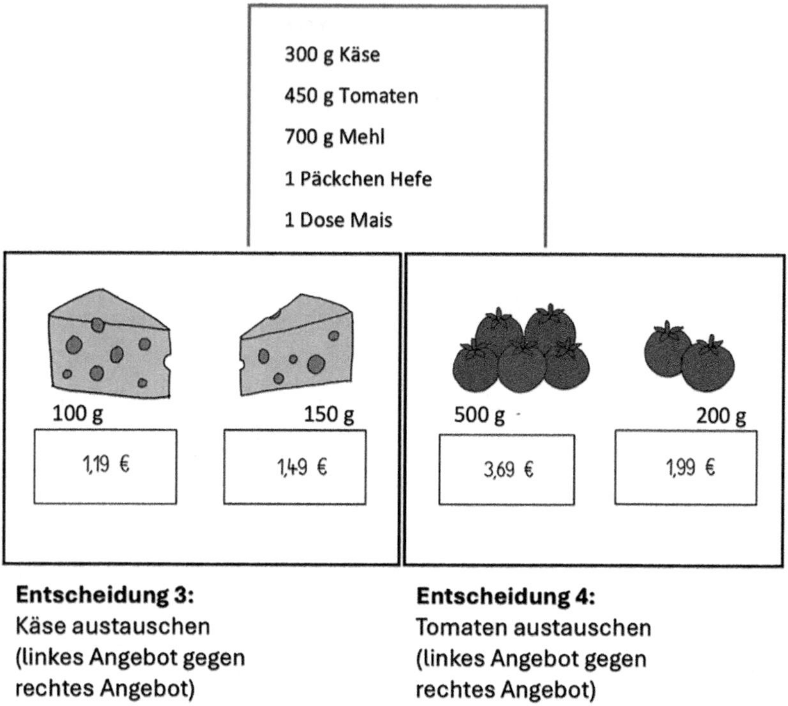

Abbildung 7.4 Preisvergleiche im Einkaufsszenario (eigene Abbildung)

da sie sowohl mathematisch korrekt als auch im finanziellen Kontext angemessen war. Diese Entscheidung umfasste eine Überschlagsrechnung, mit der die Gesamtsumme des Einkaufs angemessen überprüft werden konnte, sowie das Ersetzen teurerer Produkte durch günstigere Alternativen in passender Menge für die Situation.

Im zweiten Schritt wurden die Begründungen der Kinder für die Entscheidung inhaltlich zusammengefasst und genauer analysiert. Dabei zeigte sich, dass zwar häufig die angemessenste Entscheidung gewählt wurde, die zugrunde liegende Argumentation jedoch nur teilweise korrekt war – etwa, wenn ein Produkt aufgrund des absolut niedrigeren Preises und nicht des besseren Preis-Mengen-Verhältnisses gewählt wurde oder wenn eine Überschlagsrechnung zur

Überprüfung des Gesamtpreises nur deshalb akzeptiert wurde, weil die innermathematische Rechnung korrekt war, die Überschlagsrechnung jedoch nicht auf ihre Angemessenheit im Hinblick auf den finanziellen Kontext überprüft wurde. Manche Kinder wählten auch eine andere Entscheidung als Entscheidungsoption 3, begründeten diese jedoch innermathematisch korrekt und im Kontext angemessen. Deshalb erfolgten eine inhaltliche Zusammenfassung und Kodierung der Begründungen in drei Kategorien: konsistent (d. h. mathematisch korrekt und kontextangemessen), inkonsistent (d. h. mit Fehlern in der innermathematischen Lösung oder der kontextuellen Interpretation und Validierung oder in beiden Bereichen[2]) oder keine Begründung (d. h. die Kinder wählten lediglich eine Entscheidungsmöglichkeit, ohne diese weiter zu begründen). Zur Sicherstellung der Nachvollziehbarkeit werden in den Tabellen 7.2 und 7.3 Zusammenfassungen von Begründungen aufgeführt, die jeweils als konsistent oder inkonsistent kategorisiert wurden.

Um einen ersten Eindruck von der Entscheidungsfindung der Kinder zu gewinnen, bot die Auswertung der gewählten Entscheidungsoption sowie die Einordnung der Begründungen als konsistent oder inkonsistent eine hilfreiche Grundlage. Auch zur Beurteilung von Veränderungen in der finanziellen Entscheidungsfindung nach der Intervention lieferte diese Kategorisierung durch die Gegenüberstellung von gewählten Entscheidungen und Begründungen einen schnellen Überblick. Für die gezielte Gestaltung und Optimierung des Lehr-Lern-Arrangements reichten diese Informationen jedoch nicht aus.

[2] Mit Interpretation ist hier gemeint, dass die Schüler*innen erklären können, was die mathematische Lösung im (außermathematischen) Kontext bedeutet. So können sie beispielsweise anhand einer (selbst durchgeführten oder vorgegebenen) Überschlagsrechnung erläutern, ob das verfügbare Geld für den geplanten Einkauf ausreicht. Validierung umfasst die kritische Beurteilung, ob eine Lösung im jeweiligen Kontext angemessen und zuverlässig ist. Dies bedeutet etwa, zu hinterfragen, ob die (selbst durchgeführte oder vorgegebene) Überschlagsrechnung im gegebenen Einkaufskontext eine realistische Einschätzung des Gesamtpreises ermöglicht – oder ob die Rechnung für eine verlässlichere Entscheidung angepasst werden müsste.

Tabelle 7.2 Kategoriensystem für Gesamtpreis überprüfen

Gesamtpreis überprüfen	Begründung	Zusammengefasstes Beispiel
konsistent	Der Sinn der vorgegebenen Überschlagsrechnung wurde erfasst – sie stellt eine vereinfachte Rechnung dar, um den Gesamtpreis zu überprüfen – und die Überschlagsrechnung wurde im Hinblick auf ihre Angemessenheit im Kontext überprüft.	Es wurde erklärt, dass die Preise der Produkte 3,57 €, 3,69 €, 0,69 €, 0,79 €, 0,59 € bei der Überschlagsrechnung 4 € + 4 € + 1 € + 1 € + 1 = 11 € immer zum nächsten ganzen Eurobetrag aufgerundet wurden, um schnell einschätzen zu können, ob der Gesamtpreis stimmt. Es wurde zudem erkannt, dass die aufgerundeten Centbeträge von über einem Euro dazu führen, dass die 10 € für den Einkauf ausreichen sollten.
konsistent	Es wurde eine eigene Rechnung zur Überprüfung des Gesamtpreises ausgeführt und das Ergebnis wurde im Hinblick auf den Einkaufskontext richtig interpretiert.	Der Gesamtpreis der fünf Produkte zu den Preisen 3,57 €, 3,69 €, 0,69 €, 0,79 €, 0,59 € wurde durch eine Überschlagsrechnung überprüft, bei der auf die nächsten Zehn-Cent-Beträge gerundet wurde: 3,60 € + 3,70 € + 0,70 € + 0,80 € + 0,60 € = 9,40 €. Das Ergebnis von 9,40 € wurde richtig ermittelt und richtig im Kontext interpretiert, indem begründet wurde, dass der Einkauf etwa 9,40 € kostet und somit 10 € ausreichen sollten.
inkonsistent	Es konnte zwar erklärt werden, dass das Ergebnis der vorgegebenen Überschlagsrechnung innermathematisch richtig ist, es konnte aber nicht erklärt werden, wieso diese Rechnung ausgeführt wird, und die Rechnung wurde im Hinblick auf die Angemessenheit im Kontext nicht überprüft.	Es wurde erklärt, dass die Überschlagsrechnung 4 € + 4 € + 1 € + 1 € + 1 = 11 € zum Überprüfen der Gesamtsumme gut ist, weil das Ergebnis der Rechnung richtig ist. Es konnte aber nicht erklärt werden, warum diese Rechnung in der Situation ausgeführt werden sollte. Es wurde auch nicht erkannt und erklärt, dass bei diesem Überschlag fünfmal aufgerundet wurde und die aufgerundeten Centbeträge zusammen über einen Euro ergeben, sodass die Gesamtsumme unter 10 € liegen muss und das Geld reichen sollte.
inkonsistent	Es wurde eine eigene Rechnung zum Überprüfen des Gesamtpreises ausgeführt, wobei allerdings ein Rechenfehler bei der innermathematischen Lösung gemacht wurde. Das rechnerisch falsche Ergebnis wurde danach im Kontext richtig interpretiert.	Die Preise aller Produkte wurden addiert: 3,57 € + 3,69 € + 0,69 € + 0,79 € + 0,59 €. Beim Addieren unterlief jedoch ein Fehler, sodass ein Euro zusätzlich addiert wurde, was zu einer Gesamtsumme von 10,33 € führte. Dies wurde im Kontext so interpretiert, dass 10 € für den Einkauf nicht ausreichen.

Tabelle 7.3 Kategoriensystem für Preisvergleiche

Preis-vergleiche	Begründung	Zusammengefasstes Beispiel
konsistent	Bei Preisvergleichen wurden die Preise ins Verhältnis zur Menge der Produkte gebracht und zusätzlich wurden bei der Produktauswahl die benötigten Mengen für das Rezept berücksichtigt. Daraufhin wurden die im Verhältnis günstigeren Produkte für die benötigte Menge laut Rezept ausgewählt.	Es wurde erklärt, dass laut Rezept 300 g Käse benötigt werden. Deshalb wurden vom Käse für 1,49 € pro 150 g zwei Packungen gewählt, statt wie ursprünglich drei Packungen vom Käse für 1,19 € pro 100 g, denn so kostet der Käse insgesamt nur 2,98 € statt 3,57 €.
konsistent	Die Preise der Produkte wurden ins Verhältnis zur Menge gesetzt und zusätzlich wurden bei der Produktauswahl die benötigten Mengen für das Rezept berücksichtigt. Es wurde daraufhin eine eigene Entscheidung bezüglich der Auswahl an Produkten getroffen, bei der die Mengen nicht der benötigten Menge auf dem Rezept entsprachen. Jedoch wurde diese Entscheidung im Hinblick auf den Kontext angemessen begründet.	Der Käse für 1,19 € pro 100 g wurde statt dem Käse für 1,49 € pro 150 g gewählt. Es wurde erkannt und erklärt, dass der erstgenannte Käse im Verhältnis teurer ist und unter der benötigten Menge von 300 g Käse liegt. Deshalb wurde entschieden, eine kleinere Pizza zu backen und diese Entscheidung wurde damit begründet, dass so die kleinere Menge von 100 g Käse ausreicht und Geld eingespart werden kann.
inkonsistent	Die Produkte wurden nur anhand der absoluten Preise verglichen, das heißt die Preise wurden nicht ins Verhältnis zur Menge gesetzt. Es wurden dann die absolut günstigeren Produkte gewählt, ohne Berücksichtigung der benötigten Menge auf dem Rezept.	Es wurden der Käse für 1,19 € pro 100 g und die Tomaten für 1,99 € pro 200 g gewählt, weil diese jeweils die absolut günstigeren Produkte waren. Allerdings wurden die Produktpreise nicht in Relation zur Menge gesetzt, sodass nicht erkannt und begründet wurde, dass diese Produkte in Relation teurer sind als der Käse für 1,49 € pro 150 g und die Tomaten für 3,69 € pro 500 g.
inkonsistent	Es wurde erkannt, dass die Preise der Produkte ins Verhältnis zur Menge gesetzt werden müssen, um sie sinnvoll zu vergleichen. Allerdings wurden bei der Produktauswahl nicht die benötigten Mengen für das Rezept berücksichtigt.	Es wurde erklärt, dass der Käse für 1,49 € pro 150 g in Relation günstiger ist als der Käse für 1,19 € pro 100 g und die Tomaten für 3,69 € pro 500 g günstiger sind als die Tomaten für 1,99 € pro 200 g. Es wurde aber nicht erkannt und begründet, dass der Käse für 1,49 € pro 150 g zwei Mal gekauft werden muss, um die benötigten 300 g für das Pizzarezept einzukaufen.

Ein dritter, vertiefender Analyseschritt erwies sich als notwendig, zumal sich in den Interviewdaten problematische Vorgehensweisen bezüglich Financial Numeracy zeigten, die durch die reine Kategorisierung der Begründungen in konsistent oder inkonsistent nicht erfasst werden konnten. So nutzten einige Kinder durchgängig sehr aufwendige Strategien – etwa indem sie immer auf den Cent genau rechneten, anstatt eine angemessene mentale Abschätzung vorzunehmen. In den Entscheidungsszenarien wurde ein solches Vorgehen zwar als konsistent gewertet, wenn es zur richtigen Lösung führte, ist aber für die Anwendung der Mathematik im Alltag wenig praktikabel und zudem fehleranfällig. Deshalb wurde ergänzend eine vertiefende Inhaltsanalyse durchgeführt, um Hürden für Financial Numeracy bei der finanziellen Entscheidungsfindung der Kinder zu identifizieren. Ergänzend zu den hypothetischen Einkaufsszenarien in den Interviews wurden Verhaltensbeobachtungen der Kinder beim Einkaufen am Klassenkaufladen während der Interventionsphase in diese vertiefende Analyse miteinbezogen. Die Kinder mussten im Lehr-Lern-Arrangement über einen Zeitraum von sechs Wochen ihr eigenes Geld verwalten. Einen (selbstbestimmten) Teil dieses Geldes konnten sie für Produkte am Klassenkaufladen ausgeben. Bei den angebotenen Produkten handelte es sich vor allem um Schreibwaren und Zeitschriften, wie sie typischerweise an einem Kiosk erhältlich sind und die aufgrund ihrer Attraktivität für Kinder einen Anreiz zum Geldausgeben boten. Die Preise wurden möglichst realitätsnah gestaltet, wobei vornehmlich gebrochene Preise (auch Schwellenpreise genannt) festgelegt wurden. Dies erfolgte in Anlehnung an gängige Preisgestaltungen im Einzelhandel, wo Preise oft knapp unter einer runden Zahl liegen. Jede Schüler*innengruppe hatte sechs Gelegenheiten, an den Einkaufsaktivitäten teilzunehmen; da die Aktivität jedoch freiwillig war, nahm nicht jedes Kind an jeder Einkaufsmöglichkeit teil.

Zunächst wurden die beobachteten problematischen Vorgehensweisen beim Einkaufen in den hypothetischen Entscheidungsfindungsszenarien und im erfahrungsbasierten Lehr-Lern-Arrangement induktiv codiert und zu Kategorien zusammengefasst. Anschließend wurden diese induktiv gewonnenen Kategorien in die Dimensionen des Numeracy-Modells (Goos et al., 2012) eingeordnet. Die Dimensionen des Numeracy-Modells dienten somit als Hauptkategorien der Analyse und sind in Tabelle 7.4 noch einmal aufgelistet und genauer beschrieben.

Als Beispiel dieses Datenanalyseschritts wurden alle Vorgehensweisen von Schüler*innen, die konsequent dieselbe Rechenstrategie anwendeten und dabei kontextuelle Effizienz außer Acht ließen, der induktiven Kategorie „rigide/unflexible Strategien“ zugeordnet. Diese Subkategorie wurde anschließend unter die deduktive Hauptkategorie „Disposition“ gefasst, da starre Vorgehensweisen im Widerspruch zu einer flexiblen numerischen Disposition stehen.

Tabelle 7.4 Beschreibung der Numeracy-Dimensionen nach Goos et al. (2012) und Geiger et al. (2020)

Numeracy-Dimension	Beschreibung der Dimension
Finanzieller Kontext	Fähigkeit, mathematisches Wissen in finanziellen Kontexten anzuwenden.
Mathematisches Wissen	Konzeptuelles und prozedurales mathematisches Wissen; Strategien zur Problemlösung; Fähigkeiten für sinnvolle Schätzungen und Überschlagsrechnungen
Dispositionen	Selbstvertrauen und Bereitschaft, mathematische Zugänge zur Bewältigung finanzieller Situationen zu nutzen; Fähigkeit, mathematisches Wissen flexibel und adaptiv einzusetzen.
Werkzeuge	Nutzung von repräsentativen, physischen und digitalen Werkzeugen, um Denken zu unterstützen und zu strukturieren.
Kritische Orientierung	Verknüpfung von sozialem und mathematischem Denken und Begründen, um finanzielle Entscheidungen zu treffen. Nutzung mathematischer Informationen, um Entscheidungen und Urteile zu treffen; Argumente zu stützen; Argumente oder Positionen zu hinterfragen oder herauszufordern.

7.2 Ergebnisse

In der Präsentation der Ergebnisse der Selbstberichte liegt der Fokus in Abschnitt 7.2.1 zunächst auf den Einstellungen der Kinder zur Mathematik im Alltag und ihren numeralen Praktiken – also was sie mit Mathematik im Alltag tatsächlich tun. Anschließend folgen in Abschnitt 7.2.2 die Erkenntnisse aus den Interviews bezüglich der finanziellen Sozialisation sowie zu den finanziellen Vorerfahrungen der Kinder. Danach folgt in Abschnitt 7.2.3 die Vorstellung der finanziellen Entscheidungsfindung im hypothetischen Einkaufsszenario mit anschließender Darstellung der Hürden bei der finanziellen Entscheidungsfindung sowohl in den hypothetischen Szenarien als auch während des erfahrungsbasierten Lehr-Lern-Arrangements beim Einkaufen am Klassenkaufladen.

7.2.1 Einstellungen zu Mathematik und numerale Praktiken

Die Kinder schätzten die Notwendigkeit von Mathematik hoch ein. Alle Kinder bewerteten Mathematik als wichtig (3) oder sehr wichtig (4) für ihren Alltag. Die Einschätzungen der Kinder sind in den Tabellen 7.5 und 7.6 dargestellt[3].

Tabelle 7.5 Einschätzungen der Drittklässler*innen zur Notwendigkeit von Mathematik für Alltagskontexte

Paula	Marlene	Bruno	Valentin	Fiete	Florian	Ole	Kai	Jusuf
3	3	4	4	4	4	4	4	4

Tabelle 7.6 Einschätzungen der Viertklässler*innen zur Notwendigkeit von Mathematik für Alltagskontexte

Melina	Linus	Lennox	Suna	Carla	Oskar	Marlon
4	4	3	4	4	4	3

In den anschließenden Begründungen zeigte sich jedoch, dass die wahrgenommene Notwendigkeit von Mathematik häufig mit zukünftigen Lebensentwürfen, wie etwa dem Erreichen des Traumberufes, assoziiert wurde und weniger mit unmittelbar praktischen Anforderungen des Alltags:

> Melina: Weil wenn ich Tierärztin werden will, dann muss ich auch Medizin studieren und dafür muss ich richtig gut Mathe können.
>
> (Prä-Intervention Interview – Melina Linus Lennox, Pos. 65)
>
> Ole: Es ist immer wichtig (…) wenn man was wissen muss, wenn es um das Rechnen geht und schnell. Zum Beispiel wenn du Kellner wirst, da musst du ja schnell wissen wieviel Geld bekommst du jetzt insgesamt.
>
> (Prä-Intervention Interview – Ole Florian, Pos. 36)

Auch die Berufe der Eltern wurden häufig genannt, um die Notwendigkeit von Mathematik für den Alltag zu begründen:

[3] Zum Schutz personenbezogener Daten wurden die Namen der Kinder durch Pseudonyme ersetzt.

Jusuf: Ja, bei meinem Papa, da gibt es sehr oft Rechnungen und man muss halt/ die verpacken sehr viel, über 10 Millionen jetzt bisher und da muss er auch manchmal was ausrechnen.

(Prä-Intervention Interview – Kai Jusuf, Pos. 27)

Bruno: Wenn man zum Beispiel irgendwas bei/ im Geschäft ausrechnen muss oder so.

Valentin: Wie bei der Bank, das muss man Papa nämlich immer machen.

Bruno: Ausrechnen.

Valentin Ja, weil er bei der Bank arbeitet. Der rechnet immer am Computer.

(Prä-Intervention Interview – Bruno Valentin Fiete, Pos. 38-41)

Die eigene Nutzungshäufigkeit von Mathematik in Alltagskontexten wurde von den Kindern unterschiedlich hoch eingeschätzt, die Einschätzungen reichten von weniger häufig (2) bis sehr häufig (4). Die Einschätzungen der Kinder sind in den Tabellen 7.7 und 7.8 dargestellt. Der Großteil der Kinder schätzte die Anwendung von Mathematik im Alltag als häufig oder sehr häufig ein.

Tabelle 7.7 Einschätzungen der Drittklässler*innen zur Häufigkeit der Anwendung von Mathematik in Alltagskontexten

Paula	Marlene	Bruno	Valentin	Fiete	Florian	Ole	Kai	Jusuf
2	2	4	3	4	4	4	4	4

Tabelle 7.8 Einschätzungen der Viertklässler*innen zur Häufigkeit der Anwendung von Mathematik in Alltagskontexten

Melina	Linus	Lennox	Suna	Carla	Oskar	Marlon
3	4	4	4	2	3	2

Obwohl die Kinder explizit nach der Nutzung von Mathematik in ihrem Alltag gefragt wurden, bezogen sich ihre anschließenden Beispiele überwiegend auf schulisch geprägte Praktiken.

Anstelle konkreter alltagspraktischer Beispiele – etwa des Abschätzens von Mengen beim Backen – berichteten die meisten Kinder von Mathematik im Rahmen von Hausaufgaben, Testvorbereitungen oder kontextunabhängigen Rechenübungen zu Hause:

Marlene: Jeden Tag schon ein bisschen und ich lerne auch für die Schule, weil wir am Mittwoch auch Mathe-Test haben und da lerne ich dann auch dafür und rechne auch.

(Prä-Intervention Interview – Paula Marlene, Pos. 37)

Florian: Ich tue auch manchmal selbst irgendwann in meinem Kopf einfach normale Rechenaufgaben machen.

(Prä-Intervention Interview – Florian Ole, Pos. 61)

Fiete: Ich krieg von meiner großen Schwester immer ganz viele Mathematikblätter, die ich noch nicht gemacht hat.

(Prä-Intervention Interview – Bruno Valentin Fiete, Pos. 57)

Diese Art von Praktiken wurden laut der Selbstberichte der Kinder oft durch familiäre Bezugspersonen angestoßen:

Jusuf: Meine Mama sagt, ich soll immer 10 Minuten rechnen.

(Prä-Intervention Interview – Kai Jusuf, Pos. 43)

Carla: Zum Beispiel, Papa stellt mir immer Rechenaufgaben und dann ja, mach ich die. (Prä-Intervention Interview – Carla Suna, Pos. 43)

Linus: Daheim tue ich manchmal so Aufgaben rechnen, wenn es mir langweilig wird.

Interviewerin: Aber die Aufgaben sind dann in irgendwelchen Heften, oder?

Linus: Ne, also meine Mama schreibt mir dann Aufgaben auf und ich darf die dann rechnen. Mache ich auch mit meiner Oma manchmal.

(Prä-Intervention Interview – Melina Linus Lennox, Pos. 102-104)

Nach diesen schulisch geprägten Praktiken stellten Finanzen den zweithäufigsten Kontext dar, in dem die Kinder den Einsatz von Mathematik außerhalb der Schule beschrieben. In diesem Kontext berichteten Kinder von numeralen Praktiken wie dem Zählen von Geldbeträgen oder der Kontrolle von Ausgaben und Rückgeld beim Einkaufen:

Fiete: Boah ich weiß was. Beim Geld zusammenzählen. Ich hatte ja vorgestern Geburtstag oder vorgestern und einen Tag. Und da habe ich mehr Geld von meinen Verwandten bekommen und das musst ich es zusammenzählen.

(Prä-Intervention Interview – Fiete Bruno Valentin, Pos. 45)

Linus: Ich auch, ich rechne immer ganz genau, wenn ich in einen Laden gehe, wie viel Geld ich dann noch übrig habe.

> Melina: Und manchmal rechne ich alles zusammen, wenn meine Mama einkaufen geht.
>
> (Prä-Intervention Interview – Melina Linus Lennox, Pos. 98-99)

Fast alle Kinder berichteten auch davon, dass sie ihre Eltern häufig beim Einkaufen begleiteten, insbesondere in den Supermarkt. Trotz der häufigen Begleitung der Eltern beim Einkaufen resultierte dies jedoch nicht durchgängig in eigenständigen numeralen Praktiken der Kinder. Manchmal wurde stattdessen nur von numeralen Praktiken der Eltern berichtet:

> Florian: Ja zum Beispiel meine Mama und mein Papa tun immer sich selber irgendwelche Sachen aussuchen, was sie kaufen und dann rechnen sie es zusammen. Dann nimmt sie so viel Geld mit, wie sie brauchen.
>
> Interviewerin: Und das legen sie schon davor fest, bevor sie losgehen?
>
> Florian: Ja.
>
> Interviewerin: Und guckst du da nur zu oder hilfst du da mit?
>
> Florian: Ne, ich guck einfach zu.
>
> (Prä-Intervention Interview – Florian Ole, Pos. 124-128)

Die Beteiligung der Kinder beim Einkaufen beschränkte sich in manchen Fällen lediglich auf Konsumanfragen, wobei die finanzielle Entscheidungsfindung und damit einhergehende mathematische Anforderungen dann Aufgabe der Eltern zu sein schien:

> Carla: Ja, also Mama und Papa wollen nicht so immer so teure Sachen einkaufen, beim Einkaufen. Manchmal bin ich dabei und dann guck ich auch manchmal aufs Geld oder auf, wenn es rot ist, auf das Angebot.
>
> Interviewerin: Mhm (zustimmend). Also da gibt es dann auch Gespräche, bei denen ihr darüber redet?
>
> Carla: Ja, aber ich frag einfach nur: Geht das? Und dann sagen sie ja oder nein.
>
> Suna: Ja bei mir auch so.
>
> (Prä-Intervention Interview – Carla Suna, Pos. 68-70)

Auch andere Antworten der Kinder deuteten darauf hin, dass sie mathematische Berechnungen beim Einkaufen auslagerten – etwa an Eltern oder Geschwister oder auch an technische Hilfsmittel wie Taschenrechner. Manche Kinder, wie

Melina, schienen davon auszugehen, dass die Existenz von technischen Hilfsmitteln die eigene Anwendung von Mathematik überflüssig mache, weil sie durch diese Hilfsmittel nichts mehr selbst ausrechnen müsse. Andere Kinder, wie Linus, äußerten jedoch ein kritisches Bewusstsein für die Notwendigkeit, Ergebnisse – auch wenn sie automatisch erzeugt werden – auf Richtigkeit überprüfen zu können. Während exakte Berechnungen ausgelagert werden können, kommt es dann zunehmend auf mentale Abschätzungen zur Kontrolle an:

> Interviewerin: Aber jetzt auch schon? Also wenn du jetzt noch nicht an Medizin denkst, sondern jetzt an dein alltägliches Leben.
>
> Melina: Äh, dann ist es nicht wichtig, weil dann könnte ich eigentlich einen Taschenrechner benutzen.
>
> Linus: Doch das ist auch wichtig. Weil wenn man zum Beispiel mal von so einer Kassiererin, wenn die zum Beispiel was Falsches oder so gerechnet hat oder halt dann muss man es ja auch nachrechnen können beim Zettel und dass man halt nicht veräppelt wird.
>
> Melina: Stimmt. Ich bin schon oft einkaufen gegangen.
>
> Interviewerin: Und es war auch schon passiert, dass du das überprüft hast?
>
> Melina: Ja, einmal wurde ich veräppelt.
>
> Interviewerin: Ist dir das dann aufgefallen?
>
> Melina: Zwei Cent.
>
> (Prä-Intervention Interview – Melina Linus Lennox, Pos. 75-82)

7.2.2 Finanzielle Sozialisation und Erfahrungen im Umgang mit Geld

In den Interviews zeigte sich eine große Spannbreite darin, wie stark Kinder in Gesprächen und Entscheidungen rund um Geld innerhalb ihrer Familie eingebunden wurden. Die Häufigkeit der Gespräche über Geld wurde sehr unterschiedlich eingeschätzt und reichte von nicht oft (1) bis sehr oft (4). Die Einschätzungen der Kinder sind in den Tabellen 7.9 und 7.10 dargestellt.

Während manche Eltern ihre Kinder aktiv in finanzielle Fragen innerhalb der Familie und die Planung des Familienbudgets einbezogen, schienen andere Kinder von entsprechenden Gesprächen weitgehend ausgeschlossen zu werden. So berichteten einige Kinder, dass bei ihnen zu Hause über Geld kaum gesprochen werde oder sie selbst daran nicht beteiligt seien:

Tabelle 7.9 Einschätzung der Drittklässler*innen über die Häufigkeit von Gesprächen über Geld in der Familie

Paula	Marlene	Bruno	Valentin	Fiete	Florian	Ole	Kai	Jusuf
3	3	1	1	4	3	3	1	4

Tabelle 7.10 Einschätzung der Viertklässler*innen über die Häufigkeit von Gesprächen über Geld in der Familie

Melina	Linus	Lennox	Suna	Carla	Oskar	Marlon
4	4	4	1	1	2	2

> Interviewerin: Mhm, also ihr geht dann mit zum Einkaufen, zum Beispiel. Gibt es sonst noch Gespräche, bei denen ihr dann über Geld geredet habt?
>
> Suna: Ne.
>
> Carla: Ne, Papa redet manchmal, aber ich nicht.
>
> (Prä-Intervention Interview – Carla Suna, Pos. 72-74)

Andere Kinder berichteten hingegen von regelmäßigen Gesprächen über Geld innerhalb der Familie, wobei sie selbst auch einen aktiven Teil dieser Gespräche bildeten. Beispielsweise berichtete Fiete über Verhandlungen über das Taschengeld, welche er mit seinen Eltern führte:

> Interviewerin: Okay und sprecht ihr zu Hause auch über Geld, also zum Beispiel mit euren Eltern? Kommen da öfters so Gespräche zustande, bei denen es um Geld geht?
>
> Fiete: Ja.
>
> Valentin: Bei mir nicht.
>
> (Bruno schüttelt den Kopf)
>
> Interviewerin: Wenn ihr das jetzt mit den Münzen einschätzen würdet, wie oft das passiert, wie viele würdet ihr reinlegen?
>
> (Bruno und Valentin legen jeweils eine Münze, Fiete vier Münzen)
>
> Interviewerin: Über was redet ihr denn dann, wenn es um Geld geht?
>
> Fiete: Oh, viel. Ich verhandele zum Beispiel mit meinen Eltern, ob ich ein bisschen mehr Taschengeld bekomme. Nur 1 €, meine Schwester hat in der Dritten schon 2 oder 2 € oder so bekommen.

(Prä-Intervention Interview – Bruno Valentin Fiete, Pos. 151-158)

Ihren persönlichen Umgang mit Geld bewerteten die meisten Kinder als gut (3) bis sehr gut (4), wie auch in den Tabellen 7.11 und 7.12 ersichtlich ist.

Tabelle 7.11 Selbsteinschätzungen der Drittklässler*innen des eigenen Umgangs mit Geld

Paula	Marlene	Bruno	Valentin	Fiete	Florian	Ole	Kai	Jusuf
4	3	3	3	3	3	3	4	3

Tabelle 7.12 Selbsteinschätzungen der Viertklässler*innen des eigenen Umgangs mit Geld

Melina	Linus	Lennox	Suna	Carla	Oskar	Marlon
4	4	3	4	3	2	2

Auf die Frage, was für sie persönlich einen „guten Umgang mit Geld" ausmache, nannten die Kinder am häufigsten das Sparen. An zweiter Stelle stand die Auffassung, dass man gut rechnen können müsse, um gut mit Geld umgehen zu können. Darüber hinaus äußerten einige Kinder sehr konkrete Vorstellungen, etwa dass man sein Geld vor anderen verstecken sollte oder unterwegs darauf achten muss, es nicht zu verlieren. Tabelle 7.13 zeigt die Aspekte, die von mehreren Kindern als Ausdruck eines „guten Umgangs mit Geld" genannt wurden – sortiert nach Häufigkeit der Nennung.

Tabelle 7.13 Bedeutung eines guten Umgangs mit Geld laut Schüler*innen-Aussagen

Bedeutung eines guten Umgangs mit Geld
Geld sparen
Mit Geld rechnen können
Geld versteckt halten
Geld nicht verlieren
Geld einteilen (sparen und ausgeben)
Ausgaben nach Notwendigkeit priorisieren
Geld nicht grundlos verschenken

Bezüglich der Vorstellungen zu einem guten Umgang mit Geld schien es zudem eine Prägung der Kinder durch elterlich übermittelte Werte und bei ihnen beobachteten Verhaltensweisen zu geben, insbesondere bezüglich der Sparsamkeit:

> Interviewerin: Was ist denn für euch ein guter Umgang mit Geld, was stellt ihr euch darunter vor?
>
> Marlon: Dass man nicht so viel Geld ausgibt.
>
> Interviewerin: Okay, dass man sparsam lebt.
>
> Oskar: Machen meine Eltern auch immer, ja.
>
> (Prä-Intervention Interview – Marlon Oskar, Pos. 92-95)

Einige Kinder konnten aber auch Unstimmigkeiten zwischen den übermittelten Werten und dem tatsächlichen Verhalten ihrer Eltern feststellen. So berichteten Melina und Linus, dass ihren Eltern Sparsamkeit wichtig sei, weshalb bestimmte Lebensmittel nur im Angebot gekauft wurden. Wenn sie jedoch allein mit ihrem Vater einkaufen gingen, wurde nicht immer sparsam mit Geld umgegangen:

> Melina: Also wir kaufen eigentlich Ofenkäse oder Kinder Pinguin oder Milchschnitte kaufen wir nur wenn es im Angebot ist.
>
> Interviewerin: Weil die zu teuer sind?
>
> Melina: Ja.
>
> Linus: Also dann aber manchmal tun wir auch richtig viel ausgeben, weil da achtet Papa nicht auf die Preise.
>
> (Prä-Intervention Interview – Melina Linus Lennox, Pos. 228-231)

Die Kinder berichteten von sehr unterschiedlichen finanziellen Erfahrungen. Nur wenige von ihnen erhielten regelmäßig Taschengeld. Viele bekamen stattdessen nur gelegentlich Geld – etwa zu Geburtstagen, für das Verrichten kleinerer Arbeiten oder als spontane Zuwendung durch Familienmitglieder:

> Valentin: Du kriegst Taschengeld?
>
> Fiete: Ja natürlich bekomme ich Taschengeld, du etwa nicht?
>
> Valentin: Nö.
>
> Bruno: Ich auch nicht.
>
> Valentin: Ich muss es mir verdienen.
>
> (Prä-Intervention Interview – Bruno Valentin Fiete, Pos. 159-162)

Die Mehrheit der Kinder gab an, ihr Geld eher zu sparen als auszugeben – und bewertete dieses Verhalten zugleich als besonders sinnvoll oder „richtig“. Häufig wurde dabei eine Spardose im eigenen Zimmer erwähnt, in der das Geld aufbewahrt und regelmäßig nachgezählt wurde, um den Überblick über die Ersparnisse zu behalten.

Konkrete Sparziele wie ein Fahrrad oder eine Spielekonsole wurden zwar vereinzelt genannt, doch in vielen Fällen schien ohne ein bestimmtes Ziel gespart zu werden, sondern eher aus Gewohnheit oder weil es schlicht keinen Anlass gab, das eigene Geld auszugeben. Das Sparen erschien bei einigen Kindern weniger eine bewusste finanzielle Strategie, sondern vielmehr als eine beiläufige Praktik im Alltag, die sich aufgrund des sozialen Gefüges ergab – so bezahlten beispielsweise oft die Eltern für die Kinder, sodass die Kinder ihr eigenes Geld nicht ausgeben mussten:

> Interviewerin: Nicht? Also es gab noch nie eine Entscheidung, bei der ihr später gesagt habt: Oh, das war jetzt nicht so gut, dass ich mein Geld dafür ausgegeben habe?
>
> (Suna schüttelt den Kopf)
>
> Carla: Nein, ich gebe auch nicht so oft mein Geld aus.
>
> Interviewerin: Also würdet ihr sagen, ihr spart eher auf größere Sachen?
>
> Suna: Ja.
>
> Carla: Ja, manchmal macht/ also eigentlich spare ich auf gar nichts, aber Mama und Papa bezahlen es auch meistens.
>
> Suna: Bei mir bezahlen die oft.
>
> Interviewerin: Das heißt, dann müsst ihr gar nicht so die Entscheidung treffen, sondern machen das halt die Eltern?
>
> (Carla und Suna nicken)
>
> (Prä-Intervention Interview – Carla Suna, Pos. 138-146)

Wenn Kinder von eigenen Ausgabeentscheidungen berichteten, bezogen sich diese überwiegend auf kleinere Anschaffungen, wie Spielzeug oder Süßigkeiten. Die damit verbundenen Kauferfahrungen fanden fast ausschließlich im Umgang mit Bargeld statt. Nur ein Kind erwähnte den Besitz einer Kinder-Bankkarte mit elterlich kontrolliertem Zugang, die auch zum Bezahlen genutzt wurde:

> Melina: Ja, ich habe eine Blink-Karte, so eine Karte mit der man bezahlen kann für Kinder.

(Prä-Intervention Interview – Melina Linus Lennox, Pos. 150)

Auch der Grad an Autonomie, den Kinder bei finanziellen Entscheidungen hatten, variierte deutlich. Einige Kinder durften ihr Geld eigenständig verwalten und die Eltern standen lediglich als Berater in Geldangelegenheiten zur Verfügung. Andere Kinder hingegen hatten nur eingeschränkten oder gar keinen Zugriff auf ihr eigenes Geld, weil es etwa auf einem für sie nicht einsehbaren Bankkonto verwahrt wurde. Manche Kinder berichteten auch von Situationen, in denen ihre Eltern die persönlichen Ausgabeentscheidungen der Kinder eingegriffen und diese verhindert hatten, weil sie die Entscheidungen als nicht sinnvoll oder unnötig bewerteten. Diese Eltern nahmen also eine eher bestimmende als beratende Rolle bezüglich der Geldverwaltung ihrer Kinder ein.

Kinder, denen mehr Eigenverantwortung im Umgang mit Geld eingeräumt wurde, indem sie eigene Kaufentscheidungen mit ihrem Geld treffen durften, schienen im Interview häufiger über vergangene Geldentscheidungen zu reflektieren und von einer Entscheidung berichten zu können, die sie im Nachhinein bereuten. Dabei berichteten sie teilweise von selbst, wie sie in Zukunft anders entscheiden würden:

Jusuf: Da war ich zumindestens 7 Jahre alt. Da hatte ich nur 12 € damals und dann habe ich mir was gekauft und dann habe ich mein ganzes Geld ausgegeben und jetzt habe ich mir halt ausgedacht, halt, dass ich mal spare.

(Prä-Intervention Interview – Kai Jusuf, Pos. 77)

Marlene: Ja eine Barbie, und dann ist sie gleich danach kaputt gegangen. Die war eigentlich gar nicht fest. Also die ist gleich kaputt gegangen, der Anzug und so.

(Prä-Intervention Interview – Paula Marlene, Pos. 71)

Fiete: Bei solchen Märkten gibt es ja manchmal auch Glücksräder. Einmal habe ich sehr viel Glück, für 5 € habe ich einmal gedreht und habe schwarz gedreht in (Name des Ortes) und da waren halt Freizeitpark-Gutscheine. Und dann habe ich noch ein großes Geschenk. Doch einmal habe ich bei einer Tombola mal für 3 € ein Los gekauft und dann habe ich nur so ein kleines Plastikding. Das war dann nicht so.

(Prä-Intervention Interview – Bruno Valentin Fiete, Pos. 150)

7.2.3 Ergebnisse der finanziellen Entscheidungsfindung

Die gewählten Entscheidungsmöglichkeiten der Kinder im hypothetischen Einkaufsszenario und die zugehörigen Begründungen der Kinder sind in den

Tabellen 7.14 und 7.15 zusammengefasst. Entscheidung 3 wäre die geeignetste im Kontext gewesen: Sie beinhaltete das Überprüfen der Angemessenheit einer Überschlagsrechnung zum Einschätzen des Gesamtpreises und das Erkennen und Nutzen von Proportionalität bei Preisvergleichen von Produkten unter Berücksichtigung der benötigten Mengen der Produkte.

Tabelle 7.14 Entscheidungsfindung der Drittklässler*innen

Gruppen Drittklässler*innen	Entscheidung im Prä-Interview
Jusuf und Kai	Entscheidung 3 (inkonsistente Begründung für Gesamtsumme überprüfen, inkonsistente Begründung für Preisvergleich)
Fiete, Bruno und Valentin	Entscheidung 3 (inkonsistente Begründung für Gesamtsumme überprüfen, konsistente Begründung für Preisvergleich)
Paula und Marlene	Entscheidung 1 (inkonsistente Begründung für Gesamtsumme überprüfen, inkonsistente Begründung für Preisvergleich)
Ole und Florian	5 – Eigene Entscheidung: (inkonsistente Begründung für Gesamtsumme überprüfen, konsistente Begründung für Preisvergleich)

Tabelle 7.15 Entscheidungsfindung der Viertklässler*innen

Gruppen Viertklässler*innen	Entscheidung im Prä-Interview
Melina, Linus and Lennox	5 – Eigene Entscheidung (inkonsistente Begründung für Gesamtsumme überprüfen, konsistente Begründung für Preisvergleich)
Marlon und Oskar	Entscheidung 1 (inkonsistente Begründung für Gesamtsumme überprüfen, keine Begründung für Preisvergleich)
Carla und Suna	Entscheidung 1 (inkonsistente Begründung für Gesamtsumme überprüfen, keine Begründung für Preisvergleich)

Wie anhand der Tabellen ersichtlich ist, trafen die Kindergruppen unterschiedliche Entscheidungen. Entweder wurde sich für Entscheidung 3 oder Entscheidung 1 entschieden, wobei Entscheidung 1 eine Überschlagsrechnung ohne Kompensation beinhaltete, welche im Einkaufskontext eine Überschätzung des Gesamtpreises bedeutete. Teilweise wurden auch eigene Entscheidungen entwickelt und begründet. So entschieden Ole und Florian, insgesamt eine kleinere Menge zu backen, und konnten somit günstigere Produkte mit weniger Inhalt auswählen. Ihre Entscheidung war bezogen auf die Preisvergleiche dennoch innermathematisch korrekt und im Kontext angemessen interpretiert.

Insgesamt zeigte sich, dass es vielen Kindern schwer fiel, den Zweck von Überschlagsrechnungen zu erkennen und diese im Hinblick auf ihre Angemessenheit im Kontext zu überprüfen. Stattdessen fokussierten sie sich lediglich auf das Überprüfen der mathematischen Korrektheit der vorgegebenen Überschlagsrechnungen. Eine Rechnung galt für die Kinder dann als „gut“, wenn sie rechnerisch korrekt war – ohne zu hinterfragen und folglich zu begründen, ob sie auch im Kontext angemessen war. Teilweise wurden Überschlagsrechnungen zwar auch evaluiert, aber dann eher danach, ob sie eine bequeme und einfache Lösung für das Problem boten, statt danach, ob sie im Kontext wirklich angemessen waren. So wurde beispielsweise die Überschlagsrechnung mit Aufrunden der einzelnen Preise der Produkte für 3,69 €, 1,59 €, 1,59 €, 1,59 € und 0,69 € auf den nächsten ganzen Eurobetrag und eine anschließende Kompensation durch den Abzug von einem Euro als gute Entscheidung eingestuft, weil es bedeutete, dass das Geld (10 €) ausreichen würde. Es konnte jedoch nicht erklärt werden, warum diese Kompensation am Ende erfolgte, also warum wieder ein Euro abgezogen wurde. Dies wurde von den Kindern als Fehler gewertet, welcher aber in Kauf genommen wurde, um dadurch das Problem zu lösen, nicht genug Geld zum Bezahlen zu haben. Wenn Kinder selbst versuchten, den Gesamtpreis des Einkaufs zu überprüfen, berechneten sie die Gesamtsumme meist exakt, statt sie zu überschlagen, was häufiger zu Rechenfehlern führte und folglich die Einschätzung des Gesamtpreises verfälschte.

Preisvergleiche hingegen fielen den Kindern deutlich leichter. Den meisten Kindern schien bewusst zu sein, dass Preis und Menge von Produkten für sinnvolle Preisvergleiche ins Verhältnis gesetzt werden müssen, und sie berechneten die Preise der Vergleichsprodukte für dieselben Mengen. Fehlende Konsistenz bei den Begründungen für die Auswahl von Produkten aufgrund von Preisvergleichen trat meist dann auf, wenn Kinder die benötigten Mengen für das Rezept außer Acht ließen. Sie wählten dann lediglich das relativ günstigere Produkt, ohne zu berücksichtigen, dass sie von diesem zu wenig einkauften.

Bei einigen Viertklässler*innen fiel zudem auf, dass Preisvergleiche gar nicht erst vorgenommen wurden – Entscheidungen 3 und 4 wurden ignoriert, weil zuvor schon eine andere Entscheidung getroffen worden war und sie es deshalb nicht als notwendig erachteten, noch Preise zu vergleichen. Dieses Vorgehen ist insofern nachvollziehbar, als bei einer korrekten Überschlagsrechnung die Entscheidung bereits eindeutig getroffen werden kann. Gleichzeitig verweist diese Beobachtung auf eine mögliche Weiterentwicklung des Aufgabenformats: Künftige Aufgaben könnten so gestaltet werden, dass eine mathematisch korrekte Überschlagsrechnung allein noch keine eindeutige Entscheidung ermöglicht und die Einbeziehung weiterer Kontextinformationen – wie Preisvergleiche und der Abgleich mit benötigten Mengen – erforderlich bleibt.

Im Anschluss an die Einordnung der Begründungen für die Entscheidungen in die Kategorien konsistent und inkonsistent erfolgte die vertiefende Analyse der *Hürden* für Financial Numeracy, welche sowohl in den hypothetischen Einkaufsszenarien als auch während des erfahrungsbasierten Lehr-Lern-Arrangements beim Einkaufen der Kinder am Klassenkaufladen beobachtet wurden. Diese Hürden und ihre Kategorisierung in die Dimensionen des *Numeracy in the 21st Century*-Modells (Goos et al., 2012) sind in Tabelle 7.16 dargestellt.

Da die Dimensionen des Modells eng miteinander verknüpft sind, war eine eindeutige Zuordnung einzelner Herausforderungen zu jeweils nur einer Dimension nicht in allen Fällen möglich. Die gewählte Kategorisierung dient dennoch dazu, deutlich zu machen, dass finanziell kompetentes Verhalten weit über reine Rechenfertigkeiten hinausgeht, und um die verschiedenen dabei involvierten Aspekte zu veranschaulichen. Zudem wurde bei jeder Herausforderung vermerkt, ob sie ausschließlich in hypothetischen Szenarien (H. S.), in der erfahrungsbasierten Lernumgebung (E. L.) oder in beiden Kontexten auftrat. Auf eine quantitative Zählung der Hürden wurde verzichtet, da die Schüler*innen unterschiedlich häufig am Klassenkaufladen einkaufen gingen und Häufigkeiten daher nur begrenzt aussagekräftig gewesen wären. Stattdessen stellt die Tabelle typische Ansätze und problematische Verhaltensweisen dar, die bei mehreren Schüler*innen beobachtet wurden und dadurch wiederkehrende Muster erkennen lassen.

7.3 Diskussion der Ergebnisse

Die Ergebnisse werden nacheinander in Bezug auf zwei Schwerpunkte diskutiert: Zunächst wird in Abschnitt 7.3.1 auf den Einfluss der Sozialisation und die Rolle finanzieller Erfahrungen Bezug genommen. In Abschnitt 7.3.2 wird dann auf die Herausforderungen am Schnittpunkt zwischen Schulmathematik und der Anwendung in Alltagssituationen eingegangen.

Tabelle 7.16 Beobachtete Hürden für Financial Numeracy

Numeracy Dimension	Spezifische Hürde	Beobachtete Vorgehensweise	Datenbeispiel aus der Studie
Dispositionen	Starre, unflexible Problemlösungsansätze	Übermäßiger Rückgriff auf eine Vorgehensweise ohne Berücksichtigung der Effizienz, zum Beispiel exakte Berechnungen unter Verwendung der Stellenwertaufteilung oder eines schriftlichen Rechenverfahrens.	Um zu überprüfen, wie viel zwei Artikel zu je 1,99 € zusammen kosten, rechnet das Kind 1 € + 1 € = 2 €, 90 ct + 90 ct = 180 ct, 9 ct + 9 ct = 18 ct und addiert anschließend diese Beträge. (E. L. und H. S.)[4]
			Um zu berechnen, wie viel 300 Gramm Käse kosten, wenn 100 Gramm Käse 1,19 € kosten, rechnet das Kind 1 € * 3 = 3 €, 10 ct * 3 = 30 ct und 9 ct * 3 = 27 ct und addiert anschließend diese Beträge. Um zu berechnen, wie viel 300 Gramm Käse kosten, wenn 150 Gramm Käse 1,49 € kosten, rechnet das Kind 1 € + 1 € = 2 €, 40 ct + 40 ct = 80 ct und 9 ct + 9 ct = 18 ct und addiert anschließend diese Beträge. (H. S.)

(Fortsetzung)

[4] Die Abkürzung „E. L." steht für „erfahrungsbasiertes Lernen", die Abkürzung „H. S." steht für „hypothetisches Szenario".

Tabelle 7.16 (Fortsetzung)

Numeracy Dimension	Spezifische Hürde	Beobachtete Vorgehensweise	Datenbeispiel aus der Studie
			Um zu überprüfen, wie viel drei Artikel zum Preis von 1,99 €, 2,99 € und 4,99 € zusammen kosten, sagt das Kind, dass es das nicht im Kopf berechnen kann und ein schriftliches Rechenverfahren verwenden muss. (E. L. und H. S.)
Dispositionen	Kompensationsstrategien zur Verminderung oder Vermeidung mathematischen Aufwands (Mangel an produktiver Disposition)	Ersetzung geistiger Anstrengung durch körperliche Anstrengung, indem mehrere Iterationen des Einkaufsskripts durchlaufen werden.	Das Kind kauft ein Produkt für 5,99 €, erhält 4,01 € Rückgeld, kauft dann ein anderes Produkt für 3,99 € und erhält 2 ct Rückgeld. (E. L.)
		Mitnahme aller gewünschten Artikel, ohne vorher zu prüfen, ob das mitgebrachte Geld ausreicht.	Das Kind kauft etwas für 3,79 € und gibt zwei 2-Euro-Münzen, eine 20-Cent-Münze und zwei 1-Cent-Münzen (das gesamte Geld, das es zum Einkaufen mitgenommen hatte). (E. L.)

(Fortsetzung)

Tabelle 7.16 (Fortsetzung)

Numeracy Dimension	Spezifische Hürde	Beobachtete Vorgehensweise	Datenbeispiel aus der Studie
			Das Kind kauft Produkte im Gesamtwert von 6,98 € und merkt erst an der Kasse, dass es nicht alles bezahlen kann. (E. L.)
	Finanzielle Werte, die numerale Praktiken beeinträchtigen (Wert des Geldes)	Bei kleinen Geldbeträgen wurde Rückgeld nicht überprüft, da es als unbedeutend angesehen wurde.	Das Kind kauft Produkte im Gesamtwert von 8,91 €, bezahlt mit 9 € und prüft nicht, ob die 3 ct Rückgeld richtig sind, sondern sagt: „Es sind nur ein paar Cent, das ist nicht viel wert“. (E. L.)
Mathematisches Wissen	Nur oberflächliches Verständnis der Mathematik	Verwendung oder Erfindung von prozeduralen Tricks ohne konzeptuelles Verständnis.	Das Kind erklärt für die Berechnung der Summe zweier Produkte zu je 1,99 €: „Wenn beide Preise mit Neunern enden, ist es einfach, die Summe zu ermitteln. Man addiert einfach die ganzen Euro und macht dann einen Euro mehr und 98 Cent am Ende.” (H.S. und E. L.)

(Fortsetzung)

Tabelle 7.16 (Fortsetzung)

Numeracy Dimension	Spezifische Hürde	Beobachtete Vorgehensweise	Datenbeispiel aus der Studie
Finanzieller Kontext	Vereinfachte Interpretation von Lösungen im Kontext	Anwendung von Rundungsregeln ohne Berücksichtigung der kontextuellen Implikationen, was zu falschen Beurteilungen bezüglich des Ausreichens des Geldes führt.	Das Kind überschlägt den Gesamtpreis eines Einkaufs, indem es die einzelnen Preise gemäß den Rundungsregeln auf den nächsten ganzen Eurobetrag abrundet, wobei es 5 € für Produkte, die 1,29 €, 2,39 €, 1,49 € und 1,19 € kosten, als ausreichend ansieht. (H. S.)
Kritische Orientierung	Vereinfachte Validierung von mathematischen Lösungen	Beurteilung von Entscheidungen nur aufgrund von Bequemlichkeit oder Einfachheit anstatt aufgrund der Durchführbarkeit und kontextueller Angemessenheit.	Bezogen auf das letzte Beispiel: Die Überschlagsrechnung wird als angemessen für den Kontext beurteilt, da sie leicht zu berechnen war und bedeutete, dass das Geld ausreichte. (H. S.)
Kritische Orientierung	Nur soziale, keine mathematischen Überlegungen.	Ausschließliches Verlassen auf soziales Denken und Begründen anstelle von unterstützendem mathematischem Denken und Begründen.	Anstatt den Gesamtpreis an der Kasse zu prüfen oder ein Produkt gegen ein billigeres auszutauschen, wenn das Geld nicht ausreicht, schlägt das Kind vor, die Eltern oder im Falle der erfahrungsbasierten Lernumgebung die Lehrkraft um mehr Geld zu bitten. (H. S. und E. L.)

7.3.1 Einfluss der finanziellen Sozialisation und die Rolle finanzieller Erfahrungen

Persönliche finanzielle Erfahrungen – wie etwa das eigenständige Verwalten von Geld und das Entscheiden über Ausgaben – können für Kinder ein wertvolles Lernmittel sein, das ihnen ermöglicht, über frühere Entscheidungen zu reflektieren. Frühere Studien belegen, dass solche Erfahrungen für die finanzielle Bildung von Kindern förderlich sein können (Amagir et al., 2018). Jedoch zeigten sich durch die Selbstberichte der Kinder in Zyklus 1 dieser Studie schon in dieser kleinen Stichprobe erhebliche Unterschiede in der finanziellen Sozialisation und den Vorerfahrungen im Umgang mit Geld: Auch bei Kindergruppen aus derselben Schulklasse variierten sowohl der Grad der familiären Einbindung in finanzielle Themen als auch das Ausmaß, in dem Kinder eigene Geldentscheidungen treffen durften. Diese Vielfalt muss bei der Konzeption von Bildungsinterventionen berücksichtigt werden.

Erfahrungsbasiertes Lernen durch Simulationen, wie zum Beispiel eine Klassenraum-Ökonomie, kann im Hinblick auf diese Variationen gleiche Voraussetzungen für alle Schüler*innen schaffen, um finanzielle Entscheidungen zu treffen und grundlegende Kompetenzen im Umgang mit Geld in einer unterstützenden, risikoarmen Umgebung zu entwickeln. Dennoch reicht es möglicherweise nicht aus, einfach nur Möglichkeiten für den praktischen Umgang mit Geld zu bieten, um finanziell numerale Verhaltensweisen zu fördern.

Aus den Selbstberichten der Kinder ging hervor, dass die Anwendung von Mathematik speziell im Finanzkontext häufig durch Rollenverteilungen im sozialen Umfeld eingeschränkt war. Besonders im familiären Umfeld – etwa beim gemeinsamen Einkaufen – trafen meist die Eltern die Kaufentscheidungen und übernahmen dabei auch mögliche numerale Praktiken wie das Einschätzen des Gesamtpreises. Die Kinder übernahmen dabei eher die Rolle von Beobachter*innen, ohne selbst Mathematik im Einkaufskontext anzuwenden. Diese Erkenntnisse decken sich mit jenen aus früheren Studien, beispielsweise von Franke und Kurz (2003) sowie Grassmann (2008), die zeigen, dass Kinder in Deutschland nur eingeschränkt Gelegenheit haben, finanzielle Entscheidungen selbstständig zu treffen. Auch bei Alltagserfahrungen, wie dem Einkauf im Supermarkt, entstehen numerale Praktiken für Kinder also nicht automatisch – vor allem dann nicht, wenn Kinder nicht selbst aktiv in die Entscheidungsprozesse und damit verbundenen mathematischen Überlegungen einbezogen werden.

Innerhalb der Klassenraum-Ökonomie zeigten einige Schüler*innen außerdem Verhaltensweisen, mit denen sie mathematisches Denken gezielt umgingen. Diese

Tendenz wurde durch die realitätsnahe Lernumgebung begünstigt, die zwar motivierend und ansprechend war – viele Kinder berichteten, dass sie Spaß an der Teilnahme an der Intervention, insbesondere am Einkaufen am Klassenkaufladen, hatten – zugleich aber auch Herausforderungen für die gezielte Förderung von Financial Numeracy durch erfahrungsbasiertes Lernen offenbarte. Zum Beispiel gingen einige Kinder mehrfach zum Klassenkaufladen, bis ihr Geld aufgebraucht war, während andere ihr gesamtes Geld der Kassiererin übergaben, ohne zuvor zu überprüfen, ob dieses Geld für den gesamten Einkauf überhaupt ausreichen würde. Solche Verhaltensweisen spiegeln die Ergebnisse von Brenner (1998) wider, die zeigte, dass Kinder in realen Einkaufssituationen mentale Anstrengungen häufig durch körperliche Handlungen ersetzen. Ähnliche Befunde lieferte auch Taylor (2009): Dort reduzierte die Umgebung, in der sich die Kinder beim Einkaufen befanden, die mathematischen Anforderungen, welche an sie gestellt wurden. Dies geschah etwa, wenn sich Kinder vollständig auf die Korrektheit der Berechnungen des Kassierers oder die automatische Kassenanzeige verließen, anstatt selbst noch einmal nachzurechnen und Ergebnisse zu überprüfen.

Während Brenner (1998) und Taylor (2009) vor allem mit Vorschulkindern und jüngeren Grundschulkindern arbeiteten – also mit Kindern, denen oft mathematisches Wissen fehlte und die deshalb auf alternative Strategien ausweichen mussten –, handelte es sich in der vorliegenden Studie um Dritt- und Viertklässler*innen. Diese sollten in der Regel bereits über die notwendigen mathematischen Kenntnisse verfügen. Ihre Vermeidung kann daher eher als bewusste Entscheidung interpretiert werden, Mathematik nicht anzuwenden, oder als Wahrnehmung, dass mathematisches Denken in der Situation keinen Mehrwert bietet. Eine solche Vermeidung ist insbesondere im Zusammenhang mit der Zunahme bargeldloser Transaktionen besorgniserregend. Ohne die Neigung, Kosten einzuschätzen oder Ausgaben zu verfolgen, könnten Kinder zu viel ausgeben und Schulden anhäufen, ohne es zu merken, da sie sich nicht auf unmittelbare Hinweise wie das Ausgehen des Bargeldes verlassen können.

Alles in allem verweisen diese Ergebnisse auf eine Einschränkung erfahrungsbasierten Lernens: Es kann zwar für das Interesse und die Motivation förderlich sein, führt aber nicht automatisch zu robusten numeralen Praktiken oder zu einer produktiven Disposition gegenüber der Anwendung von Mathematik in alltagsnahen Finanzkontexten.

7.3.2 Hürden bei der Überbrückung von Schulmathematik und Alltagsanwendungen

Als die Schüler*innen dazu angeregt wurden, Mathematik im Einkaufskontext anzuwenden, traten mehrere Herausforderungen zutage. Bestimmte Einstellungen, wie beispielsweise unflexible Problemlösungsansätze, behinderten die finanzielle Entscheidungsfindung sowohl in hypothetischen Szenarien als auch in der erfahrungsbasierten Lernumgebung. Beispielsweise verließen sich die Schüler*innen oft auf dieselbe Strategie für alle Probleme, ohne Zahlbeziehungen oder den Kontext zu berücksichtigen, um effizientere Strategien zu finden. So wurde zum Beispiel beim Einkaufen am Klassenkaufladen für die Aufgabe 1,99 € + 1,99 € von Marlene und Paula ein schriftliches Verfahren genutzt, obwohl eine effizientere Strategie wie 2 € + 2 € – 2 ct naheliegend gewesen wäre. Auch einfache Überschlagsrechnungen, etwa zur Einschätzung, ob das verfügbare Geld für alle gewünschten Produkte reichen würde, wurden selten genutzt – stattdessen wurde stets exakt gerechnet, selbst wenn dies in der spezifischen Situation nicht notwendig war. Dies zeigte sich beispielsweise im Einkaufsverhalten von Carla, Suna und Kai in den ersten Stunden der Intervention. Beim Vergleichen von Preisen zeigte sich ebenfalls, dass einige Kinder, wie beispielsweise Bruno beim Vergleich verschiedener Nusspackungen, auf exakte Berechnungen auf den Cent genau beharrten und ineffiziente Strategien verwendeten, um die Preise für verschiedene Mengen zu berechnen, was nicht nur zeitaufwendig, sondern auch fehleranfällig war.

Finanzielle Dispositionen spielten ebenfalls eine wichtige Rolle bei der Entscheidungsfindung. So taten einige Schüler*innen kleine Geldbeträge als unbedeutend ab und überprüften ihr Rückgeld nicht. Dies zeigt, wie Wertvorstellungen bezüglich Geld numerale Praktiken beeinflussen und auch behindern kann. Die Schüler*innen verließen sich zudem häufig auf elterliche Unterstützung in Geldangelegenheiten oder verhandelten in der erfahrungsbasierten Lernumgebung mit der Lehrkraft um mehr Geld, anstatt ihre Berechnungen zu überprüfen und mithilfe der Anwendung von Mathematik ihre Entscheidung zu stützen oder alternative Lösungen zu finden. In diesen Fällen wurde also ausschließlich auf soziales Denken (z. B. in Form von finanziellen Wertvorstellungen und Einstellungen) zurückgegriffen, anstatt auch mathematisches Denken in die Entscheidungsfindung miteinzubeziehen. Sawatzki und Sullivan (2017) betonen jedoch, dass gerade die Kombination von sozialem und mathematischem Denken und Begründen für informierte finanziellen Entscheidungsfindung wesentlich ist.

In ähnlicher Weise warnen Díez-Palomar et al. (2023) davor, dass Entscheidungen, die auf Überzeugungen statt auf Berechnungen beruhen, Individuen leicht angreifbar machen.

Darüber hinaus entwickelten manche Kinder oberflächliche Strategien oder „Tricks". So erklärte Fiete, gestützt auf seine Erfahrung mit Preisen, die auf 99 ct endeten, dass er beim Addieren nur die vollen Euro summiere und anschließend pauschal 1,98 € addiere:

> Fiete: Wenn beide Preise mit Neun enden, ist es einfach: erst die ganzen Euro addieren, dann einen Euro mehr und 98 Cent am Ende.
>
> (Ausschnitt aus Intervention – Stunde 7)

Solche prozeduralen Strategien beruhen auf der Wahrnehmung von Oberflächenmerkmalen und sind stark kontextgebunden. Sie funktionieren nur in sehr spezifischen Situationen und lassen sich kaum auf neue oder leicht veränderte finanzielle Kontexte übertragen. Fiete fehlte ein tieferes Verständnis der mathematischen Zusammenhänge, um zu erklären, warum sein Trick funktionierte, oder um ihn an veränderte Situationen anzupassen. So scheiterte er bereits daran, den Gesamtpreis von zwei Produkten für 1,98 € und 2,97 € korrekt zu berechnen. Ähnliche Befunde zeigten sich auch bei Taylor (2009): Kinder, die in einem konkreten Einkaufskontext erfolgreich agierten, versagten bereits in leicht veränderten Situationen. Dies verdeutlicht, wie wichtig es ist, an Alltagserfahrungen der Kinder und ihre daraus entwickelten Wissensbestände anzuknüpfen und diese gezielt weiterzuentwickeln. Kinder benötigen Gelegenheiten, ihre Strategien mathematisch zu durchdringen – im Fall von Fiete etwa, indem untersucht wird, warum sein Trick überhaupt funktioniert. Nur auf diese Weise können die Kinder ihr mathematisches Denken vertiefen und ein Verständnis entwickeln, das auch in veränderten finanziellen Kontexten anwendbar und adaptierbar ist.

Insgesamt neigten die Schüler*innen dazu, Mathematik eher als eine Sammlung festgelegter Verfahren zu betrachten und nicht als ein reflexives und adaptives Werkzeug zur finanziellen Problemlösung und Entscheidungsfindung. So führten die Schüler*innen beispielsweise für Überschlagsrechnungen beim Einkaufen das Runden von Preisen regelkonform aus, ohne jedoch die dadurch entstandene mathematische Lösung im Einkaufskontext adäquat zu interpretieren und auf Angemessenheit zu überprüfen. Ein solcher prozeduraler Fokus entspricht nicht den Fähigkeiten, die im täglichen Leben benötigt werden, wo mentales Rechnen, strategisches Schätzen und Überschlagen und reflektiertes Denken und Begründen viel wichtiger sind (Hoogland, 2023; Northcote & Marshall, 2016).

Es ist zudem wichtig, den Schüler*innen zu vermitteln, in welcher Form Mathematik im Alltag auch in der Zukunft noch tatsächlich gebraucht wird. Die Selbstberichte in den Interviews zeigten, dass einige Kinder die Notwendigkeit von Mathematik für ihren Alltag infrage stellen, da digitale Hilfsmittel wie Taschenrechner oder auch automatisierte Kassenanzeigen beim Einkaufen viele Rechenaufgaben übernehmen können. Umso wichtiger wird eine kritische Orientierung: Es geht nicht mehr primär darum, jede Rechnung selbst durchzuführen und dabei Ergebnisse ganz exakt zu ermitteln, sondern vielmehr darum, automatisiert erzeugte Ergebnisse auf ihre Plausibilität hin zu überprüfen – zum Beispiel durch eine grobe Überschlagsrechnung.

7.4 Implikationen für das Design des Lehr-Lern-Arrangements

Die Ergebnisse deuten darauf hin, dass erfahrungsbasiertes Lernen für Schüler*innen zwar motivierend sein kann, die Erfahrung allein aber möglicherweise nicht ausreicht, um Financial Numeracy zu fördern. Daher wurden die Erfahrungen in dieser Intervention von Reflexionsaufgaben begleitet, die sich mit häufigen Herausforderungen befassten, die vor und während der Intervention beobachtet wurden. Diese Reflexionsaufgaben sollten eine produktive Haltung gegenüber der Mathematik fördern, indem sie ihren praktischen Wert in finanziellen Kontexten betonen und die Kinder dazu ermutigen, finanzielle Entscheidungen mit mehr Selbstvertrauen und Eigenverantwortung anzugehen und sich nicht nur auf soziale Überlegungen zu verlassen. Darüber hinaus legen die Ergebnisse nahe, dass die Schüler*innen eine kritischere Haltung gegenüber der sinnvollen Anwendung von Mathematik im Kontext einnehmen sollten.

Eine Hauptschwierigkeit, welche sich bei den Schüler*innen bezüglich Financial Numeracy zeigte, war, dass Mathematik oft als eine Reihe von festen Verfahren oder „Rezepten" behandelt wurde. Ein Faktor, der zu dieser Schwierigkeit beitragen könnte, ist die Art der Schulbuchaufgaben der Kinder. Die beiden von den teilnehmenden Kindern genutzten Schulbücher (*Flex und Flo* 3 von Beerbaum et al. 2021 und *Mathetiger 3 von* Schnitzer et al., 2018) wurden exemplarisch daraufhin betrachtet, welche Chancen und Hürden sie im Hinblick auf die Förderung von Financial Numeracy bieten. Zwar handelt es sich hierbei nicht um eine systematische Schulbuchanalyse, noch wird den Aufgaben eine direkte Verursachung der beobachteten Schwierigkeiten zugeschrieben – jedoch lassen sich anekdotisch Hinweise darauf erkennen, warum bestimmte Aufgabenformate problematisch sein können.

Die Aufgaben mit Geld, vor allem im Zusammenhang mit Einkaufskontexten, die den Kindern in ihren Schulbüchern häufig begegneten, konzentrierten sich zu einem großen Teil auf das Einüben von Verfahren, wie zum Beispiel schriftliche Algorithmen. Dabei gibt es häufig nur eine richtige Lösung und oft ist der Lösungsweg schon vorgegeben (z. B. soll schriftliche Addition zur Lösung angewandt werden oder beim Überschlagsrechnen ist das Runden auf eine bestimmte Stelle vorgeschrieben). Diese Aufgaben ermutigen die Schüler*innen nicht darüber nachzudenken, ob eine Vorgehensweise im Kontext angemessen ist oder ob alternative Ansätze effektiver sein könnten. Infolgedessen stärkt diese Vorgehensweise das prozedurale Denken gegenüber dem adaptiven Denken und schränkt die Fähigkeit der Schüler*innen ein, Mathematik in finanziellen Kontexten sinnvoll anzuwenden.

In einer Aufgabe aus dem Schulbuch *Flex und Flo 3* (Beerbaum et al. 2021) wird ein Einkaufskontext beispielsweise genutzt, um das Rechnen mit Dezimalzahlen zu üben. Abgebildet sind verschiedene Spielzeuge, jeweils mit einem Preis versehen – darunter etwa eine Lupe (9,98 €), ein Kartenspiel (2,99 €), ein Springseil (6,39 €), ein Flummi (0,95 €), ein Löwe (3,85 €), ein Spielzeugauto (22,95 €) und ein Drachen (4,45 €). Die Kinder sollen berechnen, wie viel verschiedene Kinder jeweils für ihren Einkauf bezahlen müssen. In Aufgabe a) kauft Lea eine Lupe und ein Kartenspiel, in b) kauft Mesut ein Kartenspiel und einen Flummi, in c) kauft Evi ein Springseil und einen Drachen (Aufgabe aus Beerbaum et al. 2021, S. 18). Unterhalb der Aufgabe ist ein Beispiel zur Lösung von Teilaufgabe a) vorgegeben, bei dem die Geldbeträge 9,98 € und 2,99 € schriftlich addiert werden sollen. Problematisch ist dabei, dass das Ziel solcher Aufgaben nicht darin besteht, die Handlungsfähigkeit beim Einkaufen zu fördern. Obwohl die Aufgabe in einem alltagsnahen Kontext eingebettet ist, handelt es sich lediglich um eine Einkleidung, um ein mathematisches Verfahren einzuüben – hier die schriftliche Addition mit Dezimalzahlen. Der vorgegebene Lösungsweg spiegelt dabei kaum authentisches Verhalten im Einkaufskontext wider: Kaum jemand würde im Alltag beim Addieren von Preisen wie 9,98 € + 2,99 € schriftlich rechnen, und bei den angegebenen Preisen gäbe es effizientere Methoden. Solche Aufgaben suggerieren damit ein mathematisches Vorgehen, das in realen Alltagssituationen unüblich und inauthentisch ist – und könnten es Schüler*innen folglich erschweren, Mathematik flexibel für praktische Finanzentscheidungen anzuwenden.

In den Schulbüchern der Kinder lag zudem ein starker Fokus auf dem exakten Rechnen mit Geldbeträgen. Überschlagsrechnungen werden zwar auch thematisiert – auch im Einkaufskontext –, jedoch wird deren Potenzial im Hinblick auf die Förderung des Umgangs mit Geld nicht immer vollständig ausgeschöpft. Auf einer Schulbuchseite im Schulbuch *Mathetiger 3* (Schnitzer et al., 2018, S. 32) beginnt das Thema „Geldbeträge runden und überschlagen“ durchaus realistisch mit einer „Reicht das Geld?“-Aufgabe, bei der diskutiert werden soll, wie man den Gesamtpreis eines Einkaufs grob einschätzen kann. Direkt im Anschluss folgen jedoch Aufgaben, die keine kontextuellen Überlegungen mehr einbeziehen: Es steht nur noch die korrekte Anwendung von Rundungsregeln im Vordergrund. Später heißt es in einer Aufgabe mit Geldbeträgen: „Runde so, wie du es am einfachsten findest“, ohne dass dabei thematisiert wird, dass es auf den speziellen finanziellen Kontext ankommt, wie genau gerundet werden sollte. Auch wird nicht aufgegriffen, dass Überschlagsrechnungen auch auf andere Weise als nur strikt durch die Anwendung der Rundungsregeln erfolgen können.

Problematische Aufgaben aus Schulbüchern wurden exemplarisch dargestellt, um den Unterschied zu den im Lehr-Lern-Arrangement entwickelten Aufgaben deutlich zu machen. Im Gegensatz zu Aufgaben, die vor allem auf das Befolgen vordefinierter Verfahren abzielen, wurden die Aufgaben der Intervention so gestaltet, dass sie Schüler*innen dazu anregen, ihre Überlegungen mitzuteilen, verschiedene Lösungswege zu diskutieren und die Angemessenheit mathematischer Lösungen im jeweiligen Kontext kritisch zu beurteilen. Dieser Ansatz zur Gestaltung entspricht aktuellen Empfehlungen für Numeracy-Aufgaben. Hoogland (2023) betont, dass Numeracy heute weit über die Reproduktion bekannter Verfahren hinausgeht und höhere Denkprozesse wie Analysieren, Vergleichen und Bewerten erfordert, um reflektiert zu handeln und fundierte Entscheidungen in lebensweltlichen Situationen treffen zu können.

Es sei an dieser Stelle darauf hingewiesen, dass die entwickelten Aufgaben auf beobachtete Hürden abgestimmt sind, welche bei Kindern dieser Studie konstatiert wurden. In anderen Lerngruppen können jedoch auch andere Schwierigkeiten auftreten, für die entsprechend angepasste oder zusätzliche Reflexionsaufgaben erforderlich wären.

Ein paar der gestalteten Aufgaben sind in Abbildungen 7.5 und 7.6 abgebildet. Sie sollen eine flexible Disposition gegenüber der Anwendung von Mathematik im Finanzkontext fördern. Im Sinne einer kritischen Orientierung sollen ein Vergleich und eine Bewertung verschiedener mathematischer Strategien in Einkaufskontexten angeregt werden.

Andere der gestalteten Reflexionsaufgaben sollen das Nachdenken über die Angemessenheit einer mathematischen Lösung anregen. Im Sinne einer kritischen Orientierung geht es um die Interpretation und Evaluation von mathematischen Lösungen im finanziellen Kontext. Ein paar dieser Aufgaben sind in Abbildung 7.7 und 7.8 abgebildet.

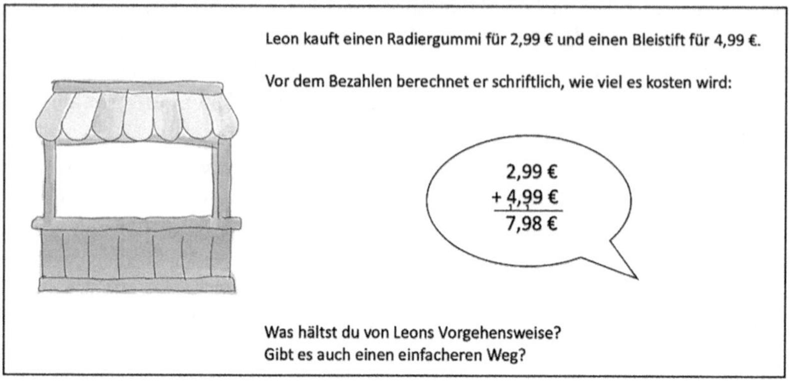

Abbildung 7.5 Aufgabe 1 zum Vergleich und der Evaluation verschiedener mathematischer Strategien (eigene Abbildung)

Abbildung 7.6 Aufgabe 2 zum Vergleich und der Evaluation verschiedener mathematischer Strategien (eigene Abbildung)

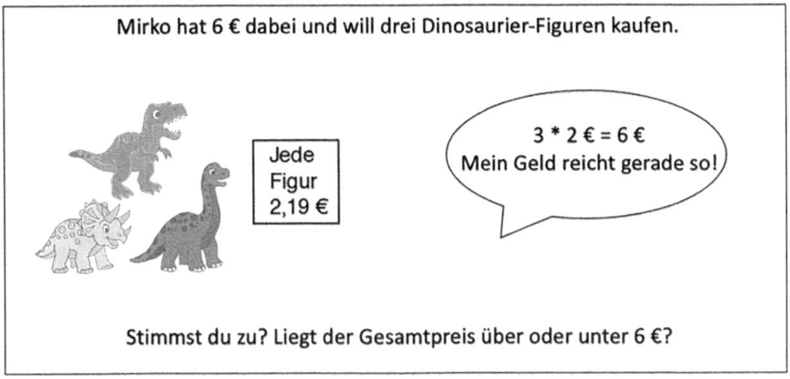

Abbildung 7.7 Aufgabe 1 zur Beurteilung der Angemessenheit einer mathematischen Lösung im Kontext (eigene Abbildung)

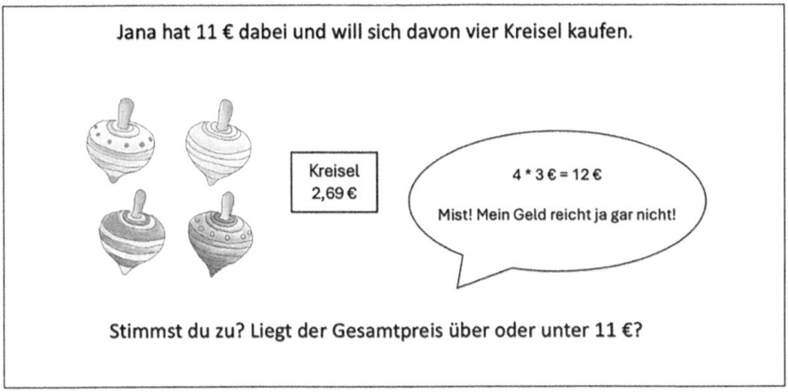

Abbildung 7.8 Aufgabe 2 zur Beurteilung der Angemessenheit einer mathematischen Lösung im Kontext (eigene Abbildung)

7.5 Veränderungen nach der Intervention

Die Interviews vor und nach der Intervention wurden verglichen, um Chancen und Grenzen des entwickelten Gestaltungsansatzes zu ermitteln. Eine Gegenüberstellung der Entscheidungsfindung und der zugehörigen Begründungen vor und nach der Intervention ist in Tabellen 7.17 und 7.18 zusammengefasst dargestellt.

Tabelle 7.17 Vorher-Nachher-Vergleich der Entscheidungsfindung bei Drittklässler*innen

Gruppen Drittklässler*innen	Entscheidung im Prä-Interview	Entscheidung im Post-Interview
Jusuf und Kai	Entscheidung 3 (inkonsistente Begründung für Gesamtpreis überprüfen, inkonsistente Begründung für Preisvergleich)	Entscheidung 3 (konsistente Begründung für Gesamtpreis überprüfen, konsistente Begründung für Preisvergleich)
Fiete, Bruno und Valentin	Entscheidung 3 (inkonsistente Begründung für Gesamtpreis überprüfen, konsistente Begründung für Preisvergleich)	Entscheidung 3 (inkonsistente Begründung für Gesamtpreis überprüfen, konsistente Begründung für Preisvergleich)
Paula und Marlene	Entscheidung 1 (inkonsistente Begründung für Gesamtpreis überprüfen, inkonsistente Begründung für Preisvergleich)	Entscheidung 3 (inkonsistente Begründung für Gesamtpreis überprüfen, konsistente Begründung für Preisvergleich)
Ole und Florian	5: Eigene Entscheidung (inkonsistente Begründung für Gesamtpreis überprüfen, konsistente Begründung für Preisvergleich)	Entscheidung 3 (konsistente Begründung für Gesamtpreis überprüfen, konsistente Begründung für Preisvergleich)

Wie durch die Gegenüberstellung der getroffenen Entscheidungen und Kategorisierung der Begründungen ersichtlich, konnte bei den meisten Gruppen eine Verbesserung in den Begründungen für oder gegen Entscheidungen konstatiert werden, jedoch war diese Verbesserung unterschiedlich stark. Im Einkaufsszenario nach der Intervention konnten mehr Kinder ihre Begründungen zur Überprüfung des Gesamtpreises konsistent richtig formulieren, allerdings gab es immer noch einige Kindergruppen, denen dies nicht gelang. Ursache dafür war vor allem, dass einige Kinder die Notwendigkeit der Kompensation bei

Tabelle 7.18 Vorher-Nachher-Vergleich der Entscheidungsfindung bei Viertklässler*innen

Gruppen Viertklässler*innen	Entscheidung im Prä-Interview	Entscheidung im Post-Interview
Melina, Linus and Lennox	5: Eigene Entscheidung (keine Begründung für Gesamtpreis überprüfen, konsistente Begründung für Preisvergleich)	Entscheidung 3 (inkonsistente Begründung für Gesamtpreis überprüfen, konsistente Begründung für Preisvergleich)
Marlon und Oskar	Entscheidung 1 (inkonsistente Begründung für Gesamtpreis überprüfen, keine Begründung für Preisvergleich)	Entscheidung 3 (konsistente Begründung für Gesamtpreis überprüfen, konsistente Begründung für Preisvergleich)
Carla und Suna	Entscheidung 1 (inkonsistente Begründung für Gesamtpreis überprüfen, keine Begründung für Preisvergleich)	Entscheidung 1 (inkonsistente Begründung für Gesamtpreis überprüfen, inkonsistente Begründung für Preisvergleich)

Überschlagsrechnungen im gegebenen Einkaufskontext nicht nachvollziehen oder erklären konnten. Die in diesem Zusammenhang identifizierten Hürden werden in Abschnitt 7.5.2 zur kritischen Orientierung näher erläutert.

Fast alle Kindergruppen konnten nach der Intervention die Preisvergleiche bei ähnlichen Produkten konsistent richtig begründen. Das heißt, sie setzten Menge und Preis miteinander in Relation und beachteten bei der Auswahl der Produkte zusätzlich die benötigte Menge auf dem Einkaufszettel. Den meisten Kindergruppen gelang dies allerdings auch schon vor der Intervention. Nach der Intervention führten jedoch alle Kindergruppen Preisvergleiche durch, sodass nun für jede Gruppe Begründungen analysiert werden konnten. Nur bei Carla und Suna wurde die Begründung der Preisvergleiche als nicht konsistent gewertet, wobei ihre Schwierigkeiten vor allem auf eine etwas irreführende Darstellung der Produkte im Entscheidungsszenario zurückzuführen waren: Das Stück Käse mit geringerer Grammzahl wurde im Bild größer dargestellt als das mit größerer Grammzahl. Trotz der Angabe der Grammzahlen unter den dargestellten Käsestücken und eines expliziten Hinweises der Interviewerin auf die mögliche Verzerrung der Darstellung orientierten sich die beiden ausschließlich an der visuellen Größe und bezogen proportionale Beziehungen zwischen Menge und Preis nicht in ihre Begründungen ein.

Im Anschluss erfolgte eine vertiefende Analyse qualitativer Unterschiede in der finanziellen Entscheidungsfindung vor und nach der Intervention und im Einkaufsverhalten der Kinder im Verlauf der Intervention. Als zentrale Indikatoren für Verbesserungen und verbleibende Herausforderungen durch das gestaltete Lehr-Lern-Arrangement mit Reflexionsaufgaben zur Förderung von Financial Numeracy konnten folgende Aspekte identifiziert werden:

- Dispositionen
- Kritische Orientierung
- Erfahrungsbasiertes Lernen und numerale Praktiken

Diese Aspekte werden im Folgenden detaillierter diskutiert, wobei sowohl die erkennbaren Fortschritte und Potenziale als auch die weiterhin bestehenden Herausforderungen und Einschränkungen beleuchtet werden.

7.5.1 Dispositionen

Viele Schüler*innen entwickelten im Verlauf der Intervention einen flexibleren Umgang mit Mathematik im Einkaufskontext. Sie erkannten beispielsweise beim Einschätzen und Überprüfen von Preisen – insbesondere im Klassenkaufladen – zunehmend, wann eine Überschlagsrechnung ausreicht und nicht zwingend eine exakte Berechnung notwendig ist. Zudem probierten sie neue Strategien aus, die im gemeinsamen Austausch entstanden oder von anderen Kindern vorgeschlagen wurden. So diskutierten Marlene und Paula im Interview nach der Intervention, in welchen Situationen ein Überschlag genügt und wann es sinnvoll ist, die Strategie „Überschlag mit anschließender Kompensation“ anzuwenden:

> Marlene: Ich finde es jetzt zwar nicht so wichtig, aber ich finde es trotzdem wichtig. Also ich finde jetzt nicht so, dass es unwichtig ist, weil sonst kommt halt, sonst musst du halt ausrechnen und dann stehe ich lange da und bei einer Überschlagsrechnung zum Beispiel, ähm/
>
> Paula: Da geht es viel schneller.
>
> Marlene: Ja, zum Beispiel bei 1,90 (als Eins Neunzig gesprochen), da kannst dann halt einfach 2 €, weil die 10 Cent, die kannst du am Ende dann wieder abziehen.
>
> (Post-Interview Paula Marlene, Pos. 47-49)

Auch beim Vergleichen von Preisen zeigten sich Veränderungen: Im hypothetischen Szenario nach der Intervention fanden die Kinder zunehmend effizientere Wege, um Preisvergleiche vorzunehmen. Ein Beispiel hierfür ist das Gespräch zwischen Jusuf und Kai beim Einkaufsszenario, bei dem Kai Zahlbeziehungen ausnutzt und somit eine effiziente Strategie nutzte, um vom Preis von 1,19 € für 100 Gramm Käse auf den Preis für 300 Gramm Käse zu schließen:

> Jusuf: Achso, ich würde lieber die und die (zeigt auf die rechte Hefe und den rechten Käse), ne die hier und die hier (zeigt auf linken Käse und rechte Hefe) nehmen.
>
> Kai: Hä warte, da braucht er 300 Gramm Käse. Warte, dann machen wir (überlegt)
>
> Jusuf: Dann muss er das dreimal nehmen (zeigt auf linken Käse). Dreimal.
>
> Kai: Warte. 1 € mal 3 gleich 3 € dann 3,60 € minus 3. 3,57 €.
>
> (Post-Intervention Interview – Jusuf Kai, Pos. 239-242)

Zudem wurde auch eher erkannt, wann ein ungefähres Ergebnis für die Preisvergleiche als Begründung ausreicht. So erkannte Kai, dass die benötigte Menge des auf der rechten Seite abgebildeten Käses, welcher zur Wahl stand, etwa 3 € kostete. Später wies Jusuf daraufhin, dass der Käse, welcher auf der linken Seite abgebildet war, in derselben Menge mehr als 3 € kostete und konnte somit auch ohne den exakten Preis für die Menge zu nennen begründen, dass er im Verhältnis teurer war als die andere Wahl:

> Jusuf: Ja, und dann, das würde 3 € irgendwas kosten.
>
> (Post-Intervention Interview – Jusuf Kai, Pos. 253)

Eine Verbesserung in der flexiblen Disposition zeigte sich jedoch nicht bei allen Kindern gleichermaßen. Besonders einige der Viertklässler*innen blieben stark auf das Ermitteln exakter Ergebnisse fixiert, häufig in Verbindung mit schriftlichen Rechenverfahren. Dieses Verhalten war bei Carla und Suna während der Intervention beim Einkaufen und beim Verwalten ihres Geldes zu beobachten. Auch im Post-Interview machten sie deutlich, dass ihre bevorzugte Strategie weiterhin das exakte und schriftliche Berechnen war:

> Carla: Ja, bei den Rechenaufgaben zum Beispiel 3,60 € + 4,50 € zum Beispiel. Das würde ich jetzt so untereinander aufschreiben.
>
> Interviewerin: Hm (bejahend). Und du meinst das kannst du besser als das jetzt im Kopf zu berechnen?

> Carla: Hm (bejahend).
>
> (Post-Intervention Interview Carla Suna, Pos. 27-29)

Eine mögliche Erklärung hierfür stellt die kurze Dauer der Intervention dar, die neben weiteren einschränkenden Faktoren die Entwicklung einer flexibleren Disposition begrenzt haben könnte. Eine nachhaltige Veränderung von förderlichen Dispositionen lässt sich vermutlich nicht in wenigen Wochen mit nur vereinzelten Unterrichtsstunden erreichen.

Um eine flexiblere Disposition langfristig zu fördern, müsste auch der reguläre Mathematikunterricht verstärkt darauf abzielen, den Fokus nicht ausschließlich auf exakte Ergebnisse zu beschränken, sondern auch Wert auf kontextsensible Überschläge zu legen – insbesondere in alltagsnahen Kontexten. Überschlagsrechnungen sollten nicht nur als lästiger Zwischenschritt vor der exakten Rechnung thematisiert werden, sondern als eigenständige, sinnvolle Strategie für Entscheidungen im Alltag, insbesondere im Finanzkontext.

7.5.2 Kritische Orientierung

Insgesamt schien sich bei den Kindern eine zunehmend kritische Orientierung anzubahnen: Sie begannen, Mathematik gezielt zu nutzen, um Entscheidungen zu treffen oder Argumente zu hinterfragen – was sie auch im Interview nach der Intervention mehrfach selbst thematisierten. Kai etwa beschrieb, dass er nun eher nachrechne, anstatt sich allein auf sein Bauchgefühl zu verlassen, um fundiertere finanzielle Entscheidungen zu treffen:

> Kai: Weil, wenn wir mal mehr kaufen, dann müssten wir schon wissen, ob das auch alles reicht. Und ob ich zu wenig Geld habe. Und damit man nicht sein Bauchgefühl folgen, sondern lieber mal nachrechnen und überlegen, ob man es auch wirklich braucht.
>
> (Post-Intervention Interview – Jusuf Kai, Pos. 23)

Auch andere Kinder berichteten von Situationen, in denen es sich lohne, mathematische Informationen zu nutzen, um Entscheidungen zu überprüfen oder Fehler zu erkennen. So berichteten mehrere Kinder von Situationen beim Einkaufen, in denen sie, gemeinsam mit den Eltern oder selbstständig, Preise überprüften. Ein Beispiel dafür war Linus, der davon berichtete, dass ihm Fehler beim Überprüfen des Gesamtpreises eines Einkaufs aufgefallen sei:

Linus: Bei Papa hat der so einen kleinen Einkauf für Snacks gemacht und da hätte was zehn Euro gekostet, aber der hat alles/ aber es wurde alles doppelt gemacht.

Interviewerin: Und das ist dem dann aufgefallen?

Linus: Ja. Und mir auch.

(Post-Intervention Interview – Melina, Lennox, Linus Pos. 51-53)

Des Weiteren versuchten im Verlauf der Intervention mehr Kinder, mathematische Lösungen in hypothetischen finanziellen Entscheidungssituationen zu interpretieren und zu validieren, statt sich ausschließlich auf die Korrektheit der innermathematischen Lösung zu konzentrieren. Allerdings blieb das Verständnis der Kompensation bei Überschlagsrechnungen eine Herausforderung – insbesondere im Hinblick darauf, wie sich wiederholtes Aufrunden auf die Genauigkeit auswirkt. Diese Schwierigkeit zeigte sich auch noch im hypothetischen Einkaufsszenario des Interviews nach der Intervention. Das Interpretieren und Validieren der Auswirkungen von Überschlagsrechnungen mit mehrmaligem Abrunden gelang den Kindern hingegen deutlich besser. Die meisten Kinder konnten in den gestalteten Aufgabenstellungen des Lehr-Lern-Arrangements richtig erkennen und erklären, dass mehrfaches Abrunden – etwa bei vier Preisen – dazu führt, dass sich die abgerundeten Centbeträge summieren und die tatsächliche Gesamtsumme des Einkaufs damit unterschätzt wird.

7.5.3 Erfahrungsbasiertes Lernen und numerale Praktiken

Die Kinder nahmen das erfahrungsbasierte Lehr-Lern-Arrangement insgesamt sehr positiv auf. Besonders die praktischen, handlungsorientierten Erfahrungen wurden von vielen Schüler*innen als interessant und motivierend hervorgehoben, wenn sie im Interview darüber sprachen, was ihnen an den Stunden des Lehr-Lern-Arrangements besonders gefallen hatte:

Fiete: Am interessantesten fand ich (Bruno: Alles), dass mir auch wirklich mit so Spielgeld umgegangen sind. Ich hätte jetzt gedacht, dass wir nur etwas lernen, wie in der normalen Schule und nicht wie beim echten Einkaufen zu einkaufen. Und das fand ich halt wirklich auch sehr cool und interessant, weil dann konnte man gucken, wie man sich es dann auch daheim aufteilt und wie man sich da aufgeteilt hat und es geklappt hat.

(Post-Intervention Interview Fiete Bruno Valentin, Pos. 69)

Einige Kinder verknüpften ihre Erfahrungen im Lehr-Lern-Arrangement auch mit Zufriedenheit im Umgang mit dem eigenen Geld während der Simulation:

> Interviewerin: Okay, das hat euch schon ganz gut gefallen. Ja, warum hat es euch denn gefallen?
>
> Jusuf: Also es hat genau gereicht für sechs Wochen. Das waren ja jetzt 6 Wochen und dann habe ich eigentlich nur fünf Wochen gebraucht und das restliche Geld habe ich ja aufgehört dann mit den Bonus-Aufgaben. Ich habe dann immer 8 € gekriegt, dann habe ich die immer genau ausgegeben. Dann hatte ich trotzdem noch 100 € noch, und dann war ich halt damit ganz zufrieden, dass ich einfach das Sparziel erreicht habe
>
> (Post-Intervention Interview – Jusuf Kai, Pos. 12-13)

Persönliche Erfolgserlebnisse sind nach Bandura (1977) sehr einflussreich auf das Selbstwirksamkeitsempfinden. Durch Erfahrungen, in denen sich Kinder selbst als erfolgreich im Umgang mit Geld erlebten, könnte sich in der Folge ein stark ausgeprägtes Gefühl der Selbstwirksamkeit entwickeln.

Für einzelne Kinder war das erfahrungsbasierte Lehr-Lern-Arrangement zudem die erste Gelegenheit, selbstständig mit Geld umzugehen. Dies war beispielsweise bei Florian der Fall, welcher berichtete, vor der Teilnahme am erfahrungsbasierten Lehr-Lern-Arrangement kaum Kontakt mit Geld gehabt zu haben:

> Florian: Ja, weil früher habe ich gar nicht so viel mit Geld gemacht.
>
> (Post-Intervention Interview – Ole Florian, Pos. 82)

Durch die Intervention schienen manche Kinder auch die Bedeutung von Mathematik für ihren Alltag stärker zu erkennen. So schilderte Melina im Interview nach der Intervention, dass sie Mathematik nun als wichtiger empfinde als zuvor:

> Melina: Ja, ich finde es noch wichtiger. Weil davor dachte ich so, wofür ist Mathe eigentlich gut? Und durch die Geld-AG habe ich noch ganz viel dazu gelernt.
>
> (Post-Intervention Interview – Melina Lennox Linus, Pos. 102)

Einige Kinder berichteten auch von einer Zunahme an finanziell numeralen Praktiken, die sie nun bewusst im Alltag einsetzten. So berichtete Fiete von Preisvergleichen beim Einkaufen, welche er nun regelmäßig durchführte:

> Fiete: Warte, warte, ja. Früher habe ich immer, war ich auch im Penny und im Netto/ Ich gehe manchmal in den Penny anstatt in den Netto, obwohl der Netto näher liegt

und dann war ich halt mal/ gestern war ich mal im Netto und meine Mama hat etwas vergessen zu kaufen und da wo ich im Netto war, habe ich Joghurt gesehen für 1,79 € also es war so ein großer. Und den gleichen gab's dann aber beim Penny und beim Penny hat er 1,89 € gekostet.

(Post-Intervention Interview – Fiete Bruno Valentin, Pos. 116)

Dabei schienen für manche Kinder auch die Anregungen geholfen zu haben, welche nach jeder Unterrichtsstunde der Intervention gegeben wurden. Zum Beispiel bekamen die Kinder freiwillige Aufgaben, welche sie im Alltag ausführen konnten. Diese Aufgaben wurden während der Intervention als Bonus-Aufgaben bezeichnet. Eine dieser freiwilligen Aufgaben war, den Kassenzettel beim Einkaufen auf Richtigkeit zu überprüfen. Marlene berichtete davon, dass sie dies beim Einkaufen mit den Eltern oder den Großeltern bereits des Öfteren umgesetzt habe:

Marlene: Da hast du uns ja auch Bonusaufgaben gegeben und da habe ich auch oft im Einkaufsladen dann die Überschlagsrechnung gemacht. Und deswegen war ich auch oft mit meiner Oma einkaufen, weil die geht oft in den Lidl nach (Nachbarort) und meine Mama geht oft in den Netto und dann bin ich da oft mitgegangen und hab dann Überschlagsrechnungen gemacht. Und ich sammle ja auch Geld in meinem Sparschwein immer.

(Post-Intervention Interview – Paula Marlene, Pos. 60)

Allerdings zeigte sich auch, dass die Möglichkeiten für den Einsatz numeraler Praktiken im Alltag stark vom sozialen Umfeld abhängen – insbesondere von den Gelegenheiten, welche sich den Kindern dadurch bieten oder verwehrt bleiben. So hatten manche Kinder kaum Gelegenheit, das Gelernte außerhalb der Schule praktisch anzuwenden:

Interviewerin: Also ihr findet das wichtig für euren Alltag. Konntet ihr davon auch was schon, wirklich außerhalb der Schule anwenden?

Oskar: Hm (verneinend).

Marlon: Noch nicht, glaube ich.

Oskar: Ich war noch nicht/ ich war nicht mehr einkaufen.

(Post-Interview Interview – Marlon Oskar, Pos. 45-48)

Fiete beschrieb außerdem, dass seine Eltern ihm beim Einkaufen nicht genug Zeit einräumten, damit er Kaufentscheidungen unter dem Einsatz von Mathematik treffen konnte:

> Fiete: Und! Manchmal steht da ja auch Aktion und früher habe ich immer nur auf die Aktion geachtet und habe nicht mal auf den Preis geguckt und dann habe ich halt auch nicht verglichen mit anderen Grundpreisen und dann habe ich es halt mitgenommen in den Einkaufswagen. Doch jetzt gucke ich auch eher, ob es wirklich ein Angebot ist. (Abschnitt weggelassen) Und wenn ich einkaufen gehe, dann gehe ich auch mit, aber ich mache halt nicht so viel, wenn meine Mama dann meistens schnell durchläuft (unv.).
>
> Interviewerin: Also meinst du, wenn du jetzt allein einkaufen würdest, könntest du mehr anwenden?
>
> Fiete: Ja, ja
>
> (Post-Intervention Interview – Fiete Bruno Valentin, Pos. 43-52)

Insgesamt schienen Eltern sowohl zusätzliche Lernchancen zu ermöglichen als auch eine Einschränkung darzustellen. Bei Marlene zeigte sich beispielsweise, dass der Austausch mit den Eltern eine wichtige Rolle für ihr weiteres Lernen spielte: Indem sie das im Lehr-Lern-Arrangement erworbene Wissen mit ihren Eltern besprach, konnte sie ihr Verständnis vertiefen und erweitern:

> Marlene: Ich habe dann oft mit meiner Mama geredet und auch mit meinem Papa und habe auch Dienstagabend, wenn ich was Neues gelernt habe, habe ich das dann meiner Mama und meinem Papa erzählt. Und einmal habe ich dann die Werbeprodukte meinem Papa erzählt, mein Papa hat dann auch gesagt, dass man nicht auf/ eigentlich nicht auf Werbung hören sollte. Manchmal stimmt es, manchmal aber auch nicht, manchmal steht dran nur für heute, aber dann steht es doch drei Wochen da, nur für heute, nur dass die Leute es schnellstmöglich kaufen. (Post-Intervention Interview – Paula Marlene, Pos. 130)

Eine Einschränkung entstand hingegen, wenn Eltern der Auffassung waren, dass über Geld nicht mit Kindern gesprochen werden sollte. Hier schienen finanzielle Normen und Wertvorstellungen zu wirken, wie etwa „Über Geld spricht man nicht", was den offenen Austausch über Finanzen innerhalb der Familie verhinderte:

> Interviewerin: Habt ihr auch außerhalb von diesen Bonusaufgaben noch mit euren Eltern über Geld gesprochen?
>
> Fiete: Ja.

Bruno: Einmal.

Valentin: Einmal, aber sie haben nicht geantwortet.

Bruno: Bei mir auch.

Valentin: Weil es um Urlaub ging, wie viel es kostet.

(Post-Intervention Interview – Fiete Bruno Valentin, Pos. 135-140)

Die Ergebnisse verdeutlichen noch einmal, dass Numeracy als soziale Praxis verstanden werden sollte, die durch soziale Beziehungen und Machtverhältnisse geprägt wird – in diesem Fall insbesondere durch das Verhältnis zwischen Eltern und Kind. An den elterlichen Einschränkungen und den begrenzten Möglichkeiten im sozialen Umfeld der Kinder hat die Teilnahme am Lehr-Lern-Arrangement wenig verändert. Eltern sollten sich ihrer Rolle als primäre finanzielle Sozialisationsinstanz bewusst sein. Es wäre wichtig, dass sie ihren Kindern bewusst Zeit einräumen, eigenverantwortlich finanzielle Entscheidungen zu treffen und sie dabei numerale Praktiken ausführen zu lassen, anstatt diese ausschließlich selbst zu übernehmen.

Darüber hinaus müssten Gespräche über Geld in den Familien enttabuisiert werden, da sie eine wichtige Grundlage für die Reflexion und Weiterentwicklung finanzieller Kompetenzen bilden. Kinder brauchen auch außerhalb der Schule und des erfahrungsbasierten Lehr-Lern-Arrangements reale Gelegenheiten, um das Gelernte praktisch anzuwenden, Erfahrungen zu sammeln und darüber reflektieren zu können.

7.6 Zwischenfazit und Weiterentwicklung für Zyklus 2

Alles in allem zeigen die Ergebnisse des ersten Zyklus, dass sich Financial Numeracy nicht automatisch verbessert, wenn man Schüler*innen lediglich mit finanziellen Erfahrungen konfrontiert. Eine sinnvolle Integration finanzieller Bildung in den Mathematikunterricht, um Financial Numeracy zu fördern, erfordert gut konzipierte Aufgaben, die Erfahrungen mit strukturierter Reflexion kombinieren, um Flexibilität und eine kritische Orientierung gegenüber der Anwendung von Mathematik im finanziellen Kontext zu entwickeln.

Im ersten Entwicklungsforschungszyklus wurde jedoch noch ein eher enges Verständnis von Financial Numeracy untersucht, das sich vor allem auf die

Anwendung von Mathematik in finanziellen Kontexten und individuelles Verhalten beim Einkaufen konzentrierte. In einem umfassenderen Verständnis – wie es Savard & Cavalcante (2021) beschreiben – umfasst Financial Numeracy auch das Erschließen finanzieller Konzepte durch mathematische Untersuchungen sowie die Analyse ihrer Verbindungen zum Wirtschaftssystem und zu anderen Systemen (z. B. Politik, Ethik), wobei dann auch die sozialen und ethischen Implikationen finanzieller Entscheidungen berücksichtigt werden sollten (Blue et al., 2018). Dieses erweiterte Verständnis von Financial Numeracy wurde zum Untersuchungsgegenstand des zweiten Entwicklungsforschungszyklus gemacht, welcher im folgenden Kapitel dargestellt wird.

8 Darstellung von Entwicklungsforschungszyklus 2

Im Mathematikunterricht der Grundschule lassen sich finanzielle Konzepte wie Geld und Preise durch mathematische Aktivitäten genauer untersuchen und kritisch beleuchten. Schon während des ersten Entwicklungsforschungszyklus zeigten sich Verständnishürden der teilnehmenden Kinder bezüglich der Funktionen von Geld und der Preisbildung[1]. Deshalb rückten die Vorstellungen dieser finanziellen Konzepte im zweiten Entwicklungsforschungszyklus stärker in den Fokus und wurden zum Untersuchungs- und Gestaltungsgegenstand gemacht. Die Datenerhebung im zweiten Zyklus der Entwicklungsforschung war dementsprechend weniger auf Selbstberichte zum eigenen Umgang mit Geld oder auf die persönliche Entscheidungsfindung im Einkaufskontext ausgerichtet wie in Zyklus 1, sondern vielmehr auf die Vorstellungen der Kinder zu Geld und Preisen und damit verbundenen wirtschaftlichen Zusammenhängen. Die gewonnenen Erkenntnisse und daraus abgeleiteten Implikationen für das Aufgabendesign wurden genutzt, um das bereits erprobte erfahrungsbasierte Lehr-Lern-Arrangement in Form der Klassenraum-Ökonomie weiterzuentwickeln. Der Schwerpunkt der Erforschung und Entwicklung verlagerte sich entsprechend von der kontextuellen hin zur konzeptuellen und systemischen Dimension von Financial Numeracy sowie zur Generierung von Gestaltungsprinzipien für Aufgaben, die gezielt diese Dimensionen fördern.

[1] Auch wenn bereits im ersten Entwicklungsforschungszyklus Verständnishürden der Kinder in Bezug auf finanzielle Konzepte konstatiert wurden, wurde in der Darstellung des ersten Zyklus aus Gründen der Übersichtlichkeit und Nachvollziehbarkeit des Forschungs- und Entwicklungsprozesses noch nicht näher darauf eingegangen. Stattdessen werden diese Hürden erst in der folgenden Darstellung des zweiten Entwicklungsforschungszyklus näher erläutert, da sie hier systematisch untersucht und mit Designimplikationen sowie der Weiterentwicklung des Lehr-Lern-Arrangements verknüpft wurden.

D.-M. Wiedenhöfer, *Förderung des Umgangs mit Geld in der Grundschule*, Perspektiven der Mathematikdidaktik,
https://doi.org/10.1007/978-3-658-53385-4_8

8.1 Detaillierte Beschreibung der Datenerhebung und Datenauswertung

Für die Gestaltung des Lehr-Lern-Arrangements ist es wichtig, die Vorstellungen der Kinder zu finanziellen Konzepten sowie damit verbundene Verständnishürden zu kennen, um darauf aufbauend Aufgaben zur Förderung des Verständnisses gestalten zu können. Für die Datenerhebung und -analyse dieser Vorstellungen gilt zunächst zu klären, welche Zielbegriffe zugrunde liegen. Zielbegriffe sind die Zielvorstellungen oder Konzepte, die Kinder im Laufe ihrer Entwicklung über bestimmte finanzielle Phänomene (z. B. Geld, Preise, Gewinn, Arbeit, Eigentum) aufbauen sollen oder können. Sie bezeichnen also mentale Repräsentationen ökonomischer Konzepte und dienen in empirischen Studien als Referenzpunkt. Sie ermöglichen es, kindliche Vorstellungen systematisch mit dem angestrebten Verständnis zu vergleichen, passende Interviewfragen zu entwickeln und unterschiedliche Sichtweisen einzuordnen, ohne sie vorschnell zu bewerten (Claar, 1990).

Im Folgenden werden die Zielbegriffe zum Konzept „Geld“ und zum Konzept „Preise“ nach Claar (1990) beschrieben, weil sie diese Konzepte im Rahmen ihrer Studien zur Entwicklung des ökonomischen Verständnisses von Kindern und Jugendlichen sehr umfassend definiert hat.

Geld wird im Zielbegriff nach Claar (1990) als allgemein akzeptiertes Tausch- und Zahlungsmittel verstanden, das den Austausch von Waren und Dienstleistungen in einer arbeitsteiligen Wirtschaft erleichtert. Im Laufe der Zeit entwickelten sich verschiedene Formen von Geld, darunter Naturalgeld (z. B. Muscheln), Edelmetallmünzen, Papiergeld, Giralgeld und Geldsurrogate (z. B. Schecks oder Kreditkarten).

Geld erfüllt drei primäre ökonomische Funktionen – es dient als Tausch- und Zahlungsmittel, als Wertmaßstab und als Wertspeicher:

- *Tausch- und Zahlungsmittel:* Geld übernimmt die Funktion eines allgemein akzeptierten Mittels zur Bezahlung von Waren und Dienstleistungen. Im Unterschied zum direkten Tauschhandel ist es beim Tausch mit Geld als Mittel nicht notwendig, dass es eine doppelte Übereinstimmung der Bedürfnisse gibt, was den Handel erleichtert.
- *Wertmaßstab:* Geld ermöglicht es, den ökonomischen Wert verschiedener Waren und Dienstleistungen in einer gemeinsamen Einheit auszudrücken. Dies erleichtert folglich den Vergleich des Wertes unterschiedlicher Waren und Dienstleistungen.

- *Wertspeicher:* Geld dient dazu, materiellen Wert über einen längeren Zeitraum hinweg aufzubewahren, denn Geld ist nicht verderblich und behält, sofern Preisstabilität gegeben ist, seinen Wert weitgehend.

Damit Geld seine ökonomischen Funktionen zuverlässig erfüllen kann, muss es bestimmten Tauglichkeitskriterien genügen. Dazu gehören Haltbarkeit, Homogenität, Teilbarkeit, Fälschungssicherheit und Handlichkeit.

Der Preis einer Ware oder Dienstleistung entsteht in einer Marktwirtschaft durch das Zusammenspiel mehrerer Faktoren. Folgende Faktoren lassen sich nach Claar (1990) unterscheiden, welche den Preis einer Ware bestimmen:

- *Produktionskosten:* Preise müssen mindestens die Kosten decken, die bei der Herstellung und dem Vertrieb der Ware entstehen. Dazu zählen unter anderem anfallende Kosten für Arbeitskräfte, Materialien, Energie, Maschinen und Mieten.
- *Gewinnstreben:* Anbieter*innen setzen Preise nicht nur kostendeckend an, sondern streben darüber hinaus die Erwirtschaftung eines möglichst hohen Gewinns an. Der Gewinn ergibt sich aus der Multiplikation der Gewinnspanne pro verkaufter Einheit mit der Anzahl der abgesetzten Einheiten. Dabei besteht ein wechselseitiges Verhältnis zwischen Gewinnspanne und Absatzmenge: Mit steigendem Verkaufspreis – und damit höherer Gewinnspanne pro Stück – sinkt in der Regel die Zahl der Käufer*innen, die bereit sind, diesen Preis zu zahlen.
- *Angebot und Nachfrage:* Zwischen dem Preis einer Ware und dem Verhältnis von Angebot und Nachfrage besteht ein wechselseitiger Wirkungszusammenhang. Im Gleichgewichtspreis stimmen angebotene und nachgefragte Menge überein. Ein Überangebot oder eine sinkende Nachfrage führt zu Preissenkungen, die kurzfristig mehr Käufer*innen anlocken, langfristig aber zum Marktaustritt einzelner Anbieter*innen führen können. Umgekehrt bewirkt ein Nachfrageüberschuss Preiserhöhungen, die so lange anhalten, bis genügend Nachfrager*innen vom Kauf Abstand nehmen. Gleichzeitig regen hohe Preise die Produktion an und vergrößern das Angebot. Nach unten ist der Preisspielraum durch die Produktionskosten begrenzt.
- *Unvollkommenheit realer Märkte:* In der Praxis entspricht das Marktgeschehen nur selten dem Ideal des vollkommenen Marktes. Die in der Theorie geforderte vollständige Markttransparenz, die Homogenität der Güter sowie die Abwesenheit persönlicher Präferenzen oder räumlicher Vorteile sind in der Realität kaum gegeben. Faktoren wie ungleiche Informationslagen, Standortvorteile oder persönliche Vorlieben der Kund*innen führen dazu, dass es

in der Regel keinen einheitlichen Marktpreis gibt. Einzelne Anbieter*innen können häufig einen höheren Preis durchsetzen, da sie durch den einen oder anderen der genannten Aspekte begünstigt sind.

Nachdem nun die Zielbegriffe für Geld und Preise erläutert wurden, erfolgt in den nächsten Kapiteln eine detaillierte Darstellung der Datenerhebung und Datenanalyse. In Abschnitt 8.1.1. wird die Erhebung und Analyse der Geldvorstellungen, in Abschnitt 8.1.2. die Erhebung und Analyse der Vorstellungen über Preise und Preisbildung beschrieben.

8.1.1 Datenerhebung und Auswertung der Vorstellungen über Geld

Die Fragen zur Erhebung der Geldvorstellungen wurden aus bestehenden Interviewstudien zum Geldverständnis von Kindern übernommen und angepasst, verwiesen sei hier auf Studien von Arndt und Kopp (2015) und Claar (1990). Die Fragen des Interviewleitfadens sind in Tabelle 8.1 aufgeführt.

Tabelle 8.1 Interviewleitfragen zum Konzept Geld

Thema der Frage	Leitfragen für das Interview
Wesen des Geldes (Was ist Geld?)	Stell dir vor, Außerirdische kommen auf unseren Planeten. Auf ihrem Planeten gibt es kein Geld. Wie würdest du den Außerirdischen erklären, was Geld ist?
Funktionen von Geld (Wozu dient Geld?)	Warum wurde das Geld erfunden – könnten wir nicht einfach tauschen? (Beispiel von Tauschhandel geben).
	Kannst du dir vorstellen, dass das direkte Tauschen gut funktioniert? Gibt es etwas, das beim Tauschhandel schwierig ist und mit Geld einfacher ist?

Ziel dieser Fragen war es, zum einen zu erheben, inwieweit die Kinder das Wesen des Geldes beschreiben können. Hierfür sollten die Kinder Außerirdischen erklären, die nicht mit dem Konzept vertraut sind, was Geld ist. Auf diese Weise sollten die Kinder angeregt werden, eine naive Definition von Geld zu geben. Zum anderen sollte erfasst werden, ob die Kinder verstehen, wozu Geld dient, indem sie die ökonomischen Funktionen des Geldes[2] – als Tausch- und Zahlungsmittel, Wertmaßstab und Wertspeicher – erklären können. Laut Claar (1990) trägt insbesondere der Vergleich zwischen Tauschhandel und Geldwirtschaft dazu bei, über die ökonomischen Funktionen von Geld zu reflektieren, weshalb dieser Vergleich im Interview – und auch später in der Intervention – gezielt angeregt wurde.

Kompetenzanforderungen bezüglich der Rolle und den Funktionen von Geld finden sich auch in finanziellen Kompetenzmodellen wieder. Im Rahmen für die Verbesserung der Finanzkompetenz von Kindern und Jugendlichen (Europäische Union/OECD, 2023) lauten Kompetenzanforderungen unter anderem:

- „Schätzt den Wert von Geld“ (Europäische Union/OECD, 2023, S. 24).
- „Kann Geld verwenden, um es aufzubewahren, seinen Wert zu ermessen und Waren und Dienstleistungen zu bezahlen“ (Europäische Union/OECD, 2023, S. 24).

Im Rahmen dieser Kompetenzanforderungen wird auf das Geldwertverständnis und die drei ökonomischen Funktionen von Geld – als Wertspeicher, als Wertmaßstab und als Zahlungs- und Tauschmittel – Bezug genommen. Die Interviewleitfragen und die Beobachtungen während der Intervention im Rahmen dieser Studie sollten Aufschluss geben, inwiefern diese Anforderungen von Dritt- und Viertklässler*innen erfüllt werden können und wo sich Schwierigkeiten zeigen.

Nach der Datenerhebung wurden die Antworten der Schüler*innen anhand eines deduktiv generierten Kategoriensystems ausgewertet, welches an bestehende Studien von Claar (1990) zum Geldverständnis von Kindern und Jugendlichen angelehnt wurde. Das Kategoriensystem für das Wesen des Geldes ist in Tabelle 8.2, das für die Funktionen von Geld in Tabelle 8.3 dargestellt. Die Kategorien beschreiben nach Claar (1990) zunehmend differenzierte und integrierte Vorstellungen über das Wesen und die Funktionen von Geld. Durch diese Kategorisierung der Antworten konnte eine Gegenüberstellung der Vorstellungen vor und nach der Intervention vorgenommen werden, um einen Überblick über mögliche Veränderungen in den Vorstellungen zu erhalten.

[2] Wenn im Rahmen der Datenerhebung und Datenauswertung dieser Arbeit von den „Funktionen von Geld“ gesprochen wird, so sind damit die ökonomischen Funktionen als Zahlungs- und Tauschmittel, Wertspeicher und Wertmaßstab gemeint.

Tabelle 8.2 Kategoriensystem für Wesen des Geldes – Kategorien adaptiert nach Claar (1990)

Kategorie	Kategorienbezeichnung	Zusammengefasste Beschreibung der Vorstellung
A	Konkrete Beschreibungen von Münzen/Scheinen oder Erfahrungen mit Geld	Es erfolgen konkrete Beschreibungen davon, wie man Geld verwenden oder es erhalten kann, oder von den Objekten (Münzen und Scheine) selbst.
B	Geld ist mehr oder weniger Wert	Es wird beschrieben, dass Geld je nach Menge unterschiedlich wertvoll sein kann und man dementsprechend unterschiedlich viele oder teure Dinge kaufen kann.
C-1	Geld ist generell akzeptiert	Es wird beschrieben, dass Geld allgemein anerkannt ist, beziehungsweise von jedem akzeptiert wird.
C-2	Geld repräsentiert den äquivalenten Wert an Waren oder Dienstleistungen	Es wird erklärt, dass Geld Träger von Wert, ein Wertsymbol oder Gegenwert zu einer Ware darstellt.
D	Geld ist ein generell akzeptiertes Mittel zum Tausch und ein Wertmaßstab	Integration von C1 und C2[3] in ein Begriffsverständnis, da sowohl erklärt wird, dass Geld allgemein akzeptiert ist und einen Träger von Wert darstellt.

[3] Die Kategorien C1 und C2 stellen laut Claar (1990) keine aufeinanderfolgenden Entwicklungsstufen dar, sondern zwei gleichwertige Teilaspekte eines fortgeschrittenen Geldverständnisses. Während C1 die allgemeine Akzeptanz von Geld als Tausch- und Zahlungsmittel betont, beschreibt C2 Geld als Träger bzw. Repräsentation von Wert. Da zwischen beiden Aspekten keine eindeutige Entwicklungsreihenfolge angenommen werden kann, werden sie auf demselben Entwicklungsniveau eingeordnet. Kategorie D unterscheidet sich hiervon dadurch, dass beide Merkmale in einem integrierten Begriffsverständnis zusammengeführt werden: Geld wird zugleich als allgemein akzeptiertes Tausch- und Zahlungsmittel sowie als Wertmaßstab bzw. Träger von Wert verstanden.

Tabelle 8.3 Kategoriensystem für Funktionen von Geld – Kategorien adaptiert nach Claar (1990)

Kategorie	Kategorienbezeichnung	Zusammengefasste Beschreibung der Vorstellung
A	Inadäquate Argumente/ Überschätzung der Rolle des Geldes	Zentrale Charakteristika von Geld werden nicht erkannt. Geld wird nicht als wertäquivalenter Ersatz für eine Ware verstanden, und den Kindern ist nicht bewusst, dass Geld die von ihnen genannten Probleme beim Tauschhandel nicht lösen kann (z. B. Schutz vor Diebstahl).
B	Praktische Argumente	Es wird erläutert, dass Geld im Vergleich zum Tauschhandel Vorteile in der praktischen Handhabung bietet – etwa durch seine Handlichkeit, Haltbarkeit, Gleichartigkeit und Teilbarkeit. Dabei handelt es sich jedoch eher um praktische Eigenschaften von Geld und nicht um seine grundlegenden ökonomischen Funktionen.
C	Ökonomische Argumente	Die tatsächlichen ökonomischen Vorteile von Geld werden herausgestellt: *Zahlungs- und Tauschmittel:* Geld ermöglicht es, den mühsamen Prozess des Tauschs von Waren und Dienstleistungen zu vereinfachen. Anstatt Waren direkt gegen andere Waren zu tauschen (Natural-tausch), kann man sie gegen Geld eintauschen, das dann wiederum gegen andere Waren oder Dienstleistungen eingetauscht werden kann.
		Wertmaßstab: Geld dient als Maßstab, um den Wert von verschiedenen Waren oder Dienstleistungen vergleichbar zu machen, wodurch der Handel effizienter und transparenter wird.
		Wertspeicher: Geld kann als Mittel dienen, um Kaufkraft über die Zeit zu speichern. Man kann Geld besitzen und es zu einem späteren Zeitpunkt für den Kauf von Waren und Dienstleistungen verwenden.

Ergänzend zur Analyse der Interviewaussagen wurden Äußerungen der Kinder während der Intervention berücksichtigt, um weitere Einblicke in die Vorstellungen der Kinder über Geld zu erhalten. Zu Beginn der Intervention wurde mit den Kindern allgemein über Geld und seine Rolle gesprochen. Fragen wie „Was ist Geld?“ oder „Warum wurde Geld erfunden?“ dienten als Gesprächseinstieg, gefolgt von einem Rückblick auf eine Gesellschaft ohne Geld, wobei die Kinder den direkten Tauschhandel in einer Simulation selbst erproben und darüber reflektieren konnten.

8.1.2 Datenerhebung und Auswertung der Vorstellungen über Preise

Für die Erhebung der Vorstellungen zu Preisen und Preisbildung wurden Fragen aus früheren Interviewstudien adaptiert, die sich mit kindlichen Preisvorstellungen befasst haben. Verwiesen sei hier auf Studien von Berti und Bombi (1988) und Claar (1990). Die im Interviewleitfaden verwendeten Fragen sind in Tabelle 8.4 aufgeführt.

Tabelle 8.4 Interviewleitfragen zum Konzept Preise

Thema der Frage	Leitfragen für das Interview
Preise von Produkten des täglichen Bedarfs einschätzen	Weißt du, wie viel ein Apfel und eine Tafel Schokolade im Moment kosten?
Preisbildung erklären	Ein Apfel kostet aktuell etwa zwischen 30 Cent und 50 Cent. Wie wird der Preis eines Apfels bestimmt?
Unterschiedliche Preise zwischen Produkten erklären	Warum ist der Preis für eine Tafel Schokolade in der Regel höher als der Preis für einen Apfel?
Preisänderungen für dasselbe Produkt über die Zeit erklären	Stell dir vor, ein Apfel hat 30 Cent gekostet. Jetzt ist der Preis auf 40 Cent gestiegen. Kannst du erklären, warum das passieren kann? Bei Bedarf nachfragen: Gibt es weitere Gründe?
	Der Preis eines Apfels sinkt von 40 Cent auf 35 Cent. Kannst du erklären, warum das passieren kann? Bei Bedarf nachfragen: Gibt es weitere Gründe?

(Fortsetzung)

Tabelle 8.4 (Fortsetzung)

Thema der Frage	Leitfragen für das Interview
	Wenn die Kinder bereits Angebot und Nachfrage als Grund für Preisänderungen angesprochen haben:
	Kann der Preis eines Apfels auch auf 10 Cent oder weniger sinken? Warum oder warum nicht?

Zunächst sollten die Kinder Preise für Produkte des täglichen Bedarfs (insbesondere Lebensmittel) schätzen. Anschließend wurde erfragt, wie diese Preise zustande kommen. In einem weiteren Schritt sollten Produkte nach ihrem Preis verglichen und die Preisunterschiede begründet werden. Schließlich wurde nach Erklärungen für Preisänderungen derselben Produkte über einen bestimmten Zeitraum gefragt.

Da die Datenerhebung auf einem leitfadengestützten, semistrukturierten Interview basierte, konnten Fragen bei Bedarf flexibel an den Gesprächsverlauf angepasst oder durch vertiefende Nachfragen ergänzt werden. Ziel war es, die Denk- und Argumentationsprozesse der Kinder möglichst umfassend zu erfassen. Daher können einzelne Fragen in der Ergebnisdarstellung geringfügig vom ursprünglichen Wortlaut des Interviewleitfadens abweichen. So wurden beispielsweise vereinzelt unterschiedliche Ausgangspreise (z. B. 30 Cent oder 35 Cent) verwendet oder an zuvor genannte Werte der Kinder angeknüpft. Diese Variationen hatten keinen Einfluss auf den Erkenntnisgegenstand, da in allen Fällen dieselbe zugrunde liegende Fragestellung untersucht wurde, nämlich ob und wie die Kinder Preisbildung und Preisveränderungen erklären und begründen.

Bei Bedarf wurden gezielte Anschlussfragen gestellt, um zusätzliche Gründe für Preisunterschiede oder Preisänderungen zu erfassen und so ein möglichst umfassendes Bild der kindlichen Vorstellungen zu gewinnen. Zeigte sich, dass Kinder bereits über ein elaborierteres Verständnis von Preisen und Preisbildung verfügten, wurden vertiefende Fragen eingesetzt. Wurde beispielsweise das Zusammenspiel von Angebot und Nachfrage angesprochen, folgte eine weiterführende Nachfrage, um zu prüfen, ob den Kindern auch Grenzen des Preisspielraums bewusst waren. Ein Indikator hierfür war etwa die Begründung, dass Verkaufspreise nicht unbegrenzt gesenkt werden können, da sie sonst unter die Produktionskosten fallen und dadurch Verluste entstehen würden.

Kompetenzanforderungen bezüglich Preisen und Preisbildung finden sich auch in finanziellen Kompetenzmodellen wieder. Im Rahmen für die Verbesserung der Finanzkompetenz von Kindern und Jugendlichen (Europäische Union/OECD, 2023) lauten Kompetenzanforderungen folgendermaßen:

- „Kennt Preise für Grunderzeugnisse, einschließlich Nahrungsmittel“ (Europäische Union/OECD, 2023, S. 27)
- „Differenziert zwischen dem Preis und dem Wert einer Ware oder Dienstleistung“ (Europäische Union/OECD, 2023, S. 26)
- „Versteht, dass es einen Unterschied gibt zwischen Großhandels- und Einzelhandelspreisen, zwischen Erzeuger- und Verbraucherpreisen sowie zwischen Stückpreis und Gesamtpreis“ (Europäische Union/OECD, 2023, S. 26 f.)
- „Analysiert Faktoren, die sich im Endpreis einer Ware oder Dienstleistung widerspiegeln können (z. B. Wettbewerb, Angebot und Nachfrage, Qualität, Innovation, Werbung, Steuern usw.)“ (Europäische Union/OECD, 2023, S. 26 f.)

Im Rahmen dieser Kompetenzanforderungen wird sowohl auf Preisvorstellungen im Sinne des Einschätzen-Könnens von Preisen von Produkten als auch auf ein tiefergehendes Verständnis, wie sich Preise zusammensetzen und verändern, Bezug genommen. Die Interviewleitfragen und die Beobachtungen während der Intervention im Rahmen dieser Studie sollten Aufschluss geben, inwiefern diese Anforderungen von Dritt- und Viertklässler*innen erfüllt werden können und wo sich Schwierigkeiten zeigen.

Im Anschluss an die Datenerhebung durch die Interviews wurden die Antworten der Schüler*innen anhand eines deduktiv entwickelten Kategoriensystems ausgewertet, das auf früheren Studien zu kindlichen Vorstellungen von Preisen von Berti & Bombi (1988) und Claar (1990) basiert. Das Kategoriensystem zur Einordnung der Preisvorstellungen ist in Tabelle 8.5 dargestellt. Die Kategorien beschreiben nach Claar (1990) zunehmend differenzierte und integrierte Vorstellungen über Preise, wobei die aufgegriffenen preisbildenden Kriterien in den Argumentationen zunehmend allgemeiner, abstrakter und mittelbarer mit den Produkten verbunden sind. Durch diese Kategorisierung der Antworten konnte eine Gegenüberstellung der Vorstellungen vor und nach der Intervention vorgenommen werden, um einen Überblick über Veränderungen in den Vorstellungen zu erhalten.

Tabelle 8.5 Kategoriensystem für Preisvorstellungen – Kategorien adaptiert nach Berti und Bombi (1988) und Claar (1990)

Kategorie	Kategorienbezeichnung	Zusammengefasste Beschreibung der Vorstellung
A	Preis bestimmt durch Produkteigenschaften oder Funktionalität	Die Preise werden ausschließlich mit bestimmten Eigenschaften des Produkts (z. B. Größe, Schönheit, Gewicht) oder mit funktionalen Kriterien, die sich auf den Gebrauch des Produkts beziehen (z. B. Nützlichkeit, Haltbarkeit, Notwendigkeit) begründet.
B-1	Preis bestimmt durch einen Kostenfaktor	Der Arbeitsaufwand, welcher zur Herstellung und zum Vertrieb eines Produkts entsteht, wird als Grund für den Preis berücksichtigt. Dabei wird nur ein Kostenfaktor (z. B. Kosten für den Transport) als Grundlage für die Preisbildung anerkannt.
B-2	Preis bestimmt durch mehrere Kostenfaktoren	Der Arbeitsaufwand, welcher zur Herstellung und zum Vertrieb eines Produkts entsteht, wird als Grund für den Preis berücksichtigt. Dabei werden mehrere Kostenfaktoren (z. B. Kosten für das Material, den Transport und Werbung) als Grundlage für die Preisbildung anerkannt.
C-1	Preis bestimmt durch Angebot und Nachfrage	Zusätzlich zu den Kosten wird angesprochen, dass Angebot und Nachfrage Preise beeinflussen. Die funktionalen Zusammenhänge zwischen Angebot, Nachfrage und Preis können erklärt werden (z. B. wenn die Nachfrage größer als das Angebot ist, erhöht sich der Preis).
C-2	Preis bestimmt durch Integration von Angebot und Nachfrage mit Kosten	Kosten, Angebot und Nachfrage werden in der Begründung und Erklärung von Preisbildung kombiniert. So kann zum Beispiel begründet werden, dass Preise nicht zu stark gesenkt werden können, weil dann die Kosten nicht mehr gedeckt werden und statt Gewinn Verlust gemacht wird.
D	Marktunvollkommenheit wird in die Begründungen zur Preisbildung miteinbezogen	In der Begründung zur Preisbildung werden Abweichungen vom vollkommenen Markt berücksichtigt, etwa unvollständige Markttransparenz, Standortvorteile, persönliche Vorlieben oder der Einfluss von Werbung und Markenimage.

Ergänzend zur Analyse der Interviewaussagen wurden Äußerungen der Kinder während der Intervention berücksichtigt, um zusätzliche Einblicke in die Vorstellungen der Kinder über Preise zu erhalten. Im Rahmen der Intervention verglichen die Kinder weitere Produkte hinsichtlich ihres Preises und sollten Preisunterschiede begründen – ähnlich wie in einer Studie von Berti und Bombi (1988). Darüber hinaus sollten die Kinder Preisänderungen desselben Produkts über einen bestimmten Zeitraum erklären. Hierzu wurden den Kindern – ähnlich wie in Studien von Siegler und Thompson (1998) sowie von Leiser und Halachmi (2006) – unterschiedliche Szenarien vorgestellt, in denen sie erläutern sollten, wodurch Preisänderungen zustande kommen oder wie sich veränderte Rahmenbedingungen auf Preise auswirken können. Zusätzlich legten die Kinder im Rahmen der simulierten Klassenraum-Ökonomie selbst Preise für Produkte am Klassenkaufladen fest und sollten diese Preisfestlegungen begründen. Dadurch konnten weitere Einblicke in ihre Denkweisen und Entscheidungen im Verlauf der Interventionszeit gewonnen werden.

8.2 Ergebnisse

In Abschnitt 8.2.1 werden zunächst die Vorstellungen der Kinder zu Geld dargestellt, in Abschnitt 8.2.2 anschließend ihre Vorstellungen zu Preisen und Preisbildung.

8.2.1 Vorstellungen über Geld

In den Interviews wurden die Kinder zunächst gebeten, Geld Außerirdischen zu erklären, die mit dem Konzept nicht vertraut sind. Die Kinder gaben daraufhin konkrete Beschreibungen davon, wie man Geld verwenden oder es erhalten kann. Typisch waren Antworten wie die Folgende von Falko[4], die sich darauf bezieht, dass man mit Geld etwas im Einkaufsladen kaufen kann:

> Falko: Damit kann man bezahlen (.) und in den Einkaufsladen gehen. Und dann (.), wenn wir kein Geld hätten, dann könnte man das nicht mitnehmen und bezahlen. Und wenn man eins hat, dann kann man es mitnehmen und bezahlen.
>
> (Prä-Intervention Interview Falko Korbinian, Pos. 19)

[4] Die Namen der Kinder aus Entwicklungsforschungszyklus 2 wurden in der Ergebnisdarstellung durch Pseudonyme ersetzt.

Außerdem beschrieben die Kinder die Münzen und Scheine der Euro-Währung genauer und gingen teilweise auch darauf ein, dass die Münzen und Scheine unterschiedlich viel Wert sind. Matteo und Justus erklärten Geld folgendermaßen:

> Matteo: Also Geld, damit kann man sich was kaufen. Es gibt Scheine, Münzen. Cent und Euro. Und wenn man zum Beispiel zwei 50 Cent hat, sind es 1 Euro. Und wenn man 4 50 Cent hat, sind es 2 Euro oder wenn man dann noch mehr hat, dann kann man sich halt irgendwas kaufen. Und es gibt 1 Euro und 2 Euro. Und ja, die Scheine, da gibt es 5, 10, 20, 50, ja 100 und ja, 200 oder so. Und ja, da gibt es halt/ damit kann man sich Sachen kaufen, die teuer sind oder auch nicht so teuer. Wenn man viel Geld hat, kann man sich teure Sachen kaufen, die cool sind. Und wenn man nicht so viel Geld hat, kann man sich nicht so teure Sachen kaufen.
>
> Justus: Also, man müsste ihnen sagen... was eigentlich das Geld ist, das ähm/ also ein Euro, zwei Euro. Und dass er mit Cent sich eigentlich nicht so viel kaufen kann.
>
> (Prä-Intervention Interview Justus Matteo, Pos. 21–23)

Um herauszufinden, was die Kinder über die Funktionen von Geld verstehen, wurden sie gefragt, warum wir überhaupt Geld brauchen und ob man nicht – wie früher – einfach tauschen könnte. Tabelle 8.6 und 8.7 zeigen die Einordnung der Antworten der Kinder bezüglich der Funktionen von Geld in die Vorstellungskategorien.

Tabelle 8.6 Vorstellungskategorien zu Funktionen von Geld der Drittklässler*innen im Prä-Interview

Drittklässler*innen	Kategorisierung der Antworten
Matteo und Justus	Kategorie A: Inadäquate Argumente/Überschätzung der Rolle des Geldes mit Ansätzen von C: ökonomische Argumente
Selina und Helena	Keine Kategorienzuordnung möglich (keine Ideen geäußert)
Korbinian und Falko	Kategorie A: Inadäquate Argumente/Überschätzung der Rolle des Geldes
Janis und Emil	Keine Kategorienzuordnung möglich (Bezug auf Teilen statt Tauschen)
Lilia und Ines	Kategorie A: Inadäquate Argumente/Überschätzung der Rolle des Geldes

Tabelle 8.7 Vorstellungskategorien zu Funktionen von Geld der Viertklässler*innen im Prä-Interview

Viertkässler*innen	Kategorisierung der Antworten
Robin, Nils und Lennard	Kategorie A: Inadäquate Argumente/Überschätzung der Rolle des Geldes
Loris und Mira	Kategorie A: Inadäquate Argumente/Überschätzung der Rolle des Geldes

Bei Selina und Helena war keine Zuordnung zu einer Kategorie möglich, da sie keine Ideen äußerten, was Schwierigkeiten beim direkten Tauschhandel und Vorteile des Einsatzes von Geld sein könnten. Janis und Emil verglichen – trotz der Anregungen im Interview – den Tausch mit Geld nicht mit dem direkten Tauschhandel, sondern mit dem Teilen. Ihre Überlegungen waren stark sozial ausgerichtet, zum Beispiel, dass sie ohne Geld Essen mit anderen teilen würden, damit jeder etwas hätte. Ein ökonomisches Denken im Sinne wertgleicher Tauschvorgänge zeigte sich dabei nicht. Entsprechend reflektierten sie nicht darüber, was sich durch Geld als Tauschmittel im Gegensatz zum direkten Tauschhandel verändert und welche ökonomischen Funktionen Geld erfüllt.

Die Antworten der übrigen Kinder des zweiten Zyklus wurden der Kategorie A zugeordnet. Das bedeutet, dass die ökonomischen Funktionen von Geld nicht angesprochen wurden. Stattdessen schrieben die Kinder dem Geld die Lösung von Problemen zu, die es nicht beheben kann, oder verwiesen auf Schwierigkeiten des direkten Tauschhandels, die auch bei Verwendung von Geld weiterhin bestehen. So wurde beispielsweise angenommen, dass Geld vor Diebstahl schützen könne. Diese Denkweise zeigte sich bereits bei den Kindern in Zyklus 1. So erklärte Ole, dass ohne den Einsatz von Geld häufiger gestohlen werden würde:

> Ole: Hm (verneinend), dann würde irgendwann einer denken, ach, das habe ich, aber das will ich nicht wegtauschen, aber ich hätte das gern. Und der andere will es unbedingt und dann wird es gestohlen.
>
> (Prä-Intervention Interview Ole Florian, Pos. 147)

In Zyklus 2 äußerte Lilia eine ähnliche Vorstellung. Ihrer Meinung nach würde eine Gesellschaft ohne Geld zu Diebstählen in Läden führen:

> Lilia: Nein, dann würden halt alle in den Laden stürmen und einfach wegnehmen und rausgehen, wenn man da kein Geld hat.
>
> (Prä-Intervention Interview Lilia und Ines, Pos. 97)

Allerdings berücksichtigten die Kinder nicht, dass Geld das Problem des Diebstahls nicht grundsätzlich löst, da auch Geld selbst gestohlen werden kann.

Andere Antworten deuteten darauf hin, dass die Kinder annahmen, Geld erschaffe Werte neu. Bruno beispielsweise sah das Problem beim direkten Tauschhandel im Vergleich zum Einsatz von Geld darin, dass man zu Beginn „nichts" habe und deshalb nicht tauschen könne:

> Bruno: Ganz am Anfang hat man ja nix. Da kann man ja nix tauschen.
>
> (Prä-Intervention Interview Fiete Bruno Valentin, Pos. 186)

Dabei schien er nicht zu erkennen, dass der Tausch mit Geld dieses Problem nicht lösen würde, da auch Geld erst durch den Tausch eines wertäquivalenten Gutes oder das Erbringen einer wertäquivalenten Dienstleistung erworben werden muss. Auch während der Intervention –sowohl in Zyklus 1 als auch in Zyklus 2 – gaben einige Kinder Antworten, die darauf hinwiesen, dass sie Geld nicht als wertgleiches Tauschmittel verstanden, sondern eher als etwas betrachteten, das Wert neu erschaffen kann. So wurde beispielsweise auf die Frage hin, warum Geld irgendwann eingeführt wurde, geantwortet, dass die Menschen Geld erfunden haben, um sich mehr Dinge kaufen zu können. Manche Kinder sahen beim Tausch ohne Geld auch Schwierigkeiten bezüglich ungleicher Werte. Lilia führte beispielsweise die Überlegung an, dass kein Tausch zustande kommen kann, wenn wertungleiche Produkte getauscht werden sollen:

> Lilia: Nein, weil da sind zum Beispiel 5 Kilogramm Äpfel und halt 30 Gramm Mehl und das wäre ja nicht mehr gerecht. Und der hat halt nur so viel und der hat auch nur so viel und dann kann man ja nicht tauschen.
>
> (Prä-Intervention Interview Lilia und Ines, Pos. 95)

Sie schien in ihrer Argumentation allerdings nicht zu berücksichtigen, dass die zu tauschenden Mengen auch angepasst werden können, um Wertgleichheit zu schaffen, sodass dieses Problem gelöst werden könnte. Einige Kinder argumentierten, dass es beim direkten Warentausch im Gegensatz zur Verwendung von Geld zu Streit über ungleiche Tauschwerte oder zu Betrug kommen könne, wenn etwas Wertvolleres gegen etwas weniger Wertvolles eingetauscht würde und man sich so „übers Ohr hauen" lasse. Dieses Problem lässt sich jedoch auch durch den Einsatz von Geld nicht vollständig vermeiden, da auch damit Produkte zu überhöhten Preisen verkauft werden können.

Während in Zyklus 1 einzelne Kinder schon vor der Intervention Geld in seiner Funktion als Zahlungs- und Tauschmittel erklären konnten, war dies bei den Kindern in Zyklus 2 nicht der Fall. Justus und Matteo führten allerdings bereits Überlegungen an, dass ohne Geld Werte unterschiedlich empfunden werden können, was dann den Tausch erschwert:

> Justus: Vielleicht ist für den einen was mehr wert als für den anderen. Also für den einen ist vielleicht Mario Kart (..) mehr wert als für den anderen Minecraft.
>
> Matteo: Hm (bejahend).
>
> Interviewerin: Und dann kann man sich nicht so einigen?
>
> Justus: Ja.
>
> (Prä-Intervention Interview Justus Matteo, Pos. 120–123)

Diese Überlegungen deuten bereits eine ökonomische Argumentation an, insbesondere im Hinblick auf die Funktion des Geldes als Wertmaßstab. Gleichzeitig scheint die Rolle des Geldes noch überschätzt zu werden, denn das von Justus und Matteo angesprochene Problem wird durch Geld nicht vollständig gelöst. Auch wenn Produkten ein Preis in Form eines Geldwertes zugeordnet wird, können die Produkte unabhängig von ihrem ökonomischen Tauschwert subjektiv noch als unterschiedlich wertvoll wahrgenommen werden. Zudem ist auch mit Geld nicht von vornherein klar, wie viel etwas Wert ist – Geld legt die Preise nicht eindeutig fest. Geld erleichtert lediglich den Vergleich von Produkten, indem es einen einheitlichen Wertmaßstab bietet.

8.2.2 Vorstellungen über Preise

Zur Erhebung der Preisvorstellungen schätzten die Kinder zunächst die Preise von Dingen des täglichen Bedarfs. Der Preis eines Apfels wurde auf 14 ct bis 2 € geschätzt, der Preis einer Tafel Schokolade auf 99 ct (im Angebot) bis 5 €. Während der Intervention sollten die Kinder zusätzlich Preise verschiedener Lebensmittel sowie weiterer Alltagsprodukte einschätzen. Auffällig war dabei, dass der Preis von bestimmten Lebensmitteln tendenziell eher überschätzt wurde. So wurde der Preis eines 1-kg-Päckchens Mehl häufig auf etwa 4 € geschätzt, obwohl er zum Zeitpunkt der Interviews im Einzelhandel – abhängig von Produkt und Anbieter – zwischen etwa 50 ct und 1,50 € lag. Diese Überschätzung der Preise von bestimmten Lebensmitteln wurde auch schon bei den Kindern aus dem ersten Entwicklungsforschungszyklus beobachtet.

Im Anschluss an die Preiseinschätzungen wurden die Kinder im Interview nach möglichen Gründen für Preisunterschiede zwischen Produkten sowie nach Ursachen für Preisänderungen gefragt. Die Einordnung der Antworten der teilnehmenden Kindergruppen aus Zyklus 2 in die Vorstellungskategorien ist in Tabelle 8.8 und 8.9 dargestellt.

Tabelle 8.8 Vorstellungskategorien zur Preisbildung der Drittklässler*innen im Prä-Interview

Drittklässler*innen	Kategorisierung der Antworten
Matteo und Justus	Kategorie A: Bestimmte Eigenschaften oder Funktionalität und Kategorie B-1: Einzelner Kostenfaktor, Ansätze von C-1: Angebot und Nachfrage
Selina und Helena	Kategorie A: Bestimmte Eigenschaften oder Funktionalität
Korbinian und Falko	Kategorie A: Bestimmte Eigenschaften oder Funktionalität und Kategorie B-1: Einzelner Kostenfaktor
Janis und Emil	Kategorie A: Bestimmte Eigenschaften oder Funktionalität n
Lilia und Ines	Kategorie A: Bestimmte Eigenschaften oder Funktionalität und Kategorie B-1: einzelner Kostenfaktor

Tabelle 8.9 Vorstellungskategorien zur Preisbildung der Viertklässler*innen im Prä-Interview

Viertkässler*innen	Kategorisierung der Antworten
Robin, Nils und Lennard	Kategorie B-1: Einzelner Kostenfaktor und Ansätze von C-1: Angebot und Nachfrage
Loris und Mira	A: Bestimmte Eigenschaften oder Funktionalität

Wie in den Tabellen ersichtlich, befanden sich die Preisvorstellungen vieler Kinder noch überwiegend in Vorstellungskategorie A, bei welcher der Preis aus bestimmten Eigenschaften (z. B. Größe, Gewicht oder Schönheit) oder aus der Funktionalität des Produkts abgeleitet wird. Hier ist anzumerken, dass der Preis oftmals tatsächlich unter anderem von der Größe oder dem Gewicht eines Produkts abhängt – mehr von etwas kostet meist auch mehr. Jedoch bezieht sich Kategorie A auf Erklärungen der Preisbildung ausschließlich aufgrund dieser Eigenschaften, was nicht der ökonomischen Realität entspricht. Dies gilt insbesondere für die Erklärung von Preisunterschieden zwischen unterschiedlichen Produkten – so ist beispielsweise ein Salatkopf nicht teurer als ein Ring, nur weil er größer ist. Im folgenden Interviewausschnitt gab Helena eine solche Erklärung für den Preisunterschied zwischen einer Tafel Schokolade und einem Apfel:

> Interviewerin: Was denkt ihr denn, wieso kostet denn eine Tafel Schokolade mehr als ein Apfel?
>
> Helena: Weil Schokolade länger/ also ein bisschen länger ist.
>
> (Prä-Intervention Interview Selina Helena, Pos. 72)

Hier wurde die Länge als einzige preisbestimmende Eigenschaft der Produkte angeführt – die Tafel Schokolade ist laut Helena deshalb teurer als der Apfel, weil sie länger ist. Auch Gewicht oder Größe wurden häufig als einzige Gründe für Preisunterschiede zwischen Produkten genannt. So sollten die Kinder in der Intervention Produkte (hier einen Sack Kartoffeln à 1,5 kg und eine Schachtel Pralinen à 100 g) nach ihrem Preis einschätzen und ordnen und ihre Einschätzung jeweils auch begründen. Dabei begründeten manche Kinder, dass der Sack Kartoffeln teurer sei als die Schachtel Pralinen, weil die Kartoffeln schwerer seien. Andere führten an, dass der Sack Kartoffeln teurer sei, weil er größer sei. Teilweise wurde der Preis auch mit der Funktionalität der Produkte erklärt, etwa mit dem Argument, die Kartoffeln seien teurer, weil man viele verschiedene Dinge daraus machen könne (z. B. Pommes, Chips usw.), während man die Pralinen weniger vielseitig einsetzen könne.

Die Vorstellung der Abhängigkeit des Preises rein von physikalischen Eigenschaften der Produkte zeigte sich auch bei Fragen zu Preisänderungen, die sich viele Kinder ausschließlich mit Veränderungen in Größe oder Gewicht der Produkte erklären konnten. So ging beispielsweise Mira davon aus, dass ein Preisanstieg eines Produktes nur dann möglich sei, wenn sich auch die Eigenschaften des Produkts ändern – Äpfel könnten ihrer Ansicht nach nur teurer werden, wenn sie auch größer werden:

> Interviewerin: Und dann ist so, der Apfel, nehmen wir mal an, der hat 35 Cent gerade gekostet. Und jetzt kostet der Apfel plötzlich 40 Cent. Wie könnt ihr euch das erklären? Wie kann das passieren?
>
> Mira: Vielleicht ist er schwerer geworden.
>
> (Prä-Intervention Interview Loris Mira, Pos. 127–128)

Eine ähnliche Argumentation fand sich auch bei Helena und Selina, welche der Meinung waren, dass sich der Preis eines Apfels nur erhöhen kann, wenn dies mit einer Änderung im Gewicht einhergeht:

> Interviewerin: Und jetzt wird der Preis auf einmal auf 40 Cent erhöht. Woran könnte das denn liegen?
>
> Helena: Wenn es ein schwererer Apfel ist.
>
> Interviewerin: Also, wenn er schwerer ist, dann muss er auch teurer sein? (Helena nickt) Gäbe es sonst noch andere Gründe oder kann das nur am Gewicht liegen?
>
> Selina: Kann nur am Gewicht liegen.
>
> (Prä-Intervention Interview Selina Helena, Pos. 73–76)

Preisunterschiede und Preisänderungen wurden zudem häufig mit der Qualität des Produkts erklärt, wobei sich dies beim Apfel konkret auf Reifegrad oder Geschmack bezog. Lilia vermutete, dass ein Preisanstieg auf einen besseren Geschmack zurückzuführen sei:

> Interviewerin: Und jetzt stellt euch mal vor, der Apfel hat 30 Cent gekostet und wird jetzt auf einmal wird der Preis erhöht auf 40 Cent. Woran könnte das denn liegen?
>
> Lilia: Ich glaube das liegt daran, weil er einfach besser schmeckt. Also es gibt ja, es gibt saure Äpfel und süße Äpfel. Es gibt rote Äpfel, es gibt grüne Äpfel.
>
> (Prä Intervention Interview Lilia Ines, Pos. 111)

Auch Falko begründete die Preiserhöhung mit einem besseren Geschmack:

> Interviewerin: Okay. Und jetzt ist es so, der Apfel hat jetzt 35 Cent gekostet und plötzlich wird der Preis erhöht auf 40 Cent. Woran könnte denn sowas liegen?
>
> Falko: Weil er dann vielleicht besser schmeckt?
>
> (Prä-Intervention Interview Falko Korbinian, Pos. 112–113)

Justus wiederum führte eine mögliche Preisänderung auf den Reifegrad zurück:

> Justus: Ja, oder bei so großen Händlern, die haben da ja eine Plantage mit Apfelbäumen, dann werden die einfach alle zum gleichen Zeitpunkt geerntet und da ist vielleicht der eine nicht so reif und werden halt später im Supermarkt weniger verkauft, weil er halt noch nicht ganz reif ist.
>
> (Prä-Intervention Interview Justus Matteo, Pos. 152)

Alles in allem schien der Preis für diese Kinder den intrinsischen Wert eines Produkts widerzuspiegeln – teurere Produkte wurden als „besser“ angesehen, sei es aufgrund einer größeren Menge, eines besseren Geschmacks oder anderer

Eigenschaften. Während der Intervention äußerten einige Kinder bei Kaufentscheidungen ebenfalls entsprechende Überzeugungen, die auch ihr Handeln beeinflussen könnten. Zum Beispiel sagten sie, dass sie bei der Wahlmöglichkeit zwischen ähnlichen Produkten eher die teureren Produkte kaufen würden, weil die teureren Produkte besser seien.

Je nach Produkt wurden unterschiedliche Gründe für Preisunterschiede angeführt – etwa einmal Gewicht oder Größe, ein anderes Mal die Funktionalität. Teilweise wurde auch schon der Arbeitsaufwand in Form von einzelnen Kostenfaktoren bei der Produktion und dem Vertrieb der Produkte angesprochen. So widersprach Ines den Ausführungen von Lilia, die den Preis eines Apfels mit Eigenschaften wie Gewicht und Breite begründete, und verwies stattdessen auf Produktionskosten in Form des Wasserverbrauchs beim Anbau der Äpfel:

Interviewerin: Und zwar kostet gerade ein Apfel so zwischen 30 und 50 Cent. Wisst ihr wie das festgelegt wird? Warum kostet der 30 oder 50 Cent?

Lilia: Ich glaube vom Gewicht her und von der Breite.

Interviewerin: Also wie groß der Apfel ist, meinst du?

Lilia: Ja.

Ines: Ich glaube es kommt eher von der Herstellung an. Zum Beispiel wir haben jetzt letztens mal das Thema Wasser gehabt und im Ausland braucht ein Apfel was weiß ich einen Liter oder so. Und in Deutschland braucht er halt nur 200 oder 500 Milliliter. Vielleicht kommt es darauf an.

(Prä-Intervention Interview Lilia Ines, Pos. 105–109)

Justus wiederum ging auf Transportkosten ein, welche sich auf den Apfelpreis auswirkten:

Justus: Also jetzt in der Winterzeit gibt's ja in Deutschland keine Äpfel. Dann wird das mit Booten über die Ozeane hergefahren und dann ist jetzt vielleicht mit dem Krieg in Ukraine müssen die Boote eine weitere Strecke fahren. Dann muss sich das ja irgendwie auszahlen.

Interviewerin: Hm (bejahend), also dass da die Kosten höher sind, dann muss man es auch teurer machen?

Justus: Ja.

(Prä-Intervention Interview Justus Matteo, Pos. 163–165)

Angebot und Nachfrage wurden von den Kindern im Interview vor der Intervention nur selten als mögliche Einflussfaktoren auf Preise benannt. Die Gruppe von Nils, Robin und Lennard führte jedoch eine Verknappung des Angebots bereits als möglichen Grund für eine Preiserhöhung an:

> Interviewerin: Okay. Und jetzt ist es so, ein Apfel hat 35 Cent gekostet und jetzt wird der Preis aber auf 40 Cent erhöht. Wie kann das denn sein, also wodurch kann der teurer werden?
>
> Nils: Ja, wenn es dann nicht mehr so viele Äpfel gibt.
>
> Interviewerin: Also, dass es ein kleineres Angebot gibt?
>
> Nils: Ja.
>
> Robin: Dass es vielleicht gerade eine große Dürre ist und dann halt nicht mehr so viel Regen fällt.
>
> Interviewerin: Dass dann auch die Äpfel weniger werden, und dann kann man es teurer machen, meint ihr?
>
> Robin: Ja.
>
> Nils: Ich glaube schon.
>
> (Prä-Intervention Interview Robin Nils Lennard, Pos. 73–80)

Neben den Veränderungen auf der Angebotsseite nannten sie im Gespräch auch einzelne Kostenfaktoren – etwa Transportkosten – als preisbildende Faktoren. Eine integrierte Argumentation, die Angebot, Nachfrage und Kosten in Beziehung setzt, war jedoch nicht erkennbar. Zudem konnten sie nur eine Preissteigerung mithilfe einer Angebotsverknappung erklären, nicht jedoch eine Preissenkung mit Änderungen in Angebot oder Nachfrage begründen.

Wenn Kinder Angebot und Nachfrage bereits thematisierten, kam es teils zu falschen Beschreibungen der funktionalen Beziehungen zwischen Angebot, Nachfrage und Preis. So ging beispielsweise Loris zunächst von einer „mehr ist mehr"-Logik aus, nach der ein größeres Angebot an Äpfeln (bei gleichbleibender Nachfrage) zu höheren Preisen führt.

Vereinzelt bemerkten Kinder im Interview vor der Intervention schon selbst einen Widerspruch in ihren genannten preisbestimmenden Faktoren, sobald sie diese versuchten, auf andere Produkte zu übertragen, und feststellten, dass ihre Gründe dort nicht mehr passten. So argumentierten Loris und Mira zunächst mit Größe und Gewicht als einzige preisbestimmende Faktoren, trafen dann aber selbst auf Gegenbeispiele, bei denen diese Erklärung nicht mehr zutraf. Loris bemerkte etwa, dass es Produkte gibt, die größer als andere sind, aber dennoch nicht teurer, und dass auch der Geschmack nicht immer ausschlaggebend sein kann für die Festlegung des Preises:

> Loris: Aber ich glaub nicht wegen Geschmack, weil es gibt ja Pizzas, die mit Ananas sind, das mögen ganz viele gar nicht, aber die sind ja teurer als ein Apfel, bestimmt dann. Und vielleicht mögen Leute ja keine Pizzas.
>
> Interviewerin: Das ist die Frage, ja.
>
> Loris: Und wegen Größe auch nicht und Kleine. Weil, es gab so eine Packung Kakao, die war klein und war 3 Euro oder 4 Euro, 5 Euro, ich weiß nicht ganz.
>
> Interviewerin: Also die Große war billiger als die Kleine?
>
> Loris: Ja.
>
> (Prä-Intervention Interview Loris Mira, Pos. 141–145)

Insgesamt ging ein Großteil der Kinder aus dem zweiten Entwicklungsforschungszyklus eher von einer Preisbildung als objektivem Vorgang aus, bei dem Preise physische Eigenschaften (z. B. Größe oder Gewicht) oder den intrinsischen Wert eines Produkts widerspiegeln. Dies konnte auch schon bei den teilnehmenden Kindern aus dem ersten Entwicklungsforschungszyklus konstatiert werden.

Einzelne Kinder des zweiten Zyklus schienen jedoch zu erkennen, dass Preise nicht rein objektiv festgelegt werden, sondern menschengemacht und verhandelbar sind, und reflektierten die Preisbildung im Hinblick auf soziale Ungerechtigkeiten – insbesondere dann, wenn solche Themen kurz zuvor in ihrer Lebenswelt präsent gewesen waren.

So fielen die Interviews vor der Intervention mit den Kindern aus dem zweiten Zyklus in eine Zeit, in der in Deutschland Proteste von Landwirtinnen und Landwirten stattfanden. Die Landwirtinnen und Landwirte forderten höhere Preise für ihre Produkte, was Janis und Emil aufgriffen und nach Lösungen suchten:

> Interviewerin: Und jetzt nehmen wir mal an, der Apfel hat 35 Cent gekostet und jetzt wird der Preis für den Apfel auf 40 Cent erhöht. Was denkt ihr, woran könnte sowas liegen?
>
> Emil: Weil zurzeit immer alles teurer wird. Die brauchen ja auch Geld. Weil/ es gibt ja zurzeit auch Streit, weil die Bauern zu wenig Geld kriegen, wenn sie ihre Sachen verkaufen. Aber zum Beispiel, die verkaufen, wenn sie Kinder haben, verkaufen ihr Obst und Gemüse und das Fleisch. Und wenn die dafür 3 Euro wollen und die aber dafür zum Beispiel 10 Cent nur bezahlen, deswegen ist da Streit. Und ich würd/ wenn ich ein Ladenbesitzer bin, dann würde ich denen schon 3/ vielleicht 4 Euro dafür geben, vielleicht Trinkgeld.

Interviewerin: Für den Apfel?

Emil: Hm (bejahend).

Interviewerin: Aber dann müssten die Leute das ja auch für vier Euro kaufen dann?

Emil: Ne ich würde das einfach für 3 Euro, dass/ ich meinte, das 1-Euro-Stück steht als Trinkgeld.

Interviewerin: Achso, du würdest als Ladenbesitzer einfach dem Bauer mehr Geld bezahlen. Das wäre natürlich nett, wenn man das so machen würde, ja.

(Prä-Intervention Interview Janis und Emil, Pos. 103–109)

Emil zeigte eine kritische Orientierung, indem er reflektierte, wie sich das Festlegen von Preisen auf andere Personen – hier die Landwirtinnen und Landwirte, welche die Äpfel anbauten und vom Verkauf der Äpfel ihren Lebensunterhalt verdienten – auswirken kann, und begann, Apfelpreise im Hinblick auf soziale Ungerechtigkeiten zu hinterfragen. Seine Lösungsvorschläge blieben jedoch stark moralisch motiviert und deuteten auf ein begrenztes Verständnis ökonomischer Zusammenhänge hin – etwa darauf, dass eine Ladenbesitzerin oder ein Ladenbesitzer mit dem Verkauf von Produkten Gewinn erwirtschaften muss, um langfristig bestehen zu können. Emil schien zudem nicht bewusst zu sein, dass eine Ladenbesitzer*in oder ein Ladenbesitzer einer Landwirtin oder einem Landwirt nicht beliebig Geld für Produkte aus eigener Tasche zahlen kann.

8.3 Diskussion der Ergebnisse

In Abschnitt 8.3.1 werden die Ergebnisse zunächst bezüglich der Hürden für Financial Numeracy diskutiert, in Abschnitt 8.3.2 wird dann auf die Rolle von Erfahrungen für das Verständnis finanzieller Konzepte und ökonomischer Zusammenhänge eingegangen.

8.3.1 Hürden für die konzeptuelle und systemische Dimension von Financial Numeracy

Insgesamt zeigten die Kinder ein eher oberflächliches und unvollständiges Verständnis von Geld und Preisen. Die Kinder begrenzten Geld meist auf die Beschreibung einer konkreten Form – den Scheinen und Münzen der Euro-Währung. Eine abstraktere Beschreibung von Geld als allgemein akzeptiertes

Tauschmittel, das in unterschiedlichen Formen auftreten kann, zeigte sich kaum. Ein solches Verständnis wäre jedoch wünschenswert, insbesondere vor dem Hintergrund der auch in Deutschland zunehmenden Nutzung alternativer Geldformen wie bargeldloser Zahlungsmethoden (Ego et al., 2024). Zudem neigten viele Kinder dazu, die Rolle des Geldes zu überschätzen: Statt seine tatsächlichen ökonomischen Funktionen zu beschreiben, betrachteten sie Geld häufig als Lösung für Probleme, die es in der Realität nicht zu beheben vermag.

Im Hinblick auf Preise war das Bewusstsein der Kinder dafür gering, dass diese kein deskriptives (beschreibendes) Modell im Sinne einer objektiven Abbildung der Realität darstellen, sondern ein normatives Modell, das Realität aktiv mitgestaltet. Die Preisbildung wurde eher als objektiver Vorgang verstanden, bei dem der Preis eines Produkts eindeutig aus physikalischen Eigenschaften oder äußeren Merkmalen von Produkten abgeleitet werden kann, anstatt als Ergebnis eines Zusammenspiels verschiedener Faktoren und als Aushandlungsprozess.

Diese Ergebnisse decken sich weitgehend mit denen aus früheren Studien zu kindlichen Vorstellungen über finanzielle Konzepte und ökonomische Zusammenhänge. Auch bei Arndt und Kopp (2015) zeigte sich, dass von Kindern im Grundschulalter beobachtbare Phänomene mit Geld in ihrer Oberflächenstruktur korrekt erkannt werden (z. B. dass Geld beim Einkaufen eingesetzt wird), jedoch in ihrer nicht sichtbaren Tiefenstruktur falsch interpretiert werden. Des Weiteren ähnelten die in dieser Untersuchung erfassten Vorstellungen bezüglich der Funktionen des Geldes den Aussagen der Kinder aus der Studie von Claar (1990). Insbesondere die jüngsten ihrer befragten Kinder – welche im Alter von etwa zehn Jahren waren – verstanden Geld oft nicht als Medium zum Austausch gleichwertiger Waren oder Dienstleistungen, sondern gingen eher davon aus, dass allein durch die Benennung eines Gegenstandes zu Geld Werte neu geschaffen werden können. Ebenso schien die Preisbildung für die Kinder ein objektiver Vorgang zu sein, der allein durch die Existenz von Geld bestimmt wird – Geld scheint demnach festzulegen, wie viel ein Produkt Wert ist. Hinsichtlich der Vorstellungen zur Preisbildung bestätigten sich auch Befunde von Berti und Bombi (1988), bei denen Kinder im Grundschulalter Preise überwiegend aus äußeren Produkteigenschaften oder der Funktionalität ableiteten.

Dieses begrenzte Verständnis von Geld und Preisen erschwert den Zugang zu Numeracy als sozialer Praxis, was auch kritisches Urteilsvermögen in Bezug auf gesellschaftliche und ökonomische Fragen umfasst. Wenn Kinder Preise als rein objektiv festgelegt betrachten, fehlt ihnen die Grundlage, diese im Hinblick auf Fairness oder soziale Ungleichheit kritisch zu hinterfragen. Ziel finanzieller Bildung sollte daher nicht allein sein, Kinder zum Rechnen mit Geld zu befähigen, sondern ihnen durch Mathematik auch Werkzeuge an die Hand zu geben, die Welt besser zu verstehen und reflektiert zu betrachten. Dazu gehört, Geld und Preise als besondere Größen zu begreifen: Während man physikalische Größen mithilfe von Messinstrumenten messen kann, entstehen Preise durch soziale Aushandlungsprozesse. Kinder sollten Praktiken der Preisfestlegung nicht als neutral wahrnehmen, sondern zunehmend auch im Hinblick auf deren soziale Auswirkungen kritisch hinterfragen können.

Andererseits ist ein kritisches Hinterfragen von finanziellen Praktiken ohne ausreichendes Verständnis – hinsichtlich finanzieller Konzepte als auch wirtschaftlicher Systemzusammenhänge – problematisch. Ohne dieses Wissen als Grundlage ist weder eine fundierte finanzielle Entscheidungsfindung möglich, noch können finanzielle Praktiken wirklich nachvollzogen und hinterfragt werden. Dies deutete sich beispielsweise an den vereinfachten Lösungsvorschlägen von Emil zu den Protesten der Landwirtinnen und Landwirte und den als ungerecht empfundenen Apfelpreisen an. Fundierte Vorschläge zur Lösung dieser Konflikte bezüglich Preisen setzen ein Verständnis dafür voraus, wie eine Marktwirtschaft funktioniert, welche Rollen die verschiedenen Akteur*innen darin einnehmen und wie diese zusammenhängen.

8.3.2 Die Rolle von Erfahrungen für das Verständnis finanzieller Konzepte

Erfahrungen spielen für die Entwicklung des finanziellen Verständnisses eine wichtige Rolle. Alltagserfahrungen im Umgang mit Geld reichen jedoch häufig nicht aus – oder werden nicht ausreichend reflektiert –, um ein tiefergehendes Verständnis finanzieller Konzepte und ökonomischer Zusammenhänge zu fördern. In dieser Studie zeigte sich, dass die Kinder Geld bereits als Zahlungs- und Tauschmittel verwendeten, etwa beim Einkaufen, oder es als Wertmaßstab nutzten, wenn sie Preise verglichen. Dennoch konnten sie diese Aspekte im Interview nicht zwingend als Funktionen von Geld benennen oder erklären. Dieses Ergebnis entspricht den Befunden von Hill (2010), der feststellt, dass Kinder Geld in seinen drei ökonomischen Funktionen – als Zahlungs- und Tauschmittel, Wertmaßstab und Wertspeicher – gebrauchen, ohne sich dieser Funktionen notwendigerweise bewusst zu sein.

Ähnliches gilt für Preise und Preisbildung: Obwohl die Kinder beim Einkaufen regelmäßig mit Preisen konfrontiert waren, entwickelten sie daraus nicht zwangsläufig tragfähige Preisvorstellungen. Häufig wurden Preise – insbesondere für Lebensmittel – überschätzt, ein Muster, das auch in früheren mathematikdidaktischen Studien von Franke und Kurz (2003) sowie Grassmann et al. (2008)

festgestellt wurde. Ein fundiertes Verständnis der Preisbildung entsteht offenbar nicht allein durch alltägliche Erfahrungen, etwa beim Einkaufen im Supermarkt. Die Kinder dieser Studie verfügten häufig noch über wenig entwickelte Vorstellungen darüber, warum Produkte unterschiedliche Preise haben oder warum sich Preise im Zeitverlauf verändern. Bereits Claar (1997) wies darauf hin, dass viele finanzielle und ökonomische Prozesse für Kinder – unabhängig vom analogen oder digitalen Zahlungsverkehr – kaum direkt beobachtbar sind. Dazu zählen etwa die Gründe für Preisunterschiede zwischen Produkten oder die Ursachen für Preissteigerungen.

Hier kann erfahrungsbasiertes Lernen, wie es im Lehr-Lern-Arrangement durch die Klassenraum-Ökonomie umgesetzt wird, ansetzen: Es ermöglicht die Simulation von Erfahrungen, die im Alltag nur eingeschränkt gemacht werden können. Entscheidend ist jedoch auch die begleitende Reflexion, um Erfahrungen angemessen einzuordnen und davon ausgehend finanzielle Einsichten zu gewinnen. Vor diesem Hintergrund wurde untersucht, inwiefern die Simulation im Rahmen der Klassenraum-Ökonomie durch gezielte Reflexionsaufgaben ergänzt werden kann, um mithilfe des Mathematikunterrichts das Verständnis finanzieller Konzepte und ökonomischer Zusammenhänge zu fördern. Die daraus abgeleiteten Designimplikationen werden im folgenden Kapitel vorgestellt.

8.4 Implikationen für das Design des Lehr-Lern-Arrangements

Wie bereits diskutiert, zeigten die Ergebnisse Hürden für Financial Numeracy: Sowohl das Verständnis des Wesens und der Funktionen von Geld als auch das Verständnis von Preisen und Preisbildung waren bei den Kindern unterschiedlich weit entwickelt, insgesamt jedoch eher gering ausgeprägt.

Ein möglicher Faktor, der zu diesen Verständnishürden beitragen könnte, ist die Art der im Mathematikunterricht eingesetzten Schulbuchaufgaben. Die beiden von den teilnehmenden Kindern genutzten Lehrwerke (*Flex und Flo* 3 von Beerbaum et al. 2021 und *Mathetiger 3 von* Schnitzer et al., 2018) wurden exemplarisch daraufhin betrachtet, welche Chancen und Hürden sie für die Förderung von Financial Numeracy – im Sinne eines vertieften Verständnisses von Geld und Preisen – bieten. Es handelt sich hierbei nicht um eine systematische Schulbuchanalyse, und den Aufgaben wird keine direkte Verursachung der beobachteten Schwierigkeiten zugeschrieben. Dennoch lassen sich anekdotisch Hinweise darauf erkennen, warum bestimmte Aufgabenformate problematisch sein können.

In den Schulbüchern finden sich bereits in den Klassenstufen 1 und 2 Aufgaben zum Aufbau von Vorstellungen zu Geld und Preisen. Diese beziehen sich vor allem auf das Erkennen und Ordnen von Münzen und Scheinen der Euro-Währung und später das Wechseln von Münzen und Scheinen, um gleiche Werte zu bilden. Für den anderen Repräsentanten von Geld – in Form von Preisen – werden häufig Aufgaben gestellt, bei denen Produkte zu Preisen passend zugeordnet werden müssen. Solche Aufgaben können zwar erste Grundlagen für das Verständnis von Geld und Preisen vermitteln, fördern jedoch nur begrenzt ein konzeptuelles Verständnis. Geld wird meist auf eine physische Erscheinungsform (Münzen und Scheine) reduziert und Preise auf einfache numerische Zuordnungen, ohne dass vertieft thematisiert wird, wie diese ökonomischen Werte überhaupt entstehen. Problematisch ist zudem die überwiegende Geschlossenheit dieser Aufgabenformate und ihr Fokus auf Reproduktion von Wissen, während Möglichkeiten zur Reflexion und Diskussion weitgehend fehlen.

Zur Illustration dieser Problematik wird im Folgenden eine Schulbuchaufgabe aus Klassenstufe 2 (Gerken & Nebel, 2019, S. 16) dargestellt, die in ähnlicher Form auch in anderen Lehrwerken – teils als Wiederholung in Klasse 3 – vorkommt. Die Aufgabenstellung ist es, Abbildungen von Produkten mit den passenden vorgegebenen Preisen zu verbinden:

- Teilaufgabe a zeigt drei Produkte: einen Bleistift, einen Schulranzen und einen Regenschirm. Zudem sind folgende Preise zum Zuordnen gegeben: 50 ct, 100 € und 10 €. Die richtige Zuordnung der Preise zu den Produkten wäre folgendermaßen: Bleistift – 50 ct, Regenschirm – 10 €, Schulranzen – 100 €.
- Teilaufgabe b zeigt drei Produkte: ein Paar Inline-Skates, ein Lineal und eine Federmappe. Zudem sind folgende Preise zum Zuordnen gegeben: 70 €, 12 €, 70 ct. Die richtige Zuordnung der Preise zu den Produkten wäre folgendermaßen: Lineal – 70 ct, Federmappe – 12 €, Inline-Skates – 70 €.

In beiden Teilaufgaben steigt der Preis der Produkte zufälligerweise mit der Größe und dem Gewicht der Produkte. Ohne gezielte Reflexion bergen solche Aufgaben das Risiko, Fehlvorstellungen ungewollt zu fördern – beispielsweise die Annahme, dass Preise nur aufgrund physischer Eigenschaften wie Größe, Länge oder Gewicht von Produkten bestimmt werden. Schüler*innen könnten ohne weiterführende Diskussion dieser geschlossenen Zuordnungsaufgabe zu der vereinfachten und falschen Schlussfolgerung gelangen: „Je größer das Produkt, desto teurer ist es.“ Hinzu kommt, dass Wert nicht ausschließlich durch physische Eigenschaften bestimmt werden kann, sondern auch eine subjektive Komponente besitzt: Was als wertvoll empfunden wird, hängt unter anderem von der jeweiligen Situation und den individuellen Bedürfnissen ab. So kann ein Regenschirm für eine Person, die bei starkem Regen zu einem wichtigen Termin muss, einen höheren Wert haben als ein Schulranzen.

Hinsichtlich der Aufgabengestaltung zur Förderung von Financial Numeracy ist ein anderer Gestaltungsansatz erforderlich – wie auch von Goos und O'Sullivan (2023) für die Gestaltung von Numeracy-Aufgaben vorgeschlagen: Ausgangspunkt sollten demnach authentische finanzielle Inhalte sein. Darauf aufbauend werden die mathematischen Anforderungen und Möglichkeiten identifiziert, die zum Verständnis dieser Inhalte beitragen.

Frühere Studien zur Entwicklung des finanziellen und ökonomischen Verständnisses bei Kindern zeigen zentrale Einsichten auf, die Schüler*innen zu Geld und Preisen benötigen (siehe z. B. die mittlere Spalte von Tabelle 8.10). Verwiesen sei bezüglich dieser benötigten Einsichten insbesondere auf Arbeiten von Berti (2016), Webley (2005), Claar (1990) und Jahoda (1979). Mathematik kann dann als Hilfsmittel dienen, um die benötigten Einsichten zu erlangen.

Für ein Verständnis der ökonomischen Funktionen von Geld müssen Kinder zwei zentrale Einsichten gewinnen: Geld fungiert als allgemein akzeptiertes Tauschmittel, das den Handel erleichtert, indem es komplexe Tauschketten überflüssig macht, und als Wertmaßstab, was den Vergleich von Werten unterschiedlicher Güter und Dienstleistungen vereinfacht (Claar, 1990; Hill, 2010). Eine Übersicht über die benötigten Einsichten und mathematische Anforderungen und Möglichkeiten zur Förderung dieser Einsichten gibt Tabelle 8.10. Wie diese Einsichten durch passende Erfahrungen und deren Reflexion gefördert werden können, wird im Folgenden näher erläutert.

Um die Funktionen von Geld zu erarbeiten, beginnen die Schüler*innen mit einer praktischen Erfahrung: Zunächst wird der direkte Tauschhandel und anschließend der Handel mit Geld als Mittel simuliert. Durch den Vergleich beider Formen des Handels sowie durch gezielte mathematische Reflexionsfragen sollen die Funktionen des Geldes herausgearbeitet werden.

Im ersten Schritt testen die Kinder den direkten Tauschhandel ohne Geld. Anschließend reflektieren sie über die Schwierigkeiten dieses Systems. Wie diese Erfahrung und Reflexionsaufgaben aussehen können, ist in Abbildung 8.1 dargestellt.

Tabelle 8.10 Förderung des Verständnisses von Geld durch mathematische Aktivitäten

Finanzieller Inhalt	Benötigte Einsichten	Mathematische Anforderungen und Möglichkeiten zur Förderung der Einsichten
Funktionen von Geld	Geld ist ein allgemein anerkanntes Tauschmittel und eine Rechnungseinheit (Claar, 1990; Hill, 2010).	
	Funktion als Tauschmittel: Geld erleichtert den Handel, indem es lange Tauschketten aufgrund nicht übereinstimmender Wünsche überflüssig macht.	→ Zählen und vergleichen der Anzahl an Tauschgeschäften, die in einem Tauschhandelssystem im Vergleich zu einem Geldsystem erforderlich sind
	Funktion als Wertmaßstab: Geld kann verwendet werden, um den Wert von Waren und Dienstleistungen im Verhältnis zueinander zu vergleichen.	→ Vergleichen des ökonomischen Wertes von Produkten anhand relationalen Denkens und Begründens

Schritt 1: Kinder testen Tauschhandel und reflektieren über Schwierigkeiten

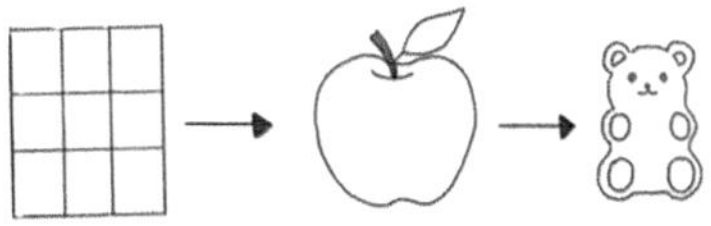

Wie oft musstest du tauschen?

➢ Ineffizienz des Tauschhandels aufgrund langer Handelsketten und der Notwendigkeit von doppelter Übereinstimmung der Bedürfnisse

Eine Tafel Schokolade ist genauso viel Wert wie 3 Äpfel,
und 6 Äpfel sind genauso viel Wert wie eine Packung Gummibärchen.
Wie viel Schokolade kann ich gegen eine Packung Gummibärchen eintauschen?

➢ Komplexität von Wertvergleichen ohne einheitlichen Wertmaßstab

Abbildung 8.1 Beispielaufgabe zum Tauschhandel. (Eigene Abbildung)

Jedes Kind besitzt ein Produkt, das es gegen ein anderes gewünschtes Produkt tauschen soll. Die Kinder sollen dabei mitzählen, wie viele einzelne Tauschvorgänge nötig waren, um das gewünschte Produkt zu erhalten. Den Kindern soll so die Ineffizienz des Tauschhandels ohne Geld bewusst werden: Ohne Geld muss für jede Transaktion eine doppelte Übereinstimmung der Bedürfnisse bestehen – jemand muss genau das wollen, was man anbietet, und gleichzeitig das anbieten, was man selbst benötigt. Ist dies nicht der Fall, kommt es zu längeren Tauschketten.

Darüber hinaus bearbeiten die Kinder Aufgaben, welche relationales Denken und Begründen bedürfen und zeigen sollen, wie aufwendig Wertvergleiche ohne Geld als einheitlichen Wertmaßstab werden können. Zum Beispiel muss überlegt werden, wie viele Äpfel gegen eine Packung Gummibärchen eingetauscht werden können, wenn die Tauschwertrelationen zwischen Schokolade und Äpfeln und Äpfeln und Gummibärchen bereits bekannt sind. Die Kinder sollen so die Einsicht gewinnen, dass beim Tauschhandel ohne Geld für jeden möglichen Tausch die Wertrelationen zwischen den Produkten neu berechnet werden müssen, was ziemlich umständlich werden kann.

Im zweiten Schritt wird Geld als Tauschmittel eingeführt. Bevor nun mit Geld bezahlt werden kann, müssen jedoch Preise – hier in Form von Münzwerten – für alle Produkte festgelegt werden. Wie diese Erfahrungen und Reflexionsaufgaben aussehen können, ist in Abbildung 8.2 dargestellt.

Die Kinder müssen entscheiden und begründen, wie viele Münzen jedes Produkt Wert ist. Grundsätzlich gibt es hier verschiedene Möglichkeiten, wie die Kinder vorgehen und die Preisfestlegungen begründen können. Manche Kinder nutzen ihnen bekannte Preise und deren Relationen aus ihrer Alltagserfahrung und übertragen dieses Wissen auf die neue Situation, um Preise festzulegen und zu begründen.

Zum Beispiel können sie aus Erfahrung beim Einkaufen wissen, dass eine Tafel Schokolade aktuell etwa 2 € und ein Apfel etwa 50 ct kostet. Sie können diese ihnen bekannte Relation beschreiben und für die Preisfestlegung nutzen: Eine Tafel Schokolade ist etwa viermal so viel Wert wie ein Apfel, denn 2 € sind viermal so viel wie 50 ct. Wenn also der Apfel preislich auf eine Münze festgelegt wird, wird die Schokolade mit vier Münzen bepreist. Andere Kinder orientieren sich an Faktoren, welche für sie preisbestimmend sind, und bringen diese in ihre Begründungen der Preisfestlegungen ein. Je nach ihrer Vorstellung darüber, wie Preise gebildet werden, können sich diese Begründungen auf bestimmte Eigenschaften der Produkte (z. B. Größe oder Gewicht) oder auf deren Funktionalität beschränken oder auch schon Überlegungen zu Produktionskosten oder dem Zusammenspiel von Angebot, Nachfrage und Preis beinhalten. So kann

Schritt 2: Einführung von Geld

Wie viele Münzen kosten diese Produkte?
Begründe deine Preise.

Kritische Orientierung:
Welche Probleme kann Geld lösen und welche nicht?

- Geld schafft keinen Wert an sich, sondern ist ein Tauschmittel, das den Austausch vereinfacht.
- Geld dient als einheitlicher Wertmaßstab, aber die Preise selbst sind weiterhin verhandelbar und nicht objektiv festgelegt.

Abbildung 8.2 Beispielaufgabe zum Handel mit Geld. (Eigene Abbildung)[5]

von Kindern zum Beispiel argumentiert werden, dass der Preis der Tafel Schokolade höher sein muss als der Preis des Apfels, weil die Kosten für Herstellung und Vertrieb höher sind: Für die Schokolade müssen Kakaobohnen importiert werden, das heißt, die Transportkosten sind höher. Außerdem sind mehr Arbeitsschritte bis zur fertigen Schokolade notwendig. Die Offenheit dieser Aufgabe und die Aufforderung zur Begründung der Preisfestlegung geben Lehrkräften bereits wertvolle Einblicke in die Preisvorstellungen der Kinder – auch ohne mit jedem Kind zuvor Interviews führen zu müssen. Es kann einen ersten Eindruck geben, wo weitere Förderung notwendig ist und somit als Grundlage für weitere Aufgaben des Lehr-Lern-Arrangements dienen.

Nachdem die Preise festgelegt sind, wird der Handel mit Geld erprobt. Zum Abschluss sollen die Schüler*innen kritisch darüber reflektieren, welche Schwierigkeiten, die beim direkten Tauschhandel vorhanden waren, Geld nun tatsächlich lösen kann – und welche nicht. Dabei sollen sie erkennen: Geld schafft keinen neuen Wert, sondern vereinfacht lediglich den Austausch von Werten, indem es

[5] In dieser Aufgabe wird als Geld zunächst nur eine Münze mit einem bestimmten Wert eingeführt. Im Anschluss an die Aufgabe kann gemeinsam überlegt werden, warum es im Alltag sinnvoll ist, Münzen und Scheine mit verschiedenen Werten zu haben.

komplizierte Tauschketten ersetzt. Es bietet eine gemeinsame Vergleichseinheit für Waren und Dienstleistungen, wodurch Wertrelationen nicht jedes Mal aufs Neue berechnet werden müssen, dennoch sind Preise (ausgedrückt in Geldwert) verhandelbar – und nicht objektiv und unveränderlich allein aufgrund der Existenz von Geld festgelegt.

Um Preise und Preisbildung besser zu verstehen, benötigen die Kinder die Einsicht, dass Preise nicht nur die intrinsischen Eigenschaften von Produkten widerspiegeln, wie zum Beispiel Schönheit, Größe oder Nützlichkeit. Stattdessen werden Preise von mehreren Faktoren beeinflusst, dabei bilden Kosten und Gewinn variable Anteile des Verkaufspreises. Eine Übersicht über die benötigten Einsichten, mathematische Anforderungen und Möglichkeiten zur Förderung dieser Einsichten gibt Tabelle 8.11. Wie diese Einsichten durch passende Erfahrungen und deren Reflexion gefördert werden können, wird im Folgenden näher erläutert.

Tabelle 8.11 Förderung des Verständnisses von Preisen durch mathematische Aktivitäten

Finanzieller Inhalt	Benötigte Einsichten	Mathematische Anforderungen und Möglichkeiten zur Förderung der Einsichten
Preise und Preisbildung	Preise spiegeln nicht nur die (intrinsischen) Eigenschaften, wie Schönheit, Größe und Nützlichkeit, von Produkten wider (Berti, 2016; Berti & Grivet, 1990).	→ Preise hängen von einer Vielzahl von Faktoren ab: Kosten und Gewinn mathematisch als variable Anteile des Verkaufspreises darstellen
	Preise werden durch Marktkräfte bestimmt und verändert (Leiser & Halachmi, 2006; Siegler & Thompson, 1998).	→ Verständnis der funktionalen Beziehungen zwischen Angebot, Nachfrage und Preisen

Um Schüler*innen zur Einsicht zu verhelfen, dass Preise von verschiedenen Faktoren abhängen und dass sowohl Kosten als auch Gewinn variable Bestandteile des Verkaufspreises sind, können verschiedene mathematische Repräsentationsformen eingesetzt werden. Zunächst arbeiten die Schüler*innen mit einer enaktiven Repräsentationsform: Mithilfe von Legosteinen in unterschiedlichen Farben, die jeweils durch erklärende Texte bestimmten Kostenfaktoren oder Gewinnanteilen zugeordnet werden, stellen sie die Zusammensetzung eines Verkaufspreises dar. Indem sie die Legosteine übereinanderstapeln, entsteht ein Säulendiagramm, das sichtbar macht, wie sich der Gesamtpreis zusammensetzt. Eine mögliche Umsetzung ist in Abbildung 8.3 dargestellt.

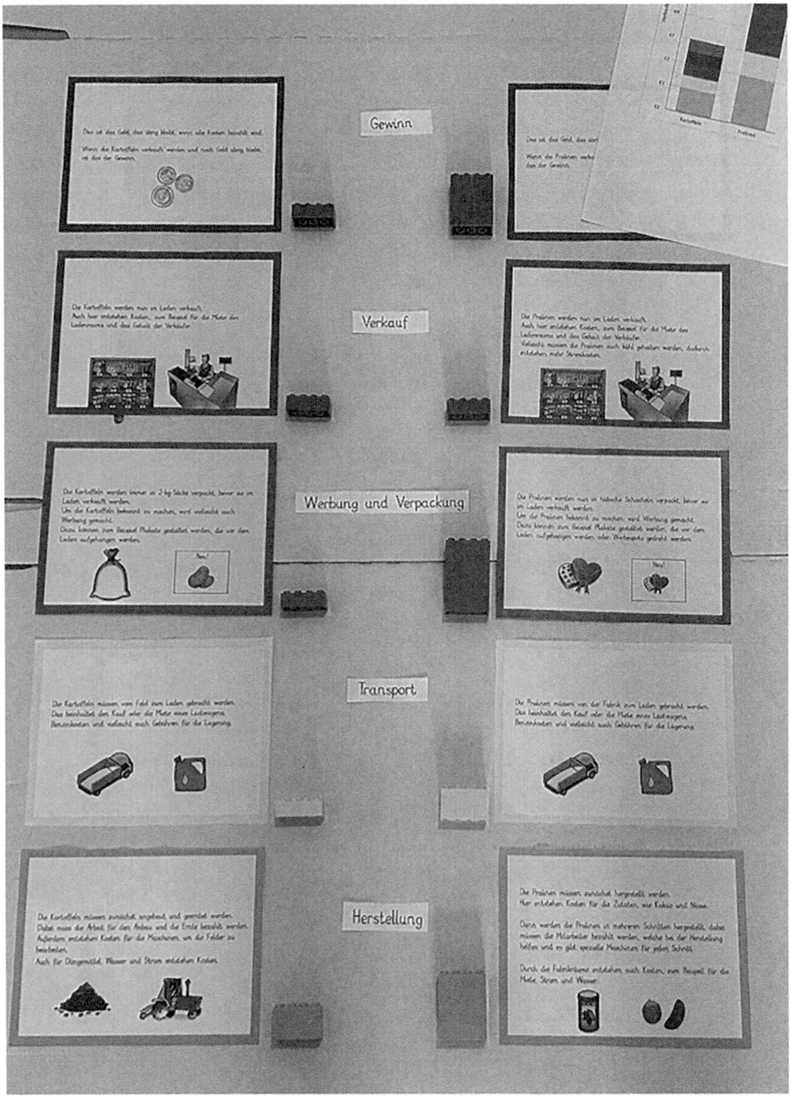

Abbildung 8.3 Zusammensetzung von Preisen am Beispiel von Kartoffeln und Pralinen. (Eigene Abbildung)

Anschließend wird eine ikonische Repräsentationsform durch gestapelte Säulendiagramme genutzt. Diese mathematische Repräsentation soll verdeutlichen, wie verschiedene Komponenten – etwa Kosten für Herstellung, Transport, Werbung und Verpackung, Verkauf und Gewinn – zum Verkaufspreis eines Produkts beitragen. Das Beispiel in Abbildung 8.4 zeigt dies am Vergleich der Preise von Kartoffeln und Pralinen: Die Schüler*innen können vergleichen, wie sich die Kostenverteilung zwischen beiden Produkten unterscheidet. So entstehen für die Pralinen im Vergleich zu den Kartoffeln beispielsweise deutlich höhere Kostenanteile für Werbung und Verpackung, was folglich den Verkaufspreis erhöht.

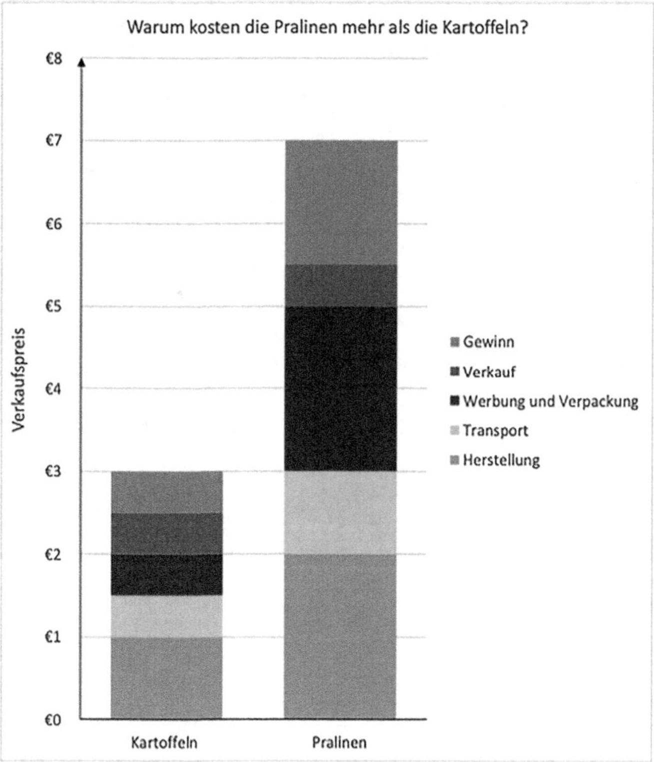

Abbildung 8.4 Gestapelte Säulendiagramme zur Darstellung der Zusammensetzung von Preisen. (Eigene Abbildung)

Die Schüler*innen können außerdem Preise und deren Zusammensetzung bei ähnlichen Produkten vergleichen und dabei typische Heuristiken hinterfragen – etwa die Annahme, dass ein höherer Preis automatisch mit höherem Wert oder besserer Qualität einhergeht. Darauf aufbauend hinterfragen sie Konsumentscheidungen, wie etwa die Tendenz, stets das teurere Produkt zu wählen. Eine beispielhafte Aufgabe hierzu zeigt Abbildung 8.5.

Diese Aufgabe soll eine kritische Orientierung fördern, indem die Schüler*innen mathematisches und soziales Denken miteinander verknüpfen: Sie analysieren die Säulendiagramme, vergleichen die Anteile von Kosten und Gewinn und leiten daraus sowohl ökonomische als auch soziale Implikationen ab.

So können die Kinder beispielsweise feststellen, dass bei den Marken-Pralinen in Abbildung 8.8 ein deutlich höherer Anteil des Preises auf Kosten für Werbung zurückzuführen ist – und kritisch hinterfragen, ob sich dies tatsächlich in einem höheren Wert für sie niederschlägt.

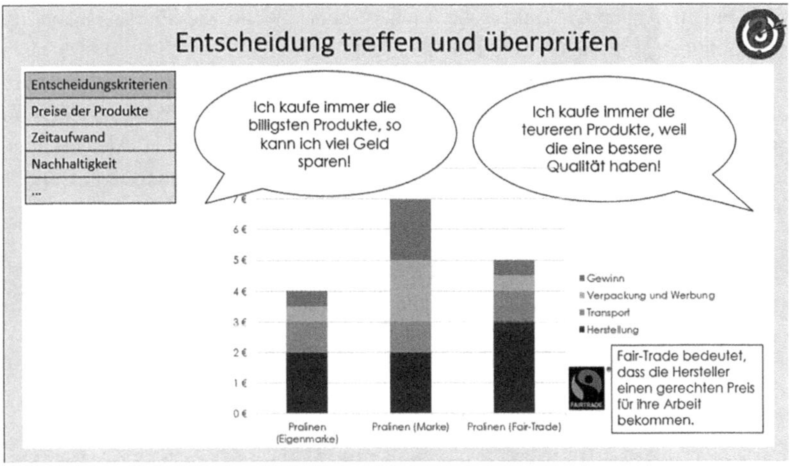

Abbildung 8.5 Vergleich von Preiszusammensetzungen. (Eigene Abbildung)

Für ein Verständnis von Preisbildung sollte bei den Schüler*innen außerdem die Einsicht gefördert werden, dass Preise durch Marktkräfte bestimmt und verändert werden können. Das bedeutet, sie müssen die funktionalen Zusammenhänge zwischen Angebot, Nachfrage und Preis nachvollziehen (Leiser & Halachmi, 2006; Siegler & Thompson, 1998). Dazu werden in der Intervention reale Szenarien simuliert, bei denen die Kinder Preise für Äpfel oder Eis aufgrund von Änderungen auf der Angebots- oder Nachfrageseite anpassen und ihre Entscheidungen begründen sollen.[6]

Beispielhafte Ausschnitte aus der Simulation sind in Abbildung 8.6 dargestellt. In der Simulation wird den Schüler*innen zunächst eine Ausgangssituation präsentiert, in der Angebot und Nachfrage im Gleichgewicht sind. Anschließend folgt eine veränderte Marktsituation, in der sich aufgrund einer schlechten Apfelernte das Angebot verringert. Die Kinder sollen auf diese veränderte Marktlage reagieren.

Im Anschluss an die Simulation werden die funktionalen Zusammenhänge zwischen Angebot, Nachfrage und Preisen verbalisiert und verallgemeinert, etwa in Form von Aussagen wie „Wenn die Nachfrage kleiner wird (bei gleichbleibendem Angebot), sinken die Preise“ oder „Wenn die Preise sinken (bei gleichbleibendem Angebot), erhöht sich die Nachfrage“.

Um eine kritische Orientierung zu fördern, sollen die Schüler*innen durch anschließende Reflexionsfragen wiederum mathematisches, ökonomisches und soziales Denken und Begründen kombinieren, um die sozialen Auswirkungen der Preisbildung aufgrund von Angebot und Nachfrage zu analysieren und zu hinterfragen:

- Was würde passieren, wenn der Preis noch stärker steigt oder sinkt?
- Wie wirken sich Preisänderungen auf unterschiedliche Gruppen (Käufer*innen/Verkäufer*innen) aus?
- Sollten die Preise für alle Produkte diesen funktionalen Zusammenhängen folgen?

Für ein kritisches Verständnis von Preisbildungsprozessen ist diese Kombination aus ökonomischem, mathematischem und sozialem Denken erforderlich: Ökonomisches Denken umfasst das grundlegende Verständnis, dass es einen Zusammenhang zwischen Angebot, Nachfrage und Preis gibt und dass Preise

[6] Hier wird von einer vereinfachten Situation ausgegangen, in dem es jeweils nur einen Anbieter gibt (z. B. eine Apfelverkäuferin oder einen Apfelverkäufer). Die Rolle des Wettbewerbs und damit mehrerer Anbieter*innen wird zum Ende der Simulation bei den Reflexionsaufgaben angesprochen.

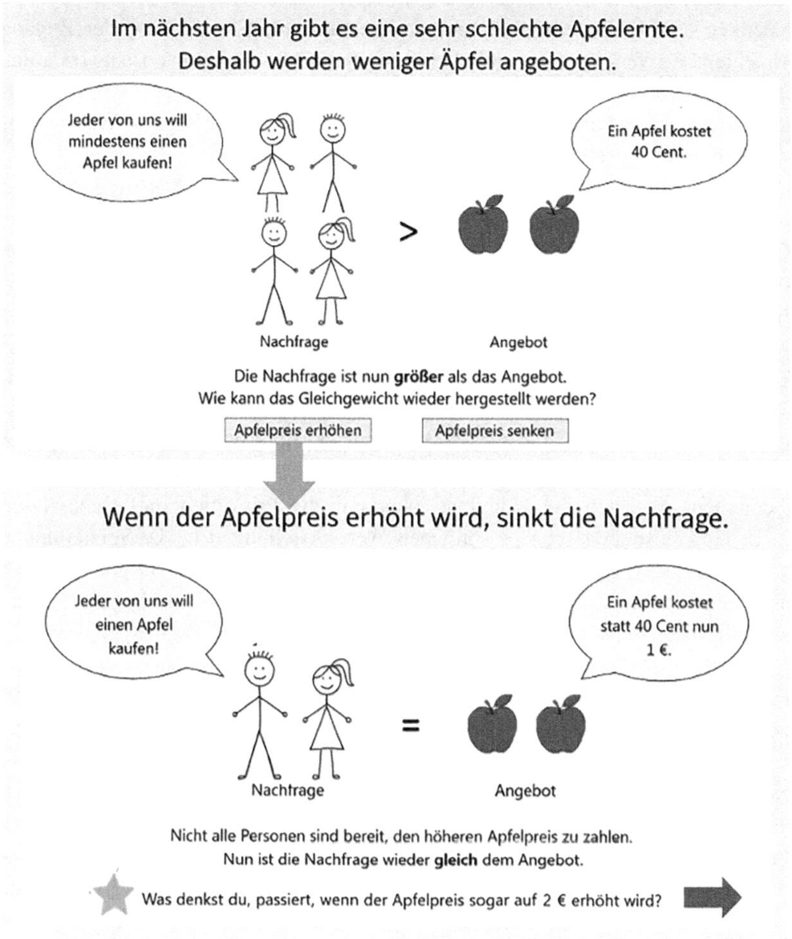

Abbildung 8.6 Simulation von Preisänderungen durch Angebot und Nachfrage. (Eigene Abbildung)

durch Marktkräfte verändert werden können. Mathematisches Denken bezieht sich auf das Erfassen und Analysieren der funktionalen Zusammenhänge zwischen Angebot, Nachfrage und Preis sowie auf die Preisanpassungen durch eine Erhöhung oder Senkung des Preises. Soziales Denken bedeutet hier, die

Auswirkungen solcher Preisänderungen auf verschiedene Personengruppen zu bedenken – beispielsweise, dass eine Preissenkung für Käufer*innen den Zugang erleichtert, für Verkäufer*innen jedoch geringere Gewinne oder Verluste bedeuten kann, während eine Preiserhöhung zwar den Gewinn steigert, aber die Erschwinglichkeit einschränkt und bei bestimmten Produkten, wie zum Beispiel Wasser oder Medikamenten, gesellschaftlich problematisch sein kann.

Darüber hinaus analysieren die Kinder die Angebots- und Nachfragesituation im Klassenkaufladen und treffen Vorhersagen zu möglichen Preisänderungen. Die Kinder können zum Beispiel erkennen, dass eine hohe Nachfrage – etwa nach Radiergummis – zu steigenden Preisen führen kann, während eine geringe Nachfrage – etwa nach Zeitschriften – tendenziell sinkende Preise bewirkt. Ebenso werden Szenarien bei Angebotsänderungen (welche zu Angebotsknappheit oder Angebotsüberschuss führten) diskutiert und mögliche Preisänderungen antizipiert.

Schließlich erfordert das Verstehen des Gewinns als Bestandteil von Verkaufspreisen sowohl mathematische Kompetenzen (z. B. Kosten und Verkaufspreise vergleichen, Gewinn berechnen, Gewinn pro Stück und Gesamtgewinn gegenüberstellen) als auch die Fähigkeit, ökonomische Prinzipien und Denkweisen (z. B. Gewinnstreben) von persönlichen Wertvorstellungen (z. B. Vorstellungen zu Gerechtigkeit) zu unterscheiden. So sollte es zum Beispiel nicht grundsätzlich als ungerecht von Kindern angesehen werden, wenn ein Produkt über den Kosten verkauft wird (Berti & deBeni, 1988).

Für diese Art ökonomischen Denkens ist ein grundlegendes Verständnis der Funktionsweise des Wirtschaftssystems erforderlich. Nach Jahoda (1979) müssen dabei zwei oft noch getrennt wahrgenommene Teilsysteme integriert werden. Kinder im Alter von etwa acht bis zehn Jahren verstehen in der Regel zwei Austauschsysteme: Zum einen den Austausch zwischen Verbraucher*innen, Händler*innen und Produzent*innen, bei dem Geld für Waren gezahlt wird, und zum anderen den Austausch zwischen Arbeitgeber*innen und Arbeitnehmer*innen, bei dem Geld für Arbeit gezahlt wird. Diese beiden Teilsysteme werden jedoch häufig unabhängig voneinander gesehen. Kinder verstehen meist nicht, wie Ladenbesitzer*innen das Geld erwirtschaften, aus dem sie Löhne bezahlen und neue Waren einkaufen können. Teilweise gehen sie davon aus, dass der Lohn der Ladenmitarbeiter*innen aus externen Geldquellen (z. B. dem Staat) stammt. (Berti, 2016).

Eine wichtige Einsicht besteht darin, dass der Umsatz eines Ladens die entstehenden Kosten übersteigen muss. Nur wenn beim Verkauf von Waren ein Überschuss erzielt wird, können die Kosten (z. B. für das Ladenpersonal) gedeckt und darüber hinaus ein Gewinn erwirtschaftet werden. Kinder müssen deshalb lernen, die beiden Austauschsysteme „Geld für Waren" und „Geld für Arbeit" als Bestandteile eines zusammenhängenden ökonomischen Systems zu begreifen. Eine Übersicht über die hierfür erforderlichen Einsichten bietet Tabelle 8.12.

Tabelle 8.12 Förderung des Verständnisses von Gewinn als Teil von Preisen durch mathematische Aktivitäten

Finanzieller Inhalt	Benötigte Einsichten	Mathematische Anforderungen und Möglichkeiten zur Förderung der Einsichten
Preise und Preisbildung	Das Verständnis von Umsatz, Kosten und Gewinn (von Ladenbesitzer*innen)[7] : Ladenbesitzer*innen müssen durch den Verkauf ihrer Waren ihre Kosten decken und zusätzlich einen Gewinn erwirtschaften, deshalb verkaufen sie die Waren über dem Einkaufspreis im Großhandel. Gewinn und Gewinnstreben nachzuvollziehen, erfordert unter anderem: ○ die Unterscheidung zwischen ökonomischen Denkweisen (wie Gewinnstreben) und persönlichen Wertvorstellungen wie Fairness oder Gerechtigkeit (Berti & de Beni, 1988) ○ das Verständnis der Funktionsweise des Wirtschaftssystems, was die Integration zweier Teilsysteme (Geld für Waren und Geld für Arbeit) in ein gemeinsames System erfordert (Berti, 2016; Jahoda, 1979)	○ Vergleich und Gegenüberstellung von Kosten und Verkaufspreis (oder von Einkaufspreis und Verkaufspreis) zur Ermittlung des Gewinns ○ Vergleich des Gewinns pro Artikel mit dem Gesamtgewinn

[7] Hier wird auf den Gewinn von Ladenbesitzerinnen oder Ladenbesitzern beschränkt, da dieser Gewinn für jüngere Kinder einfacher nachzuvollziehen ist als zum Beispiel der Gewinn von Geschäftsbanken (Berti, 2016).

Reine Rechenaufgaben fördern jedoch selten die systemische Dimension von Financial Numeracy, denn Einsichten in ökonomische Zusammenhänge und die sozialen Implikationen von Gewinnstreben bleiben oft aus.

Bereits Winter (1992) kritisierte, dass viele Schulbuchaufgaben zu Preisen und Preisänderungen als neutrale Berechnungen dargestellt werden, ohne auf deren menschliche Ursachen und Auswirkungen einzugehen. Auch Berti (2016) bemängelt, dass es im Mathematikunterricht als selbstverständlich angesehen wird, dass Ladenbesitzer*innen die Preise im Vergleich zu dem, was sie bezahlt haben, erhöhen, und Kindern lediglich beigebracht wird, wie man Berechnungen anstellt und Textaufgaben löst. Ein typisches Beispiel für eine geschlossene, auf das Rechnen fokussierte Aufgabe lautet: „Ein Muffin kostet in der Herstellung 30 ct und wird für 1 € verkauft. Berechne den Gewinn." Diese Aufgabe erfordert zwar ein Grundverständnis des Verhältnisses von Kosten, Verkaufspreis und Gewinn, macht aber nicht deutlich, dass die gewählte Gewinnmarge eine bewusste Entscheidung ist, die von Menschen getroffen wird und Auswirkungen auf andere Menschen hat (z. B. wer sich das Produkt zu diesem Preis leisten kann). Das Festlegen des Verkaufspreises kann somit als eine numerale Praktik angesehen werden, welche in sozialen und ökonomischen Kontexten eingebettet ist.

Um neben dem Gewinnverständnis auch eine kritische Orientierung im Hinblick auf Gewinnstreben zu entwickeln, eignen sich offenere Aufgabenformate mit mehr als einer richtigen Lösung, die mathematisches und ökonomisches Denken mit sozialem Denken verbinden (Sawatzki & Goos, 2018). Mit sozialem Denken ist hier unter anderem gemeint, ethische und soziale Auswirkungen von Preisentscheidungen zu bedenken. So sollen die Schüler*innen im Lehr-Lern-Arrangement beispielsweise Preise für neue Produkte am Klassenkaufladen festlegen, wobei sie Faktoren wie Kosten, Gewinn und die finanzielle Situation ihrer Mitschüler*innen berücksichtigen (siehe Abbildung 8.7)[8].

[8] In diesem Beispiel wird lediglich der allgemeine Begriff „Ware" verwendet. Im Lehr-Lern-Arrangement wird dieser Begriff durch eine konkrete Ware spezifiziert, welche dann neu im Klassenkaufladen angeboten wird.

Ich habe neue Waren für den Klassenkaufladen erhalten.
Was würdest du als Verkaufspreis vorschlagen und warum?

Kosten	Gewinn	Verkaufspreis
40 Cent	?	?

Kritische Orientierung:
Anregung der Schüler*innen, mathematisches und ökonomisches Denken (z. B. Kosten und Gewinn) mit sozialen Implikationen (z. B. Erschwinglichkeit für Mitschüler*innen) zu verbinden.

Abbildung 8.7 Preise festlegen am Klassenkaufladen. (Eigene Abbildung)

8.5 Veränderungen nach der Intervention

Die Veränderungen nach der Intervention werden im Hinblick auf drei Schwerpunkte dargestellt, wobei sowohl Chancen als auch bestehende Herausforderungen diskutiert werden:

- Verständnis finanzieller Konzepte (Geld und Preise)
- Kritische Orientierung beim Festlegen von Preisen
- Erfahrungen im Rahmen der simulierten Klassenraum-Ökonomie

Zunächst wird das Verständnis von Geld und Preisen vor und nach der Intervention gegenübergestellt, um aufzuzeigen, wie sich diese Vorstellungen durch die mathematischen Aktivitäten zur Förderung des Verständnisses verändert haben. Anschließend wird im Hinblick auf die kritische Orientierung erörtert, wie die Kinder im Verlauf der Intervention Mathematik nutzten, um Entscheidungen zu treffen und die Entscheidungen anderer – etwa bei der Preisgestaltung im Klassenkaufladen – zu hinterfragen. Dabei wird analysiert, inwiefern es ihnen gelang, mathematisches und soziales Denken miteinander zu verbinden und die Angemessenheit ihrer Lösungen im jeweiligen Kontext zu beurteilen. Abschließend wird die simulierte Klassenraum-Ökonomie als erfahrungsbasiertes Lehr-Lern-Arrangement reflektiert. Dabei wird diskutiert, inwiefern diese Simulation zur

Förderung der konzeptuellen und systemischen Dimension von Financial Numeracy beitragen kann und welche Herausforderungen mit diesem Ansatz verbunden sind.

8.5.1 Vorstellungen über Geld

Die Definitionen von Geld der Kinder blieben auch nach der Intervention stark an die konkrete Erscheinungsform von Münzen und Scheinen gebunden, häufig verbunden mit der Vorstellung, dass Geld mehr oder weniger wertvoll sein kann. So ähnelten beispielsweise die Antworten von Matteo und Justus jenen aus dem Interview vor der Intervention:

> Matteo: Geld ist Metall, so ein Metallding und damit kann man sich was kaufen.
>
> Justus: Ich würde sagen es geht/ also ihr müsst erstmal die Zahlen lernen, weil sonst könnt ihr nicht den Wert ablesen. Und Zwei-Euro-Stücke sind ungefähr so (zeigt den Umfang mit den Fingern). Ein-Euro-Stücke sind ein bisschen kleiner, 5-Cent-Stücke gibts, 10 Cent, 20 Cent, ja 2 Cent. Und dann gibt es auch Scheine, die sehen aus wie Papier. In der Mitte haben die so einen Faden und da sind immer irgendwelche Denkmale oder Brücken drauf und da stehen dann auch Zahlen drauf und desto höher die Zahl, desto mehr Wert hat es.
>
> (Post-Interventions-Interview Matteo Justus, Pos. 53)

Falko war das einzige Kind, das Geld in etwas abstrakterer Weise beschrieb: Er erklärte, dass man damit alles bezahlen könne und damit der Tausch erleichtert werde. Seine Argumentation deutet bereits auf das Verständnis hin, dass Geld allgemein akzeptiert ist, ohne die Beschreibung auf konkrete Erscheinungsformen zu beschränken:

> Falko: Dass man damit bezahlen kann, das ist wie früher, ähm, nur halt/ das ist wie eigentlich tauschen, aber, dass es nicht so aufwendig ist. Mit dem kann man eigentlich alles bezahlen. (Post-Interview Korbinian Falko, Pos. 115)

Kein Kind beschrieb Geld vollständig abstrakt als allgemein akzeptiertes Mittel zum Tausch und Wertmaßstab, wie es von Claar (1990) als fortgeschrittenste Definition von Geld festgelegt wurde. Ein möglicher Grund liegt darin, dass Geld zwar ein abstraktes Konzept darstellt, durch Münzen und Scheine aber sehr konkret erscheint. Hinzu kommt, dass die Kinder überwiegend Erfahrungen mit

Bargeld gesammelt hatten. Auch in der Simulation der Klassenraum-Ökonomie wurde – anschließend an ihre Vorerfahrungen – fast ausschließlich mit Bargeld gearbeitet. Eine stärkere Auseinandersetzung mit bargeldlosen Zahlungsarten, etwa Kartenzahlung, könnte möglicherweise dazu beitragen, abstraktere Vorstellungen von Geld zu entwickeln, das in verschiedenen Formen auftreten kann.

Zudem scheinen die Antworten der Kinder auch von der Fragestellung abzuhängen. Im Verlauf der Interviews zeigten spontane Bemerkungen, dass Kinder Geld durchaus mit weiteren Formen in Verbindung bringen. So erwähnte Ines beispielsweise frühere Formen wie Salz oder Goldmünzen:

> Ines: Also ich fand es interessant, wie früher eigentlich die Währung mit Salz glaub und Goldmünzen, ja. (Post Interview Lilia Ines, Pos. 8)

Es ist denkbar, dass Kinder die Frage nach Geld in einer Weise beantworten, die sie als sozial erwünscht wahrnehmen – also mit einem Schwerpunkt auf Münzen und Scheinen der Euro-Währung, die auch im Mathematikunterricht häufig als Prototyp für Geld verwendet werden. Die Fragestellung scheint rückblickend also nur bedingt aufschlussreich gewesen zu sein, denn sie kann unterschiedlich interpretiert werden und aus den Antworten der Kinder, welche Geld meist unter Beschreibung der konkreten Münzen und Scheine der Euro-Währung definieren, sollte nicht automatisch geschlossen werden, dass diese kein gutes Verständnis von Geld haben, auch wenn dies nach der Kategorisierung von Claar (1990) die am wenigesten weit entwickelte Stufe des Verständnisses darstellt.

Bei den Fragen, die die Kinder zur Reflexion über die Funktionen von Geld anregen sollten, zeigten sich nach der Intervention deutlicher weiterentwickelte Vorstellungen. In den Tabellen 8.13 und 8.14 sind die Vorstellungskategorien vor und nach der Intervention gegenübergestellt. Ausgehend vom Vergleich zwischen direktem Tauschhandel und Handel mit Geld benannten die Kinder nun häufiger tatsächliche ökonomische Funktionen von Geld, durch die Probleme des direkten Tauschs überwunden werden können.

Tabelle 8.13 Gegenüberstellung der Vorstellungen über die Funktionen von Geld der Drittklässler*innen

Drittklässler*innen	Vorstellungen im Prä-Interview	Vorstellungen im Post-Interview
Matteo und Justus	Kategorie A: Inadäquate Argumente/ Überschätzung der Rolle des Geldes mit Ansätzen von C: ökonomische Argumente	Kategorie C: ökonomische Argumente
Selina und Helena	Keine Kategorienzuordnung möglich (keine Ideen geäußert)	Kategorie C: ökonomische Argumente (Problem: teilweise nur soziales statt ökonomischen Denkens)
Korbinian und Falko	Kategorie A: Inadäquate Argumente/ Überschätzung der Rolle des Geldes	Kategorie C: ökonomische Argumente
Janis und Emil	Keine Kategorienzuordnung möglich (Bezug auf Teilen statt Tauschen)	Kategorie C: ökonomische Argumente
Lilia und Ines	Kategorie A: Inadäquate Argumente/ Überschätzung der Rolle des Geldes	Kategorie C: ökonomische Argumente

Tabelle 8.14 Gegenüberstellung der Vorstellungen über die Funktionen von Geld der Viertklässler*innen

Viertkässler*innen	Vorstellungen im Prä-Interview	Vorstellungen im Post-Interview
Robin, Nils und Lennard	Kategorie A: Inadäquate Argumente/ Überschätzung der Rolle des Geldes	Kategorie A: Inadäquate Argumente/ Überschätzung der Rolle des Geldes und Ansätze von Kategorie C: ökonomische Argumente
Loris und Mira	Kategorie A: Inadäquate Argumente/ Überschätzung der Rolle des Geldes	Aufgrund Krankheit kein Interview möglich

Obwohl die meisten Kinder nun auf ökonomische Funktionen von Geld Bezug nahmen, unterschieden sich die Antworten der Kinder darin, wie viele Funktionen von Geld sie benennen und wie ausführlich sie diese erklären konnten. Bei den Antworten der Kinder stand vor allem die Funktion des Geldes als Zahlungs- und Tauschmittel im Vordergrund.

So erklärte Falko beispielsweise, dass er den direkten Tausch ohne Geld für schwierig halte, da man stets auf einen passenden Tauschpartner angewiesen sei:

> Falko: Hm (verneinend) nicht so weil dann bilden sich ja lange Tauschketten, wenn der eine sagt „Ich habe Schokolade", dann der andere sagt „Ich will Äpfel", dann muss er erst wieder einen anderen Tauschpartner finden.
>
> Interviewerin: Also könnte relativ aufwendig werden.
>
> Falko: Ja.
>
> (Post-Interventions-Interview Falko Korbinian, Pos. 120–122)

Auch Justus griff dieses Problem auf und erklärte, dass beim direkten Tausch längere Tauschketten entstehen können, da man auf eine doppelte Bedürfnisübereinstimmung angewiesen ist und Geld den Austausch erleichtert:

> Justus: Nein. Ne, weil Direkttausch, das geht eigentlich fast nicht, weil jeder will ja was anderes. Es kommt glaube ich nicht so häufig vor, damit der eine Mehl will und der andere Schokolade. Und die beiden, der eine hat Mehl, aber will Schokolade und der andere hat Mehl, aber will Schokolade. Ich glaube da ist das eher so (.) da würden dann längere Tauschketten entstehen, weil.
>
> Interviewerin: Gerade weil man nicht immer gleich jemanden findet?
>
> Justus: Ja.
>
> Interviewerin: Okay, dann also dann ist leichter durch Geld ein bisschen, meinst du?
>
> Justus: Ja.
>
> (Post-Interventions-Interview Matteo Justus, Pos. 150–154)

Einige Kinder nannten zudem eine zweite Funktion von Geld. So verwiesen Justus und Matteo sowie Falko und Korbinian neben der Funktion als Zahlungs- und Tauschmittel auch auf die Funktion des Geldes als Wertspeicher, indem sie darauf eingingen, dass bestimmte Produkte im direkten Tausch über die Zeit an Wert verlieren können, wenn sie verderben. Geld hingegen behält seinen Wert.

Vereinzelt wurden auch alle drei ökonomischen Funktionen von Geld – Zahlungs- und Tauschmittel, Wertmaßstab und Wertspeicher – angesprochen. Dies zeigte sich etwa in der Gruppe von Lilia und Ines.

Ines erklärte, dass Geld den Austausch erleichtert, weil es die Notwendigkeit einer doppelten Bedürfnisübereinstimmung und die Entstehung langer Handelsketten beseitigen kann:

> Ines: Vielleicht, man mag ja nicht immer was der andere anbietet und dann muss man ja viel öfters tauschen, wie man eigentlich es geplant hat und wenn es das gar nicht mehr gibt oder gar nicht zum Tausch. Wenn niemand das tauschen will, dann kann das der eine wo vielleicht eine Puppe kaufen wollte oder tauschen, dann kann der das auch gar nicht mehr sich holen.
>
> (Post-Interventions-Interview Lilia Ines, Pos. 89)

Darüber hinaus reflektierte Ines über die Funktion des Geldes als Wertspeicher, indem sie zu bedenken gab, wie schwierig es wäre, Werte über längere Zeit zu bewahren, wenn verderbliche Güter als Tauschmittel eingesetzt würden.

> Ines: Weil, wenn es auch kein Geld mehr gäbe und dann könnte ich, wenn es kein Geld gäbe, dann könnte ich ja auch keine 3 Karotten in deine Spardose schmeißen und drauf sammeln, weil die verschimmeln ja auch und dann mag sie auch niemand mehr. Und ja, dann kann ich halt nicht mit 3 verschimmelten Karotten hingehen und sagen, ich will jetzt 3 Tik-Tak-Packs oder so. (Post-Interventions-Interview Lilia Ines, Pos. 93)

Von Lilia wurden weitergehend Überlegungen zu Schwierigkeiten beim Vergleich von Werten angestellt, womit die Funktion von Geld als Wertmaßstab angedeutet wurde. Lilia beschrieb Beispiele, bei denen Lebensmittel gegen Spielzeuge eingetauscht werden sollten und es schwierig zu entscheiden wäre, wie viele Kartoffeln eine Puppe Wert sind oder wie viele Karotten dem Wert eines Lego-Sets entsprechen würden:

> Lilia: Ne, nicht so weil manchmal will man eine große Puppe oder so, und die kostet ja dann schon mehr und dann kann ich ja nicht nur drei Kartoffeln hingeben, die eine Riesenpuppe, die oder eine Baby Annabell, das ist ein bisschen komisch, wenn da 3 Kartoffeln der Verkäufer kriegt und du nimmst so eine Riesenpuppe mit Shoppen und Töpfchen und alles.
>
> Interviewerin: Also diese Tauschverhältnisse könnten schwierig werden.
>
> Lilia: Oder auch, wenn du so ein Lego-Set willst aber dafür nur 1 Karotte hingibst oder 3 Karotten, das ist auch ein bisschen wenig, weil die Sets kosten ja gerade 15 oder 16 € und das ist schon viel.
>
> (Post-Interventions-Interview Lilia Ines, Pos. 85–87)

Die Fortschritte im Verständnis der ökonomischen Funktionen von Geld zeigten sich jedoch nicht bei allen Kindern gleichermaßen. Vereinzelt argumentierten sie eher sozial als ökonomisch. So betrachteten sie den Tausch im Kontext von Familie oder Freundschaften, ohne dabei auf die Frage der Wertgleichheit einzugehen.

Damit entfernten sie sich vom ökonomischen Tauschverständnis, bei dem ein Austausch auf subjektiv empfundener Gleichwertigkeit beruht und beide beteiligten Parteien am Tausch einen Nutzenzuwachs anstreben. Im Gegensatz dazu kann ein Tausch unter Freunden oder in der Familie auch dann akzeptiert werden, wenn er wertungleich erfolgt oder sogar einseitig ist, weil hier soziale Motive – etwa Großzügigkeit oder Fürsorge – im Vordergrund stehen. Ein Beispiel hierfür sind die Antworten von Helena und Selina, welche den Tausch nur mit ihnen nahestehenden Personen in Erwägung zogen und in der Folge dann nicht mehr über Schwierigkeiten bezüglich des Vergleichs von Werten oder lange Tauschketten bei einer fehlenden doppelten Bedürfnisübereinstimmung nachdachten:

> Interviewerin: Wir haben es ja auch ausprobiert (bezieht sich auf den direkten Tausch ohne Geld als Mittel), es funktioniert ja eigentlich schon. Könnte es da auch Schwierigkeiten geben?
>
> Helena: Ja, mit wem man das eintauscht? Man kann es ja mit seinem Nachbar oder mit seiner Oma oder Tante eintauschen oder Freunde.
>
> Selina: Oder Mama.
>
> (Post-Interventions-Interview Selina Helena, Pos. 93–95)

Auch in der Gruppe von Robin, Nils und Lennard zeigten sich noch Unklarheiten in den Antworten. Aus ihren Äußerungen ließ sich nicht eindeutig schließen, ob sie tatsächlich über ökonomische Funktionen von Geld reflektierten. Robin deutete in seinen Überlegungen die Funktion des Geldes als allgemein akzeptiertes Tausch- und Zahlungsmittel an, mit dem verschiedene Produkte erworben werden können:

> Interviewerin: Okay. Und wenn ihr euch daran erinnert, dann haben wir ja danach so Münzen eingeführt, nachdem wir das mit dem direkten Tausch ausprobiert hatten. Gab es da irgendwas, was dann einfacher wurde durch dieses Geld, das eingeführt wurde?
>
> (…)
>
> Robin: Ja, weil dadurch hat man halt/ weil wenn man zum Beispiel 2 Sachen gebraucht hat und/Und man hat zum Beispiel Mehl und Äpfel gebraucht und man hat das Geld/ also dann hat man halt das Geld und kann sich dann Äpfel kaufen und hat das Mehl trotzdem noch.
>
> (Post-Intervention Interview Lennard Robin, Pos. 91–93)

In seiner Argumentation blieb jedoch unberücksichtigt, dass auch Geld zunächst erworben werden muss, etwa durch den Verkauf von Waren oder das Erbringen einer wertäquivalenten Leistung. Daher wurde diese Antwort der Kategorie A: inadäquate Argumente zugeordnet, mit Ansätzen zu C: ökonomischen Gründen.

8.5.2 Vorstellungen über Preise

Die Vorstellungen der Kinder zur Preisbildung vor und nach der Intervention sind in den Tabellen 8.15 und 8.16 dargestellt.

Tabelle 8.15 Gegenüberstellung der Vorstellungen über Preisbildung der Drittklässler*innen

Drittklässler*innen	Vorstellungen im Prä-Interview	Vorstellungen im Post-Interview
Matteo und Justus	vorwiegend Kategorie A: bestimmte Eigenschaften oder Funktionalität und Kategorie B-1: einzelner Kostenfaktor, Ansätze von C-1: Angebot und Nachfrage	Kategorie C-2: Integration von Angebot und Nachfrage mit Kosten und Kategorie D: Marktunvollkommenheit
Selina und Helena	Kategorie A: bestimmte Eigenschaften oder Funktion	Teilweise noch Kategorie A: bestimmte Eigenschaften oder Funktionalität und Kategorie C-1: Angebot und Nachfrage
Korbinian und Falko	Kategorie A: bestimmte Eigenschaften oder Funktionalität und Kategorie B-1: einzelner Kostenfaktor	B-2: mehrere Kostenfaktoren und C-1: Angebot und Nachfrage
Janis und Emil	A: bestimmte Eigenschaften oder Funktion	Teilweise noch Kategorie A: bestimmte Eigenschaften oder Funktion, zudem Kategorie B-2: mehrere Kostenfaktoren und C-1: Angebot und Nachfrage
Lilia und Ines	Kategorie A: bestimmte Eigenschaften oder Funktionalität und Kategorie B-1: einzelner Kostenfaktor	B-2: mehrere Kostenfaktoren und C-1: Angebot und Nachfrage

Tabelle 8.16 Gegenüberstellung der Vorstellungen über Preisbildung der Viertklässler*innen

Viertkässler*innen	Vorstellungen im Prä-Interview	Vorstellungen im Post-Interview
Robin, Nils und Lennard	vorwiegend Kategorie B-1: einzelner Kostenfaktor und Ansätze von C-1: Angebot und Nachfrage	Kategorie C-2: Integration von Angebot und Nachfrage mit Kosten
Loris und Mira	A: bestimmte Eigenschaften oder Funktionalität	Aufgrund Krankheit kein Post-Interventions-Interview möglich

In den Vorstellungen zur Preisbildung zeigte sich nach der Teilnahme an der Intervention, dass Preise deutlich seltener ausschließlich mit bestimmten Eigenschaften oder der Funktionalität von Produkten begründet wurden. Physikalische Merkmale – wie etwa Größe oder Gewicht – wurden zwar weiterhin genannt, jedoch nicht mehr als alleinige preisbestimmende Faktoren. Stattdessen verwiesen die Kinder häufiger auf den Arbeitsaufwand bei der Herstellung und dem Vertrieb von Produkten sowie auf das Zusammenspiel von Angebot und Nachfrage, um Preisbildungsprozesse zu erklären. So thematisierten Korbinian und Falko im Interview beispielsweise bestimmte Produktmerkmale als Gründe für Preisänderungen und erklärten, dass der Preis eines Apfels sinken könne, wenn dieser kurz vor dem Verderben stehe:

Falko: Vielleicht weil der ein paar Tage älter ist oder so, weil dann ist er ja schlechter.

Interviewerin: Also von der Qualität, wenn der kurz vor dem schlecht werden ist?

Falko: Ja.

(Post-Interventions-Interview Falko Korbinian, Pos. 174–176)

Auch in den Gruppen von Janis und Emil sowie von Helena und Selina wurden Preisunterschiede zunächst noch mit bestimmten Eigenschaften oder der Funktionalität von Produkten erklärt. So führte Emil den Preisunterschied zwischen Äpfeln und Schokolade zunächst auf den Größenunterschied der Produkte zurück. Selina und Helena führten eine Preiserhöhung bei Äpfeln in ihrer ersten Antwort auf einen besseren Geschmack zurück. Im weiteren Verlauf der Interviews nannten die Kinder jedoch zunehmend zusätzliche preisbildende Faktoren, sodass äußere Eigenschaften oder Funktionalität nicht mehr als alleinige Begründung herangezogen wurden – anders als noch vor der Intervention.

Falko und Korbinian verwiesen beispielsweise auf den Arbeitsaufwand bei Herstellung und Vertrieb, um Preisunterschiede zwischen Produkten zu erklären. Sie erläuterten dabei insbesondere Unterschiede in Transport- und Verpackungskosten:

Interviewerin: Okay, dann sagen wir 1 bis 2 € die Schokolade und 50 bis 80 Cent der Apfel. Dann ist ja jetzt die Tafel Schokolade auf jeden Fall teurer als der Apfel?

Korbinian: Ist auch aufwendiger.

Interviewerin: Liegt es daran, dass es aufwendiger ist?

Falko: Ja.

Korbinian: Hm, ja und die kommt halt auch von weiter her, Äpfel kommen zwar auch manchmal von weiter her, aber nicht so weit wie Schokolade.

Interviewerin: Also du meinst, das liegt einmal dann an dem Aufwand, also wie das hergestellt wird und dann mit dem Transport noch.

Falko: Vielleicht noch Verpackung dazu?

Korbinian: Ja.

Interviewerin: Wo wäre das dann teurer?

Falko: Schokolade, weil die Äpfel sind ja meistens nur in so Netze.

(Post-Interventions-Interview Falko Korbinian, Pos. 155–164)

Zudem erklärten die Kinder das Zusammenspiel von Angebot und Nachfrage sowie dessen Auswirkungen auf den Preis und beschrieben die funktionalen Zusammenhänge zwischen Angebot, Nachfrage und Preis im Wesentlichen korrekt. Dies geschah entweder in eigenen Worten oder unter Verwendung der Begriffe „Angebot" und „Nachfrage". So erläuterten Korbinian und Falko, dass eine Preissenkung durch geringe Nachfrage ausgelöst sein könnte und ein niedrigerer Preis wiederum zu erhöhter Nachfrage führen kann:

Interviewerin: Okay, und wenn jetzt der Apfel 40 Cent gekostet hat, und jetzt wird er auf 30 Cent gesenkt, der Preis, woran könnte sowas liegen?

Falko: Weil es vielleicht zu wenige kaufen, dass dann die Nachfrage größer wird.

Interviewerin: Und wieso sollte die da größer werden?

Falko: Weil es dann weniger kostet, dann kommen immer mehr Leute.

(Post-Interventions-Interview Falko Korbinian, Pos. 195–198)

Sie konnten Preisänderungen mit Veränderungen auf der Nachfrageseite als auch auf der Angebotsseite begründen, aber auch die Auswirkungen von Änderungen auf Seiten der Angebots- oder Nachfrageseite auf den Preis antizipieren. Im folgenden Abschnitt erklären Falko und Korbinian die Auswirkungen von Änderungen auf der Angebotsseite auf den Preis:

Interviewerin: Hm (bejahend), weil es sich vielleicht mehr leisten können. Ihr habt ja jetzt gerade so die Nachfrage immer angesprochen. Das kam ja bei uns beim Kiosk vor, zum Beispiel, dass viele Kinder Radiergummis gekauft haben, dann sind die preislich erhöht worden. Aber es kann ja auch sein, dass sich das Angebot ändert, zum Beispiel kann es ja sein, dass jetzt keine Bücher mehr gerade gedruckt werden können, und dann kriege ich keine neuen Bücher oder Zeitschriften mehr rein. Dann habe ich ja ein kleineres Angebot an Büchern oder Zeitschriften. Was meint ihr denn, was würde dann passieren?

Korbinian: Dann wird es teurer.

Interviewerin: Und wenn es jetzt gerade so ist, dass das Angebot doch größer wird, zum Beispiel bei Schokomünzen, dass ich da ganz viele auf einmal im Großmarkt einkaufen kann, ziemlich billig und die dann an euch natürlich am Kiosk weiterverkaufen will. Also wenn ich da jetzt 100 Schokomünzen habe statt nur 20 wie sonst, was meint ihr dann würde mit dem Preis passieren?

Falko: Dann vielleicht senken?

Interviewerin: Wieso?

Falko: Weil dann hat der ja viel mehr, der Besitzer von dem Kiosk, und dann auch mehr Leute kommen, weil das ja dann nicht leer geht, über längere Zeit.

(Post-Interventions-Interview Falko Korbinian, Pos. 199–203)

Auch Janis und Emil sowie Lilia und Ines bezogen sich in ihren Antworten auf verschiedene Kostenfaktoren bei Herstellung und Vertrieb und auf das Zusammenspiel von Angebot und Nachfrage, um die Preisbildung von Produkten zu erklären.

Vereinzelt zeigte sich bei gezielten Nachfragen auch eine Integration von Kosten und Angebot und Nachfrage in den Erklärungen der Preisbildung. So nannten Matteo und Justus nicht nur unterschiedliche Kostenfaktoren, sondern beschrieben auch, wie Angebot und Nachfrage Preise beeinflussen können. Auf die Frage, ob Preise beliebig gesenkt werden könnten, um die Nachfrage zu erhöhen, argumentierten sie, dass Preisänderungen durch die Deckung der Produktionskosten nach unten begrenzt seien. Bei einem Verkauf unter den Kosten würde ansonsten Verlust gemacht werden. Eine solche Erklärung, bei der Kosten mit Angebot und Nachfrage integriert werden, gilt nach Claar (1990) als Hinweis auf ein fortgeschrittenes Preisverständnis:

> Interviewerin: Okay, gut, und dann nehmen wir jetzt mal an, der Apfel hat 30 Cent gekostet und jetzt wird der Apfelpreis auf 40 Cent erhöht. Woran könnte das denn noch liegen?
>
> Matteo: Ähm, dass die Nachfrage größer ist? (überlegt und schaut zu Justus) Größer ist.
>
> Justus: Ja.
>
> Matteo: Und dass ähm/ die Menschen das/ dass viel zu viele Menschen das kaufen und das Angebot kleiner ist, dann erhöhen die das und dann sind nicht mehr so viele Menschen bereit, das zu kaufen.
>
> Interviewerin: Hm (bejahend). Können es vielleicht auch gar nicht mehr kaufen, ja.
>
> Justus: Also, es (.) zu viele Kunden wollen Äpfel und es gibt zu wenig Äpfel. Dann erhöht man es und dann kaufen es weniger ein und dann/ Dann ist das wieder ein Ausgleich, dann ist es zu teuer, dann senken sie es, weil zu wenige kaufen und so geht es immer weiter.
>
> Interviewerin: Hm (bejahend). Also immer so zwischen Angebot und Nachfrage das Spiel.
>
> Justus: Ja.
>
> Interviewerin: Okay. Und wenn der Apfel dann 40 Cent kosten würde und dann auf 25 Cent gesenkt würde, dann wäre das auch so, oder?
>
> Justus: Ne, dann wäre es Nachfrage zu klein, aber das Angebot zu groß. Also dann senkt man es, dann ist die Nachfrage wieder ist die größer und dann gleich sich das wieder so halbwegs aus.
>
> Interviewerin: Okay, gleicht sich wieder aus. Und könnte man den Preis dann auch auf 10 Cent senken?
>
> Justus: Ne, aber dann machen sie Verlust.
>
> Interviewerin: Okay, also müsste man da ein bisschen gucken. Auf wie viel sollte man es denn dann senken, was meint ihr? Was wäre in Ordnung?

Matteo: 5.

Interviewerin: 5 Cent?

Matteo: Ja. Äh, ne 1 Cent (lacht).

Interviewerin: Für die Nachfrage wäre es wahrscheinlich gut.

Justus: Ja, aber die kriegen dann zwar alle Äpfel weg, aber machen wahrscheinlich Millionenverlust.

(Post-Interventions-Interview Matteo Justus, Pos. 182–200)

Auch Selina und Helena nannten Angebot und Nachfrage als preisbildende Faktoren. Produktionskosten wurden von ihnen jedoch nicht im Rahmen der Preisbildung berücksichtigt, weshalb vermutlich auch keine Integration von Kosten mit Angebot und Nachfrage erfolgen konnte. Auf die Frage, ob der Apfelpreis von 40 ct unbegrenzt gesenkt werden könne, erklärte Helena, dass ein Preis von 10 ct für einen Apfel zu niedrig sei. Ihre Begründung bezog sich jedoch nicht auf mögliche Verluste durch einen Verkauf unterhalb der Kosten, sondern auf Alltagserfahrungen, wonach Äpfel im Supermarkt in der Regel teurer seien:

Interviewerin: Und wenn jetzt der Preis von dem Apfel gerade bei 40 Cent ist und dann auf 30 Cent gesenkt wird, woran könnte sowas noch liegen?

Helena: Es kaufen zu wenige Äpfel.

Interviewerin: Und was würde denn passieren, wenn man den Preis senkt?

Helena: Dann kaufen es wieder mehr, dann ist die Nachfrage größer.

Interviewerin: Könnte man den Preis dann auch auf 10 Cent senken? Dann kommen ja bestimmt ganz viele Leute.

Helena: Nee, weil das ist dann wieder zu tief.

Interviewerin: Wieso ist das zu tief?

Helena: Weil, ich habe noch nie im Supermarkt oder so gesehen, wo der 10 Cent kostet, also 50 oder also über 50 Cent halt dann.

(Post-Interventions-Interview Selina Helena, Pos. 157–164)

Justus thematisierte darüber hinaus auch Aspekte der Marktunvollkommenheit in Bezug auf Preise und Preisbildung. Er erklärte, dass nicht immer das günstigste Produkt gekauft werde, da Marken häufig einen besonderen Status oder Ruf genießen und Konsument*innen bereit seien, dafür höhere Preise zu zahlen. Seine Begründung verweist damit auf die Unvollkommenheit realer Märkte, in denen es – anders als im Modell des vollkommenen Marktes – persönliche Präferenzen und Vorlieben für bestimmte Anbieter und Produkte gibt:

> Interviewerin: Okay, aber wenn du sagst, das ist gar kein Fair-Trade, die Pralinen sind ja trotzdem relativ teuer von Lindt. Wie kann das dann sein?
>
> Justus: Ja weil, gibt ja auch so No-Name-Marken und die kosten halt weniger, weil man zahlt halt eher für eine, für Lindt, ist man eher bereit was zu zahlen als für so eine No-Name-Marke.
>
> Interviewerin: Okay, also du meinst, es liegt ein bisschen an den Leuten, die das kaufen, die geben da mehr Geld für aus?
>
> Justus: Ja. Lindt hat halt einen guten Ruf, dass es lecker ist, ja.
>
> (Post-Interventions Interview Matteo Justus, Pos. 187–181)

8.5.3 Kritische Orientierung beim Festlegen von Preisen

Im Sinne der kritischen Orientierung im Rahmen von Financial Numeracy wurde während der Intervention untersucht, inwiefern die Kinder Mathematik nutzten, um finanzielle Entscheidungen zu treffen oder zu hinterfragen. Besonders aufschlussreich waren hierfür die Entscheidungen und Argumentationen der Kinder zur Aufgabe, Preise für neue Produkte am Klassenkaufladen festzulegen und diese zu begründen, wobei ihnen der Einkaufspreis bekannt war (siehe Abbildung 8.8).

Zum Zeitpunkt, zu dem diese Aufgabe gestellt wurde, hatten die Kinder bereits die in Abschnitt 8.4 beschriebenen mathematischen Aktivitäten zu Preisen und Preisbildung bearbeitet, die als Grundlage für ihre Entscheidungen herangezogen werden konnten. Um Preise festzulegen und zu begründen, benötigen Schüler*innen sowohl ein Verständnis dafür wie Preise entstehen und welche wirtschaftlichen Zusammenhänge dabei eine Rolle spielen – etwa, dass Verkaufspreise über den Einkaufspreisen liegen müssen, um Gewinne zu erzielen – als auch mathematische Kompetenzen, um diese Differenz rechnerisch zu bestimmen. Darüber hinaus wurde untersucht, inwieweit die Kinder in der Lage waren, die Angemessenheit ihrer mathematischen Lösungen zu beurteilen und soziale Auswirkungen ihrer Preisentscheidungen mitzudenken.

Ich habe ein neues Produkt (Stifte) für den Klassenkaufladen eingekauft. Welchen Verkaufspreis würdet ihr vorschlagen und warum?

Einkaufspreis	Verkaufspreis	Gewinn
1 €	?	?

Abbildung 8.8 Aufgabe zum Preise festlegen. (Eigene Abbildung)

Die Aufgabe wurde zunächst der Gruppe mit Helena, Selina, Justus, Matteo, Falko und Korbinian gestellt. Einige Kinder dieser Gruppe äußerten vorwiegend Argumentationen, welche sich auf soziales oder moralisches Denken stützten und ihre Vorstellungen bezüglich Gerechtigkeit widerspiegelten, ohne die Notwendigkeit von Gewinn und des Gewinnstrebens in einem marktwirtschaftlichen System zu berücksichtigen[9]. So argumentierte etwa Helena, der Verkaufspreis solle unter dem Einkaufspreis liegen oder zumindest dem Einkaufspreis entsprechen (also niedriger als 1 € oder gleich 1 € sein), da es ihrer Meinung nach ungerecht wäre, ein Produkt teurer zu verkaufen, als man es eingekauft habe.

Andere Kinder in der Gruppe lehnten Helenas Preisvorschlag jedoch ab und nannten höhere Preise. Falko begründete einen höheren Preis damit, dass ein Preis von 1 € im Verhältnis zu den übrigen Produkten im Klassenkaufladen zu günstig wäre. Justus argumentierte, dass beim Verkauf zum Einkaufspreis ein Verlust entstünde, weil neben dem Einkaufspreis noch Transportkosten (z. B. vom Großhändler zum Einzelhändler) zu berücksichtigen sind.

Die Kinder der Gruppe schlugen anschließend Verkaufspreise zwischen 1,50 € und 4 € vor und kombinierten dabei teilweise mathematische mit sozialen Argumenten. So wurde ein Preis von 2 € etwa damit gerechtfertigt, dass dadurch ein Gewinn von 1 € verbleibt, der Artikel aber für die meisten Kinder noch bezahlbar bleibt, während ein Verkaufspreis von 4 € manche ausschließen könnte. Korbinian schlug 3,99 € vor und erklärte, dass Preise mit Neunerende günstiger wirken.

Justus nutzte vorwiegend ökonomische Argumente, kombiniert mit mathematischem Denken: Er verglich den Gewinn pro Stück mit dem Gesamtgewinn und bezog dabei den funktionalen Zusammenhang zwischen Preis und Nachfrage mit ein. Er erklärte, dass ein Verkaufspreis von 2,99 € statt 4 € nicht zwingend zu

[9] Die Klassenraum-Ökonomie simulierte ein marktwirtschaftliches System, in dem sich Preise nach Angebot und Nachfrage auf Märkten bilden.

weniger Gesamtgewinn führen müsse, da der niedrigere Preis die Nachfrage erhöhen und bei deutlich höheren Verkaufszahlen den Gesamtgewinn trotz geringerer Gewinnspanne pro Stück sogar steigern könnte[10].

In der Gruppe mit Lilia, Ines, Janis und Emil wurde dieselbe Aufgabe gestellt. Hier wurde von keinem Kind die Idee geäußert, dass der Verkaufspreis unterhalb des Einkaufspreises liegen sollte. Stattdessen wurden unterschiedliche Preisvorschläge gemacht, die alle über dem Einkaufspreis lagen. Außerdem wurden Mengenrabatte als Preisgestaltungsoption diskutiert. So schlug etwa Ines eine nicht-proportionale Beziehung zwischen Menge und Preis vor: ein Stift sollte für 3 € verkauft werden und drei Stifte für 8 €. Größere Mengen wären dadurch im Verhältnis günstiger, was vermutlich zu höheren Verkaufszahlen führen würde. Die Lehrkraft regte ergänzend an, auch über mögliche soziale Folgen einer solchen Preisgestaltung – etwa Überkonsum – nachzudenken.

Zusammenfassend zeigten sich in den Gruppendiskussionen zahlreiche Beispiele, in denen die Kinder mathematisches und ökonomisches Denken verbanden und zugleich über soziale Auswirkungen der Preisfestlegung nachdachten. Diese Verknüpfung unterschiedlicher Perspektiven entstand teils aus Eigeninitiative, teils durch Impulse der Lehrkraft. Die Begründungen der Kinder verdeutlichen zudem, dass bereits Grundschüler*innen anspruchsvolle Überlegungen zur Preisgestaltung sowie elaborierte mathematische und ökonomische Argumentationen entwickeln können.

8.5.4 Erfahrungen im Rahmen der simulierten Klassenraum-Ökonomie

Für die Förderung von Financial Numeracy ist entscheidend, welche Erfahrungen Kinder machen und welche Lernprozesse daraus entstehen – sowohl im Hinblick auf mathematisches Wissen als auch auf das Verständnis finanzieller Konzepte und ökonomischer Zusammenhänge.

[10] Für eine vollständigere Argumentation wäre es hier noch notwendig, zu berechnen, ab welcher Absatzmenge ein niedrigerer Preis bei höherer Nachfrage tatsächlich zu einem höheren Gesamtgewinn führt. Dennoch zeigt Justus' Argumentation bereits ein beachtliches ökonomisches Verständnis in Verbindung mit mathematischem Denken für ein Kind in der dritten Klasse.

Im Mathematikunterricht der Grundschule werden zur Simulation von Einkaufssituationen oft Floh- oder Trödelmärkte gewählt. Erfahrungen im Zusammenhang mit Floh- und Trödelmärkten werden in mathematikdidaktischer Fachliteratur insbesondere für den Anfangsunterricht empfohlen, da sie den Tauschhandel verdeutlichen und das Festlegen von Ware-Preis-Relationen aufgegriffen werden kann. Während Kinder beim Einkaufen in Supermärkten oder allgemein im Einzelhandel fast ausschließlich mit gemischten Preisen konfrontiert werden, erlauben Flohmärkte hingegen das Arbeiten mit vereinfachten Preisstrukturen ohne Dezimalzahlen, was den mathematischen Kompetenzen und Anforderungen der ersten und zweiten Klasse eher entspricht (Franke & Ruwisch, 2010). Der finanzielle Kontext wird hier also in gewissem Maße so gewählt und angepasst, dass er zum Einüben der mathematischen Inhalte passt.

Nach Claar (1996) sind Erfahrungen mit Flohmärkten jedoch für die Entwicklung des Verständnisses von Preisen und ökonomischen Zusammenhängen nur bedingt geeignet, da Flohmärkte eine besondere Form von Märkten darstellen, bei denen es im Gegensatz zu anderen Märkten gerade nicht darum geht, Produkte über dem Einkaufspreis bzw. kostendeckend zu verkaufen und damit Gewinne zu erzielen. Eine Einsicht, welche Kinder am Flohmarkt hingegen sehr gut durch Erfahrungen gewinnen können, ist das Zusammenspiel von Angebot und Nachfrage und wie sich dieses auf Preise auswirkt. Es sollte bei der Planung von erfahrungsbasierten Lernumgebungen also immer bedacht werden, welche Einsichten Kinder durch diese gewinnen können und welche ihnen womöglich verwehrt bleiben.

Auch beim Festlegen von Preisen in einem Klassenkaufladen sollte darauf geachtet werden, dass durch diese Erfahrungen bei den Kindern nicht der Eindruck entsteht oder verfestigt wird, dass Preise vollkommen willkürlich oder aber objektiv anhand physischer Eigenschaften von Produkten bestimmt werden. Vielmehr sollten durch entsprechende Reflexion mit den Kindern Einsichten zur Preisbildung und damit verbundenen ökonomischen Zusammenhängen gefördert werden. In der simulierten Klassenraum-Ökonomie konnten gezielt finanzielle Einsichten und wirtschaftliche Zusammenhänge gefördert werden. Dazu gehört die Einsicht, dass Produkte teurer verkauft werden, als sie eingekauft wurden, und dass Gewinn ein Bestandteil wirtschaftlichen Handelns ist. Solche Erfahrungen sind für Kinder in Deutschland in der Regel schwer zugänglich, da sie im Alltag kaum in der Rolle von Verkäufer*innen agieren, sondern meist nur die Rolle als Käufer*innen oder Konsumierende einnehmen. In der Simulation sollten sie jedoch als eine Art von finanziell numeraler Praktik selbst Verkaufspreise festlegen. So konnten die Kinder nicht nur als Käufer*innen und Konsumierende, sondern auch in der Rolle von Ladenbesitzer*innen agieren und Entscheidungen treffen.

In den Interviews nach der Intervention bezogen sich manche Kinder explizit auf ihre Erfahrungen in der Simulation, um Preisbildungsprozesse zu erklären – insbesondere im Hinblick auf Angebot und Nachfrage. So beschrieben Helena und Selina, dass bestimmte Produkte im Klassenkaufladen teurer oder günstiger wurden, je nachdem, wie stark sie nachgefragt waren:

> Interviewerin: Okay. Und dann nehmen wir mal an, der Apfel hat 35 Cent gekostet und jetzt wird der Preis aber auf 40 Cent erhöht. Woran könnte das denn liegen?
>
> Helena: An Corona.
>
> Interviewerin: An Corona, okay.
>
> Selina: Oder, ist es billiger geworden oder teurer?
>
> Interviewerin: Da ist es jetzt teurer geworden.
>
> Selina: Oder alle haben es gekauft. Das war billig und alle haben es gekauft und dann haben die es teuer gemacht.
>
> Interviewerin: Weil es so viele gekauft haben?
>
> Helena: Ja, wie du das im Kiosk gemacht hast.
>
> Interviewerin: Da war es ja auch so, genau, könnt ihr euch daran noch erinnern, dass da die Preise auch geändert wurden?
>
> Helena: Ja.
>
> Interviewerin: Und woran lag das da? Einmal, weil viele das gekauft haben. Aber ich habe auch etwas billiger gemacht, zum Beispiel diese Zeitschriften und Bücher habe ich billiger gemacht.
>
> Selina: Ja, weil das niemand gekauft hat.
>
> (Post-Intervention Interview Selina Helena, Pos. 44–63)

Die Erfahrungen aus der Simulation schienen hier das Verständnis ökonomischer Zusammenhänge zu unterstützen und es den Kindern zu ermöglichen, diese in eigenen Worten zu beschreiben. Auch in den Reflexionen während der Intervention brachten die Kinder häufig eigene Alltagserfahrungen ein und reflektierten diese. Im Zusammenhang mit Preisbildung und den Gründen für Preisänderungen nannten sie beispielsweise Preissenkungen im Schlussverkauf, Preiserhöhungen bei Spielkonsolen in Zeiten hoher Nachfrage (etwa kurz vor Weihnachten) oder Preissenkungen bei Obst und Gemüse, wenn diese saisonal in großen Mengen verfügbar sind.

Allerdings muss berücksichtigt werden, dass die Simulation ökonomische Zusammenhänge vereinfacht abbildet. So fehlte in der Klassenraum-Ökonomie und dem darin verorteten Klassenkaufladen der Wettbewerb zwischen mehreren Anbieter*innen. Dadurch wurden Angebot und Nachfrage lediglich in Bezug auf einen einzelnen Anbieter erfahrbar, während im realen Marktgeschehen stets das Zusammenspiel aller Anbieter*innen und Nachfrager*innen berücksichtigt werden muss. Diese Vereinfachung führte dazu, dass der Klassenladen eine Sonderstellung einnahm: Die Kinder konnten zwar Preisänderungen nachvollziehen, ohne jedoch die komplexere Dynamik eines Marktes mit konkurrierenden Anbieter*innen zu erleben. Eine didaktisch reflektierte Begleitung sollte diesen Unterschied deutlich machen, um Missverständnisse zu vermeiden und ein fundiertes Verständnis der Rolle von Angebot und Nachfrage in marktwirtschaftlichen Systemen zu fördern.

8.6 Fazit für Zyklus 2

Alles in allem zeigen die Ergebnisse des zweiten Zyklus, dass es Bedarf und Möglichkeiten gibt, bei Schüler*innen der dritten und vierten Klasse das Verständnis finanzieller Konzepte und ökonomischer Zusammenhänge vom Mathematikunterricht ausgehend zu fördern. Dies erfordert jedoch mehr als Einkaufserfahrungen zu sammeln, in denen Kinder mit Preisen und Geld konfrontiert werden, und auch mehr als das bloße Zuordnen der Werte von Münzen und Scheinen oder das Zuordnen von Preisen zu Produkten. Schüler*innen sollten dazu befähigt werden, kritisch zu erkunden und zu verstehen, wie Geld die soziale und ökonomische Realität prägt.

Um dies zu erreichen, sollten authentische finanzielle Inhalte als Ausgangspunkt gewählt werden. Mathematische Anforderungen und Möglichkeiten sollten davon ausgehend ausgearbeitet werden, um bezüglich dieser finanziellen Inhalte erforderliche Einsichten zu fördern. Es sollte also darum gehen, finanzielle Konzepte und ökonomische Zusammenhänge durch mathematische Aktivitäten besser zu verstehen.

Ebenso ist es notwendig, offenere Aufgaben einzusetzen, welche über rein prozedurale Fertigkeiten und die Wiedergabe von mathematischem Wissen hinausgehen. Stattdessen sollten Aufgaben zum Vergleichen, Begründen und Evaluieren von finanziellen Entscheidungen anregen, wobei mathematisches, ökonomisches und soziales Denken und Begründen miteinander verknüpft werden.

Schließlich ist eine kritische Orientierung wichtig. Kinder sollten verstehen, dass Preisbildung ein normativer Prozess ist, durch den gesellschaftliche Wirklichkeit aktiv mitgestaltet wird. Wenn Kinder die Normativität von Preisen erkennen, können sie verstehen, dass Preisgestaltung eine soziale Praxis ist, die von Machtverhältnissen beeinflusst wird und gesellschaftliche Auswirkungen hat.

9 Vorstellung der Endprodukte für Theorie und Praxis

Nach der Darstellung der beiden Entwicklungsforschungszyklen folgt nun die Vorstellung des Endprodukts für Theorie und (Unterrichts-)Praxis. Abschnitt 9.1 bündelt die theoretischen Erkenntnisse zur finanziellen Bildung im Mathematikunterricht, indem die identifizierten Hürden für Financial Numeracy bei Dritt- und Viertklässler*innen, die Gelingensbedingungen eines erfahrungsbasierten Ansatzes sowie die daraus abgeleiteten Implikationen für die Aufgabengestaltung dargestellt werden. Abschnitt 9.2 widmet sich dem praktischen Endprodukt in Form eines Lehr-Lern-Arrangements, das im Mathematikunterricht der dritten und vierten Klasse einsetzbar ist und im Rahmen der Entwicklungsforschung erprobt und weiterentwickelt wurde.

9.1 Theoretische Einsichten

Die übergeordnete Forschungsfrage, welche durch diese Arbeit beantwortet werden sollte, lautete:

○ Wie kann finanzielle Bildung im Mathematikunterricht der dritten und vierten Klasse gestaltet werden?

Ergänzende Information Die elektronische Version dieses Kapitels enthält Zusatzmaterial, auf das über folgenden Link zugegriffen werden kann https://doi.org/10.1007/978-3-658-53385-4_9 .

D.-M. Wiedenhöfer, *Förderung des Umgangs mit Geld in der Grundschule*, Perspektiven der Mathematikdidaktik,
https://doi.org/10.1007/978-3-658-53385-4_9

Zur Beantwortung dieser übergeordneten Forschungsfrage wurden drei untergeordnete Fragestellungen bearbeitet und im Rahmen fachdidaktischer Entwicklungsforschung fokussiert:

- Welche Hürden im Hinblick auf Financial Numeracy zeigen sich bei Schüler*innen der dritten und vierten Klasse?
- Welche Gelingensbedingungen lassen sich für einen erfahrungsbasierten Lernansatz – in Form einer Klassenökonomie – identifizieren?
- Welche Implikationen ergeben sich daraus für die Gestaltung von Aufgaben zur Förderung von Financial Numeracy?

In den folgenden Unterkapiteln werden die Forschungsfragen auf Grundlage einer Synthese der Ergebnisse beider Entwicklungsforschungszyklen beantwortet.

9.1.1 Hürden für Financial Numeracy

Im Rahmen der ersten Forschungsfrage wurde untersucht, welche Herausforderungen sich im Hinblick auf Financial Numeracy bei Schüler*innen der dritten und vierten Klasse zeigten. Die Ergebnisse beider Entwicklungsforschungszyklen zeigten verschiedene Hürden, die in Tabelle 9.1 entlang der fünf Numeracy-Dimensionen nach Goos et al. (2012) zusammengefasst sind.

Für die Dimension des *mathematischen Wissens* zeigte sich als Hürde die Nutzung oder Erfindung prozeduraler Tricks ohne tragfähiges konzeptuelles Verständnis. So konnte ein Kind beispielsweise die Addition zweier Preise, die jeweils auf 99 ct endeten, durch einen von ihm erkannten Trick korrekt lösen, indem es zunächst nur die Eurobeträge addierte und anschließend immer einen 1,98 € addierte. Dieses Vorgehen funktionierte zwar im konkreten Fall, erwies sich jedoch bereits bei geringen Abweichungen der Preise als nicht adaptierbar. Die Schwierigkeit steht damit in engem Zusammenhang mit der Dimension der Dispositionen, da das fehlende Verständnis der zugrunde liegenden mathematischen Strukturen die Entwicklung flexibler und adaptiver Lösungsstrategien einschränkte.

Bezüglich der *Dispositionen* zeigten sich weitere Hürden. Eine beobachtete Herausforderung war der Mangel an Flexibilität beim Problemlösen: Kinder verließen sich stark auf eine einzige Vorgehensweise, ohne deren Effizienz oder Angemessenheit im Kontext zu berücksichtigen. Manche Kinder wollten ausschließlich schriftliche Rechenverfahren anwenden, um den Gesamtpreis ihres

Tabelle 9.1 Hürden für Financial Numeracy aus beiden Entwicklungsforschungszyklen

Dimension	Zusammenfassung der analysierten Hürden
Mathematisches Wissen	Oberflächliche Strategien oder Tricks ohne tiefergehendes konzeptuelles Verständnis
Dispositionen	Starre, unflexible Vorgehensweisen beim Problemlösen Unproduktive Disposition: mathematische Vermeidungsstrategien Finanzielle Einstellungen, welche Anwendung von Mathematik behindern
Werkzeuge	Werkzeuge als Ersatz statt Hilfe für eigenes mathematisches Denken Unkritisches Vertrauen in automatisch generierte Ergebnisse
Finanzieller Kontext	Vereinfachte Interpretation mathematischer Ergebnisse Fehlendes oder nur oberflächliches Verständnis finanzieller Konzepte und ökonomischer Zusammenhänge
Kritische Orientierung	Keine oder vereinfachte Validierung von mathematischen Ergebnissen im Finanzkontext Ausschließlich soziales Denken und Begründen ohne unterstützendes mathematisches Denken und Begründen

Einkaufs ganz exakt einzuschätzen, obwohl eine Überschlagsrechnung ausgereicht hätte. Eine weitere häufige Strategie war die konsequente Nutzung von Stellenwertzerlegung, um die Gesamtkosten der Produkte zu berechnen, auch wenn dies bei bestimmten Preisen ineffizient und fehleranfällig war.

Manchen Kindern schien zudem eine produktive Disposition gegenüber der Anwendung von Mathematik zu fehlen: Diese Kinder entwickelten Kompensationsstrategien, um mathematischen Aufwand zu minimieren oder zu vermeiden. So gaben sie beim Einkaufen einfach ihr gesamtes Geld ab, ohne vorher zu prüfen, ob es für alle ausgewählten Produkte ausreichen würde. Teilweise fand auch eine Substitution von mentalem Aufwand durch physische Handlungen statt, indem das Einkaufskript mehrfach durchlaufen wurde, bis das gesamte Geld aufgebraucht war oder nicht mehr für einen weiteren Artikel reichte. Bezüglich Dispositionen offenbarten sich auch finanzielle Wertvorstellungen und Einstellungen, welche die Anwendung von Mathematik bei finanziellen Entscheidungen beeinflussten. Dies geschah etwa, wenn Rückgeld bei kleinen Geldbeträgen erst gar nicht überprüft wurde, weil Centbeträge für die Kinder fast nichts Wert sind. Finanzielle Einstellungen und Wertvorstellungen zeigten sich auch beim Vergleich von Produkten, wenn Überzeugungen geäußert wurden, wie „Je teurer, desto besser“ und deshalb allein nach dem teureren Preis ausgewählt wurde.

Auch im Umgang mit *Werkzeugen* offenbarten sich Schwierigkeiten. Durch die Interviewantworten wurde deutlich, dass Kinder Hilfsmittel wie Taschenrechner oder digitale Kassenübersichten beim Einkaufen, welche den Gesamtpreis automatisch anzeigen, oftmals als Ersatz für eigene numerale Praktiken betrachteten. Dies steht in Verbindung mit der Dimension der kritischen Orientierung: Ein kritisches Hinterfragen der Ergebnisse blieb aus, und die Notwendigkeit von Mathematik auch unter Einsatz solcher Werkzeuge wurde nicht erkannt.

Die Sinnfindung bezüglich des *finanziellen Kontexts* brachte ebenfalls Herausforderungen mit sich. Mathematische Ergebnisse wurden teilweise vereinfacht interpretiert, so dass Überschlagsrechnungen zu der fehlerhaften Annahme führten, dass das Geld ausreichen würde, obwohl eine Kompensation noch notwendig gewesen wäre. Auch bezüglich des Verständnisses finanzieller Konzepte und ökonomischer Zusammenhänge zeigten sich Schwierigkeiten. Hier zeigten sich Verständnishürden, etwa wenn die Rolle des Geldes überschätzt wurde oder die Vorstellung, dass Preisbildung ein rein objektiver Vorgang ist und Preise sich ausschließlich aus bestimmten Produkteigenschaften (wie z. B. Gewicht oder Größe) ableiten lassen.

Schließlich offenbarten sich auch bezüglich der *kritischen Orientierung* Hürden. Mathematik wurde eher als eine Sammlung fester Prozeduren verstanden, die abgerufen werden können, und weniger als Werkzeug zur Bedeutungs- und Entscheidungsfindung. Dies zeigte sich unter anderem daran, dass keine oder vereinfachte Überprüfungen und Evaluationen mathematischer Ergebnisse im Kontext stattfanden. Beispielsweise wurden Überschlagsrechnungen beim Einkaufen eher nach ihrer Bequemlichkeit als nach ihrer Angemessenheit beurteilt. Teilweise dominierten bei finanziellen Entscheidungen auch soziale Überlegungen (insbesondere in Form von Einstellungen und Wertvorstellungen gegenüber Geld), statt auch mathematisches Denken und Begründen in die Entscheidungen zu integrieren: War das Geld beispielsweise beim Einkaufen nicht ausreichend, schlugen Kinder vor, Eltern oder Lehrkräfte um weiteres Geld zu bitten, anstatt zunächst mathematisch zu prüfen, wie durch Preisvergleiche und den Austausch von Produkten gegen günstigere Alternativen eine Lösung gefunden werden könnte. Auch bei Preisfestlegungen im Klassenladen traten Hürden bezüglich der Kombination von sozialem und mathematischem Denken und Begründen auf: Entscheidungen wurden vor allem mit Gerechtigkeitsvorstellungen begründet, ohne ökonomische Überlegungen miteinzubeziehen. So empfanden manche Kinder höhere Verkaufspreise gegenüber den Einkaufspreisen als ungerecht und plädierten dafür, Produkte unterhalb des Einkaufspreises zu verkaufen, ohne zu berücksichtigen, dass dann ein Verlust beim Verkauf gemacht wird.

9.1.2 Gelingensbedingungen des erfahrungsbasierten Lernens

Im Rahmen der zweiten Forschungsfrage wurde untersucht, welche Gelingensbedingungen für einen erfahrungsbasierten Lernansatz in Form einer Klassenraum-Ökonomie identifiziert werden können. Die Ergebnisse bestätigen frühere Studien, die hervorheben, dass Erfahrungen eine wichtige Rolle für Lernprozesse in der finanziellen Bildung spielen (siehe z. B. Amagir et al., 2018). Eine Klassenraum-Ökonomie ermöglicht es Kindern, eigenständig mit Geld umzugehen und die Folgen ihrer finanziellen Entscheidungen unmittelbar zu erleben, was gerade für Kinder bedeutsam ist, die zu Hause nur wenige Gelegenheiten zum eigenständigen Umgang mit Geld und dem Treffen finanzieller Entscheidungen haben. Darüber hinaus lassen sich finanzielle Konzepte und ökonomische Zusammenhänge in der Klassenraum-Ökonomie erfahrbar machen, etwa wenn Preisveränderungen im Klassenkaufladen durch Angebot und Nachfrage entstehen.

Gleichzeitig zeigte sich, dass nicht jede Erfahrung mit Geld automatisch zu einem Lernzuwachs führt. Entscheidend ist, welche Erfahrungen Kinder machen und wie diese reflektiert werden. Ohne gezielte Reflexion besteht die Gefahr, dass Erfahrungen nicht zu einem tragfähigen finanziellen Verständnis führen oder sogar unproduktive Vorgehensweisen in Finanzkontexten begünstigen. So entwickelten einige Kinder beim Einkaufen Vermeidungsstrategien gegenüber dem Einsatz von Mathematik, anstatt diese gezielt einzusetzen. Die Einkaufserfahrung allein reichte somit nicht aus, um die sinnvolle Anwendung von Mathematik zu fördern. Ebenso wurde deutlich, dass die bloße Konfrontation mit Preisen kein ausreichendes Verständnis dafür vermittelt, wie Preise entstehen oder warum sie sich verändern.

Zusammenfassend sind Erfahrungen für die finanzielle Bildung also wichtig, und eine erfahrungsbasierte Lernumgebung in Form einer Klassenraum-Ökonomie ist ein vielversprechender Ansatz zur Gestaltung finanzieller Bildung, auch vom Mathematikunterricht der Grundschule ausgehend. Allerdings müssen die gemachten Erfahrungen passend reflektiert werden. Wie Reflexionsaufgaben gestaltet sein können, um Financial Numeracy als Teil finanzieller Bildung zu fördern, wird im folgenden Kapitel erläutert.

9.1.3 Implikationen für die Gestaltung von Aufgaben zur Förderung von Financial Numeracy

Im Rahmen der dritten Forschungsfrage wurde untersucht, welche Implikationen sich aus den Erkenntnissen zu den identifizierten Hürden für Financial Numeracy sowie zu Gelingensbedingungen des erfahrungsbasierten Lernens für die Gestaltung von Aufgaben zur Förderung von Financial Numeracy ableiten lassen.

Financial Numeracy kann sowohl als Teil finanzieller Bildung verstanden werden als auch als Ansatz, finanzielle Bildung ausgehend vom Mathematikunterricht zu gestalten. Dabei geht es jedoch um mehr als um Mathematik lediglich in finanziellen Kontexten zu üben. Entscheidend ist auch, dass Kinder grundlegende finanzielle Konzepte verstehen, ökonomische Systemzusammenhänge durchdringen und lernen, finanzielle Entscheidungen kritisch zu reflektieren.

Um die Erkenntnisse in konkrete Gestaltungsempfehlungen für die Praxis zu überführen, wurde im Rahmen dieser Arbeit eine Matrix zur Entwicklung von Aufgaben zur Förderung von Financial Numeracy erstellt, siehe Abbildung 9.1. Diese Matrix verbindet die Dimensionen finanzieller Bildung (kontextuell, konzeptuell, systemisch) nach Savard und Cavalcante (2021) mit der kritischen Orientierung, in welche Numeracy nach Goos et al. (2012) sowie den Weiterentwicklungen für Financial Numeracy von Sawatzki und Sullivan (2017) und Blue et al. (2018) eingebettet sein sollte.

Die horizontale Achse der Matrix beschreibt den Grad der finanziellen Tiefe. Am linken Rand stehen Aufgaben, bei denen es vornehmlich um das Einüben mathematischer Fertigkeiten in einfachen Finanzkontexten geht. Mit zunehmender Verschiebung nach rechts rücken Aufgaben in den Fokus, die ein vertieftes Verständnis finanzieller Konzepte erfordern – bis hin zu Aufgaben, in denen auch ökonomische und gesellschaftliche Systemzusammenhänge thematisiert werden.

Die vertikale Achse verweist auf den Grad der kritischen Orientierung. Im unteren Bereich finden sich Aufgaben, die hauptsächlich auf die Reproduktion mathematischen Wissens und prozeduraler Fertigkeiten abzielen und daher kaum zur Förderung einer kritischen Orientierung beitragen. Aufgaben im oberen Bereich der Matrix hingegen regen höhergeordnete Denkprozesse wie Vergleichen, Begründen oder Bewerten und die Verknüpfung von mathematischem und sozialen Denken und Begründen an. Soziales Denken umfasst hierbei insbesondere die Einstellungen und Wertvorstellungen, die Kinder bereits mitbringen und im Zusammenspiel mit mathematischen Überlegungen weiterentwickeln können.

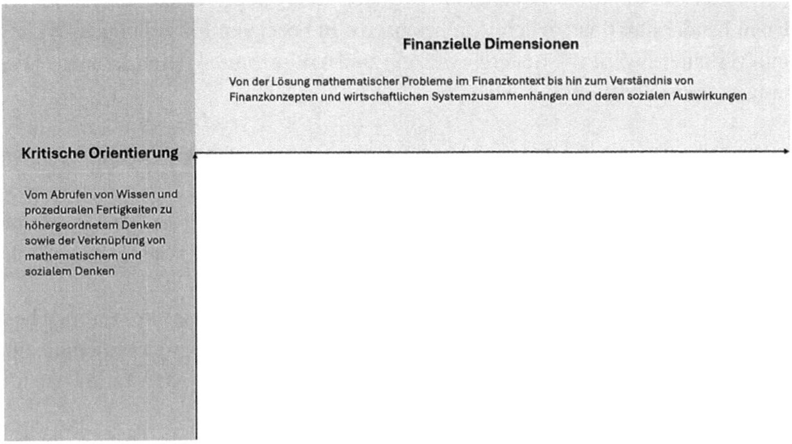

Abbildung 9.1 Matrix zur Gestaltung von Financial-Numeracy-Aufgaben. (Eigene Abbildung)

Die Matrix in Abbildung 9.2 ist mit exemplarischen Aufgaben gefüllt, die sich an Kompetenzanforderungen finanzieller Bildung orientieren, wie sie im Kompetenzrahmen für Kinder und Jugendliche (Europäische Union/OECD, 2023) formuliert sind. Die Kompetenzanforderungen sind in Tabelle 9.2 aufgelistet. Gleichzeitig greifen die Aufgaben typische Hürden für Financial Numeracy auf, die in der fachdidaktischen Entwicklungsforschung im Rahmen dieser Arbeit bei Schüler*innen deutlich wurden.

Tabelle 9.2 Ausschnitt aus dem Kompetenzrahmen für Kinder und Jugendliche (Europäische Union/OECD, 2023)

Verhaltensweisen	Einstellungen	Wissen
Prüft die Richtigkeit von Rückgeld und Belegen Vergleicht ähnliche Produkte nach ihrem Preis Unterscheidet zwischen dem Preis und dem Wert einer Ware	Traut sich zu sagen, wenn das Rückgeld oder die Belege falsch sind	Weiß, dass es einen Unterschied zwischen Großhandels- und Einzelhandelspreisen sowie Erzeuger- und Verbraucherpreisen gibt

Ziel ist es, durch die gestalteten Aufgaben Lerngelegenheiten zu schaffen, in denen Kinder ihre finanziellen Kompetenzen – in Form von Einstellungen, Wissen und Verhaltensweisen – weiterentwickeln und kritisch reflektieren können. Dies umfasst unter anderem:

- die Fähigkeit, Rückgeld und Belege zu überprüfen und dabei flexible, kontextangemessene Strategien anzuwenden,
- ein vertieftes Verständnis von Preisen und Preisbildung sowie der damit verbundenen Wertvorstellungen und Heuristiken (z. B. „je teurer, desto besser“),
- das Verständnis systemischer Zusammenhänge, etwa warum Verbraucherpreise höher sind als Erzeugerpreise und wie sich Gewinnorientierung auf verschiedene Wirtschaftsakteur*innen auswirkt.

Auf der *kontextuellen Dimension* geht es um das Anwenden mathematischer Verfahren in alltäglichen Finanzkontexten, beispielsweise beim Einkaufen. Eine grundlegende Kompetenzanforderung im Rahmen finanzieller Bildung besteht darin, zu überprüfen, ob Rückgeld und Quittungen korrekt sind, und selbstbewusst darauf hinzuweisen, wenn dies nicht der Fall ist (Europäische Union/OECD, 2023).

Aufgaben zur Förderung von Financial Numeracy sollten sich nicht nur auf die Wiedergabe von Wissen und die Anwendung vorgegebener Rechenverfahren beschränken, denn dadurch werden die Schwierigkeiten der Kinder, welche während der Entwicklungsforschungszyklen beobachtet wurden, vermutlich eher noch verstärkt. Die Kinder neigten dazu, Mathematik als eine Sammlung fester Verfahren oder „Rezepte“ zu betrachten und verwendeten starre, unflexible Strategien, ohne deren Angemessenheit im jeweiligen Kontext zu berücksichtigen.

Aufgaben sollten stattdessen so gestaltet sein, dass Kinder ihre Lösungswege miteinander vergleichen und evaluieren und somit höhergeordnete Denk- und Begründungsprozesse angeregt werden. Auf diese Weise sollen sie lernen, mathematische Verfahren nicht nur korrekt auszuführen, sondern auch deren Nutzen in konkreten Alltagssituationen einzuschätzen. Die Diskussion verschiedener Lösungsansätze im Unterricht verdeutlicht den Schüler*innen, dass es bei Financial Numeracy nicht allein auf das „richtige Ergebnis“ ankommt, sondern ebenso auf die Wahl einer im jeweiligen Kontext angemessenen Strategie. So wird Mathematik für Kinder erkennbar als Werkzeug zur Bedeutungsfindung und Unterstützung bei Entscheidungen im Alltag.

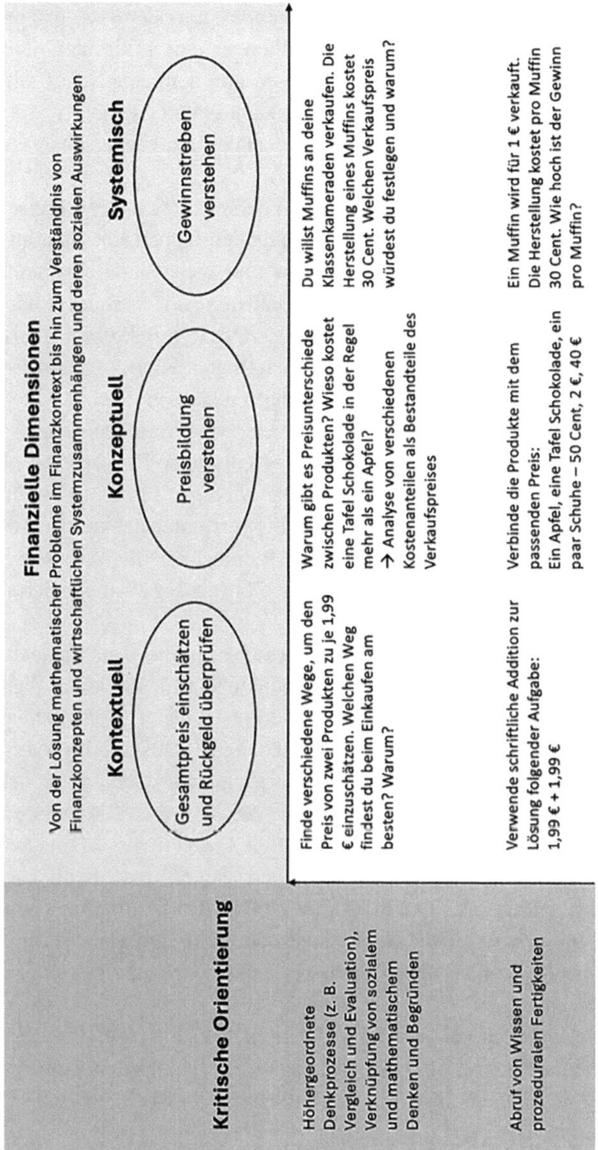

Abbildung 9.2 Matrix mit beispielhaften Aufgaben. (Eigene Abbildung)

Zusammenfassend sollten Aufgaben auf der kontextuellen Dimension so gestaltet sein, dass sie über das reine Abrufen von Wissen oder das Üben prozeduraler Fertigkeiten hinausgehen. Stattdessen sollten sie eine kritische Orientierung fördern, indem sie höhere Denkprozesse anregen und mathematisches mit sozialem Denken und Begründen verknüpfen. Dies kann etwa bedeuten, verschiedene Lösungswege zu vergleichen und die Angemessenheit mathematischer Verfahren im jeweiligen finanziellen Kontext zu beurteilen.

Kinder sollten im Rahmen von Financial Numeracy nicht nur mit Preisen rechnen können, sondern sich im Sinne der konzeptuellen Dimension auch intensiver mit finanziellen Konzepten auseinandersetzen und diese durch mathematische Aktivitäten besser verstehen. Dazu gehört, Geldwerte als besondere Größe zu begreifen und sich in diesem Zusammenhang vertieft mit Preisen – als einen Repräsentanten der Größe Geldwerte – zu beschäftigen. Kinder sollten einerseits Preise von Dingen des täglichen Bedarfs einschätzen können (Europäische Union/OECD, 2023), andererseits aber auch verstehen, wie Preise entstehen, welche Faktoren sie beeinflussen und dass Preisbildung ein anderer Prozess ist als etwa das Messen von Längen oder Gewichten. Eine wichtige Einsicht besteht darin, zwischen dem Preis eines Produkts und seinem Wert unterscheiden zu können – eine Kompetenzanforderung, welche auch im Rahmen für die Verbesserung der Finanzkompetenz von Kindern und Jugendlichen festgeschrieben ist (Europäische Union/OECD, 2023).

Aufgaben zum Aufbau von Preisvorstellungen beschränken sich jedoch häufig auf das bloße Zuordnen von Preisen zu Produkten, also auf reine Wissensreproduktion. Diskussionen über die Hintergründe festgelegter Preise fehlen dabei meist, und auch Einkaufserfahrungen allein reichen nicht aus, um Preisvorstellungen weiterzuentwickeln. In den Entwicklungsforschungszyklen zeigte sich, dass viele Schüler*innen davon ausgingen, größere oder schwerere Produkte müssten automatisch teurer sein (z. B. „Ein Sack Kartoffeln kostet mehr als eine Schachtel Pralinen, weil er schwerer ist") oder dass Preisänderungen ausschließlich auf physikalische Eigenschaften oder Qualitätsunterschiede zurückzuführen seien (z. B. „Äpfel werden billiger, wenn sie kleiner sind oder bald verderben"). Zudem traten im Zusammenhang mit Preisen stark vereinfachte Heuristiken auf, wie „je teurer, desto besser".

Die Chance liegt hier in Aufgaben, die höhere Denkprozesse anregen und Kinder dazu herausfordern, ihre Vorstellungen zu finanziellen Konzepten zu reflektieren und gegebenenfalls kritisch zu hinterfragen. Mathematische Darstellungen können dann als Werkzeug dienen, um Preisbildung besser zu verstehen und Faktoren der Preisbildung zu analysieren. So lassen sich etwa Kosten und Gewinn als Bestandteile eines Verkaufspreises mithilfe gestapelter Säulendiagramme visualisieren. Auf diese Weise wird sichtbar, dass Preise von verschiedenen Faktoren beeinflusst werden. Durch den Vergleich der Preiszusammensetzung von Produkten können Kinder mathematisches und soziales Denken miteinander verbinden: Sie analysieren Kostenanteile, vergleichen diese und interpretieren deren Bedeutung. Solche Aufgaben zielen nicht nur darauf ab, mit Preisen rechnen zu können, sondern auch deren Entstehung kritisch zu reflektieren – und dabei Heuristiken wie „je teurer, desto besser" oder die Gleichsetzung von Preis und Wert in Frage zu stellen.

Zusammenfassend sollten Aufgaben auf der konzeptuellen Dimension, zum Beispiel zur Förderung des Verständnisses für das Konzept „Preis", nicht darauf beschränkt sein, die Preise bestimmter Produkte auswendig zu lernen oder dieses Wissen bei einfachen Zuordnungsaufgaben abzurufen. Stattdessen sollten sie ein echtes konzeptuelles Verständnis fördern und eine kritische Orientierung anregen, indem mathematisches und soziales Denken und Begründen verknüpft werden müssen, um zum Beispiel Produkte anhand ihrer Preiszusammensetzung zu vergleichen und darauf aufbauend eine begründete Produktauswahl zu treffen.

Auf der *systemischen Dimension* geht es darum, finanzielle Konzepte nicht isoliert, sondern ihre Einbettung in größere ökonomische und gesellschaftliche Systeme zu betrachten. Aufgaben zu Gewinn und Gewinnstreben wurden dieser Dimension zugeordnet, da die Schüler*innen im Rahmen der Entwicklungsforschung dieser Studie Schwierigkeiten hatten, die ökonomische Notwendigkeit von Gewinn innerhalb eines marktwirtschaftlichen Systems zu verstehen. Ein Verständnis von Gewinn ist erforderlich, um die Unterschiede zwischen Großhandels- und Einzelhandelspreisen sowie zwischen Erzeuger- und Verbraucherpreisen begreifen und erklären zu können – was Kompetenzanforderungen finanzieller Bildung sind (Europäische Union/OECD, 2023). Um Gewinn zu verstehen, müssen Schüler*innen nicht nur mathematische Anforderungen bewältigen, etwa das Vergleichen oder Bestimmen der Differenz zwischen Kosten und Verkaufspreisen, sondern auch ökonomische Denkweisen von persönlichen Wertvorstellungen unterscheiden können (Berti, 2016). Dazu ist ein grundlegendes Verständnis der Funktionsweise des Wirtschaftssystems erforderlich, in dem das Austauschsystem von Geld gegen Arbeit und das Austauschsystem von Geld gegen Waren miteinander verknüpft sind (Jahoda, 1979). Kinder müssen verstehen, dass beim Verkauf von Waren im Laden die anfallenden Kosten (z. B. für Ladenpersonal und Miete) gedeckt werden müssen und darüber hinaus ein Gewinn erwirtschaftet werden soll. Damit dies gelingt, muss der erzielte Umsatz höher sein als die entstehenden Kosten.

Aufgaben, die lediglich auf das Berechnen von Gewinn abzielen – etwa die Differenz zwischen einem Einkaufspreis von 30 ct und einem Verkaufspreis von 50 ct zu bestimmen –, greifen zu kurz. Sie fördern zwar mathematische Fertigkeiten, vermitteln aber kaum Einsicht in die systemischen Zusammenhänge, welche Gewinn notwendig machen, oder die sozialen Folgen von Gewinnstreben. Eine beobachtete Herausforderung war die Schwierigkeit der Schüler*innen, dass diese ausschließlich aufgrund persönlicher Wertvorstellungen entschieden und urteilten, ohne ökonomische Denkweisen und Begründungsmuster anzuwenden. Als sie beispielsweise die Aufgabe hatten, Preise für neue Produkte in einem Klassenkaufladen festzulegen, argumentierten einige der Kinder, dass der Verkaufspreis (im Einzelhandel) gleich oder niedriger als der Einkaufspreis (im Großhandel) sein sollte, weil es nicht fair wäre, zu einem höheren Preis zu verkaufen. Die Notwendigkeit der Erwirtschaftung eines Gewinns innerhalb eines Marktwirtschaftssystems wurde hierbei nicht erkannt oder nicht berücksichtigt.

Aufgaben sollten daher offener gestaltet sein und höhergeordnete Denkprozesse wie Vergleichen, Begründen und Bewerten anregen. Sie sollten Kinder dazu ermutigen, mathematisches und ökonomisches Denken mit sozialen Überlegungen zu verknüpfen. So können die Kinder etwa die Aufgabe bekommen, im Klassenkaufladen selbst Preise festzulegen, ihre Preisgestaltung begründen und die Preisgestaltung anderer kritisch reflektieren –im Hinblick auf deren Auswirkungen auf andere Wirtschaftsakteur*innen.

Zusammenfassend sollten Aufgaben auf der systemischen Dimension von Financial Numeracy so gestaltet sein, dass Entscheidungen bezüglich finanzieller Situationen unter Anwendung von Mathematik nicht nur als neutrale mathematische Berechnungen dargestellt und von den Schüler*innen ausgeführt werden, wobei am Ende nur das richtige mathematische Ergebnis von Bedeutung ist. Stattdessen sollten diese Berechnungen auch im Hinblick auf ökonomische Zusammenhänge und soziale Auswirkungen hinterfragt werden und auf dieser Grundlage verschiedene Entscheidungsmöglichkeiten – etwa bezüglich der Preisgestaltung – verglichen und evaluiert werden.

Die entwickelte Matrix dient in erster Linie als Orientierungshilfe für Lehrkräfte bei der Gestaltung von Aufgaben zur Förderung von Financial Numeracy. Darüber hinaus kann sie genutzt werden, um bestehende (Schulbuch-)Aufgaben anzupassen und im Hinblick auf finanzielle Bildung gehaltvoller zu gestalten. Auf diese Weise können Aufgaben von einem Niveau, das vorwiegend auf die Reproduktion von Wissen und prozeduralen Fertigkeiten abzielt, zu Formaten mit einer stärkeren Anregung der kritischen Orientierung weiterentwickelt werden. So lässt sich beispielsweise eine einfache Preiszuordnungsaufgabe erweitern, indem nicht nur die korrekte Zuordnung von Preis und Produkt im Mittelpunkt steht, sondern zusätzlich eine Begründung eingefordert wird, warum die Preise auf eine bestimmte Weise zugeordnet wurden.

Die Gestaltungsprinzipien spiegeln sich auch im praktischen Endprodukt wider: Dort werden Erfahrungen im Rahmen einer simulierten Klassenraum-Ökonomie mit Reflexionsaufgaben kombiniert, welche den Gestaltungsprinzipien der Matrix entsprechen. Das praktische Endprodukt wird im folgenden Kapitel näher erläutert.

9.2 Praktisches Endprodukt

Als praktisches Endprodukt der fachdidaktischen Entwicklungsforschung entstand ein erprobtes und weiterentwickeltes erfahrungsbasiertes Lehr-Lern-Arrangement in Form einer Klassenraum-Ökonomie, wobei die Erfahrungen in der Lernumgebung durch reflexive Financial-Numeracy-Aufgaben ergänzt wurden. Eine Übersicht des Lehr-Lern-Arrangements findet sich in Tabelle 9.3. Dort sind die Erfahrungen in der Klassenraum-Ökonomie mit den dazugehörigen Reflexionsaufgaben aufgelistet.

Das Lehr-Lern-Arrangement beginnt mit einer Erprobung des Naturaltauschs, gefolgt von der Einführung des Geldes als Zahlungsmittel. Anschließend wird die vollständige Klassenraum-Ökonomie eingeführt: Die Kinder erhalten regelmäßige Einnahmen und haben Ausgaben über mehrere Wochen oder Monate hinweg. Sie müssen ihr Geld so einteilen, dass sie innerhalb eines vorgegebenen Zeitraums ein festgelegtes Sparziel erreichen. Zusätzlich wird ein Klassenkaufladen eingeführt, der eine weitere Möglichkeit bietet, Geld auszugeben – und gleichzeitig die Schwierigkeit erhöht, mit dem verfügbaren Budget zu haushalten und den Überblick über Einnahmen und Ausgaben zu behalten. Parallel dazu bearbeiten die Kinder gezielte Reflexionsaufgaben, die ihre Erfahrungen aus der Simulation vertiefen. Diese Aufgaben umfassen beispielsweise die Einschätzung von Gesamtpreisen und Rückgeld beim Einkauf oder die Analyse von Preisänderungen im Klassenkaufladen.

Bei der Entwicklung der Erfahrungsanlässe und Reflexionsaufgaben im Lehr-Lern-Arrangement wurde gezielt darauf geachtet, Kompetenzen zu fördern, die auch in einer zunehmend digitalisierten und bargeldlosen Gesellschaft – wie sie sich auch in Deutschland abzeichnet – relevant sind (Ego et al., 2024). Ein zukunftsorientierter (Mathematik-)Unterricht zur Förderung von Financial Numeracy sollte daher über das bloße Erkennen von Scheinen und Münzen hinausgehen, da deren Alltagsrelevanz zunehmend abnimmt. Stattdessen

Tabelle 9.3 Übersicht über das gestaltete Lehr-Lern-Arrangement

Erfahrung	Reflexionsaufgaben	Einsichten für Financial Numeracy
Teil 1 der Einführung der Klassenraum-Ökonomie: Vom Tauschhandel zum Geldsystem		
Handel mit und ohne Geld erproben und vergleichen	Wie oft musstest du beim direkten Tauschhandel tauschen, um dein gewünschtes Produkt zu erhalten? Eine Tafel Schokolade ist so viel Wert wie 3 Äpfel, und 6 Äpfel sind so viel Wert wie eine Packung Gummibärchen. Wie viel Schokolade sollte ich gegen eine Packung Gummibärchen eintauschen? Welche Probleme gab es beim direkten Tauschhandel? Welche Probleme wurden durch Geld gelöst? Welche nicht?	Geld und dessen ökonomische Funktionen (als Zahlungs- und Tauschmittel und Wertmaßstab) durch mathematische Reflexionen besser verstehen Geld erleichtert den Tausch und bietet einen einheitlichen Wertmaßstab, aber kreiert keinen neuen Wert
Preise für Produkte beim Handel mit Geld festlegen und Preisbildung nachvollziehen	Warum hat das Produkt diesen Preis? Begründe. Warum haben dieselben Produkte nicht immer denselben Preis? Warum haben manche Produkte einen höheren Preis als andere Produkte? Warum kann ein Produkt teurer oder billiger werden?	Preisbildung durch mathematische Aktivitäten nachvollziehen: Kosten und Gewinn als variable Anteile des Preises, funktionale Beziehungen zwischen Angebot, Nachfrage und Preis Preise (von Produkten) sind das Zusammenspiel vieler verschiedener Faktoren und verhandelbar, nicht objektiv festgelegt (wie z. B. das Gewicht oder die Länge von Produkten)

(Fortsetzung)

Tabelle 9.3 (Fortsetzung)

Teil 2 der Einführung der Klassenraum-Ökonomie mit Einnahmen, festen Ausgaben und variablen Konsumausgaben am Klassenkaufladen		
Einkauf am Klassenkaufladen (mit Gesamtpreis einschätzen und Rückgeld überprüfen)	Vergleich und Bewertung verschiedener mathematischer Strategien in Einkaufskontexten anregen: Wie kannst du den Gesamtpreis beim Einkaufen einschätzen? Gibt es noch andere Wege, wie du den Gesamtpreis einschätzen kann? Welche Vorgehensweise ist im Kontext angemessen? Interpretation und Evaluation von mathematischen Lösungen im finanziellen Kontext: Reicht das Geld für den gesamten Einkauf? Was bedeutet die Überschlagsrechnung in diesem Einkaufskontext?	Flexible Disposition gegenüber der Anwendung von Mathematik im Finanzkontext fördern. Angemessenheit einer mathematischen Lösung im finanziellen Kontext beurteilen.
Vergleich ähnlicher Produkte beim Einkauf	Analyse von Kostenanteilen und Gewinnspannen bei Produktpreisen: Wie groß sind die einzelnen Kostenanteile am Gesamtpreis? Wie groß sind die Gewinnspannen? Welches Produkt wählst du und warum? Was beeinflusst deine Entscheidung?	Vertieftes Verständnis von Preisbildung, Unterscheidung von Preis und Wert von Produkten und kritisches Hinterfragen von Heuristiken wie „je teurer, desto besser" Produkte nach weiteren Kriterien als nur dem Preis vergleichen und auswählen

(Fortsetzung)

Tabelle 9.3 (Fortsetzung)

Teil 2 der Einführung der Klassenraum-Ökonomie mit Einnahmen, festen Ausgaben und variablen Konsumausgaben am Klassenkaufladen		
Einkauf am Klassenkaufladen (mit Gesamtpreis einschätzen und Rückgeld überprüfen)	Vergleich und Bewertung verschiedener mathematischer Strategien in Einkaufskontexten anregen: Wie kannst du den Gesamtpreis beim Einkaufen einschätzen? Gibt es noch andere Wege, wie du den Gesamtpreis einschätzen kann? Welche Vorgehensweise ist im Kontext angemessen? Interpretation und Evaluation von mathematischen Lösungen im finanziellen Kontext: Reicht das Geld für den gesamten Einkauf? Was bedeutet die Überschlagsrechnung in diesem Einkaufskontext?	Flexible Disposition gegenüber der Anwendung von Mathematik im Finanzkontext fördern. Angemessenheit einer mathematischen Lösung im finanziellen Kontext beurteilen.
Erleben von Preisänderungen bei Produkten am Klassenkaufladen	Warum steigen oder fallen Preise? Was passiert bei einer Nachfragesteigerung (bei gleichbleibendem Angebot)? Was passiert bei einer Angebotssteigerung (bei gleichbleibender Nachfrage)? Kann der Preis unbegrenzt steigen oder fallen?	Vertieftes Verständnis von Preisbildung und den funktionalen Beziehungen zwischen Angebot, Nachfrage und Preis Auswirkungen von Preisen und Preisänderungen (auf verschiedene Wirtschaftsakteur*innen) bedenken
Preise für neue Produkte am Klassenkaufladen festlegen	Welchen Preis würdest du für das Produkt festlegen? Warum?	Verknüpfung von mathematischem und ökonomischem Denken und Begründen (z. B. bezüglich der Differenz zwischen Einkaufspreis und Verkaufspreis als möglichen Gewinn) und gleichzeitiges Bedenken von sozialen Auswirkungen der Preisfestlegungen Festlegen von Preisen als finanziell numerale Praxis erleben, die in soziale Kontexte eingebettet ist.

wird es künftig umso wichtiger, automatisch generierte mathematische Ergebnisse kritisch prüfen zu können. Von Bedeutung bleibt auch ein grundlegendes Verständnis der Funktionen von Geld – als Tauschmittel, Wertmaßstab und Wertspeicher. Diese ökonomischen Grundfunktionen sind unabhängig von der Erscheinungsform des Geldes – ob physisch oder digital.

Die Tabelle bietet lediglich einen Überblick über die Aktivitäten im Lehr-Lern-Arrangement. Zur Unterstützung der Umsetzung im Unterricht wurde zusätzlich ein Leitfaden für Lehrkräfte entwickelt, welcher im Anhang im elektronischen Zusatzmaterial einsehbar ist. Dieser enthält zunächst eine kompakte Einführung in den theoretischen Hintergrund von Financial Numeracy und stellt anschließend ausführlich konkrete Aktivitäten und Reflexionsaufgaben vor. Ergänzend werden Bezüge zum Bildungsplan und den darin vorgeschriebenen inhalts- und prozessbezogenen Kompetenzen des Fachs Mathematik in der dritten und vierten Klasse der Grundschule (Ministerium für Kultus, Jugend und Sport Baden-Württemberg; 2024) hergestellt.

Der Leitfaden ist modular aufgebaut und besteht aus flexibel einsetzbaren Bausteinen für den Mathematikunterricht. Diese wurden so gestaltet, dass Lehrkräfte sie bedarfsorientiert an die jeweilige Lerngruppe anpassen sowie entsprechend beobachteter Hürden im Bereich Financial Numeracy gezielt erweitern oder vertiefen können.

Die Erfahrungen im Lehr-Lern-Arrangement sind wiederholbar – insbesondere nach Reflexionsphasen. Dadurch erhalten die Schüler*innen die Möglichkeit, Gelerntes auf neue Situationen zu übertragen und ihr Erfahrungswissen zu festigen und auszubauen. Dieses Vorgehen orientiert sich am Konzept des erfahrungsbasierten Lernens nach Kolb (2014). Lernen wird hier als zyklischer Prozess verstanden, der aus konkreten Erfahrungen, deren Reflexion, dem Ableiten von Erkenntnissen und der Anwendung in neuen Handlungssituationen besteht.

Fazit 10

Finanzielle Bildung beschreibt den Prozess, der auf die Entwicklung von Finanzkompetenz abzielt und zugleich deren Ergebnisse umfasst – in Form von finanziellem Wissen, Einstellungen und Verhaltensweisen, die dazu befähigen sollen, reflektierte und verantwortungsvolle Finanzentscheidungen zu treffen (Geiger et al., 2016). Financial Numeracy kann als Teilbereich finanzieller Bildung verstanden werden, da die Anwendung von Mathematik wesentlich dazu beiträgt, finanzielle Informationen, Daten und Risiken kritisch zu analysieren und zu bewerten (Gal et al., 2020).

Ein Fokus auf Financial Numeracy eröffnet zugleich die Möglichkeit, finanzielle Bildung aus mathematikdidaktischer Perspektive zu beforschen und zu gestalten – ein Ansatz, der in der vorliegenden Arbeit verfolgt wurde. Die übergeordnete Forschungsfrage lautete:

○ Wie kann finanzielle Bildung im Mathematikunterricht der dritten und vierten Klasse gestaltet werden?

Auf Basis der empirischen Befunde aus der durchgeführten Entwicklungsforschung ergibt sich folgende Empfehlung für die Praxis: Finanzielle Bildung kann im Mathematikunterricht der Grundschule gefördert werden, wenn Lernende durch erfahrungsbasierte Lernansätze – etwa in Form von Simulationen im Klassenzimmer – finanzielle Erfahrungen sammeln und diese im Anschluss mithilfe gezielter Reflexionsaufgaben aufarbeiten. Diese Reflexionsaufgaben sollten explizit auf die Förderung von Financial Numeracy ausgerichtet sein und Kinder dazu anregen, ihre Einstellungen, ihr Wissen und ihre Verhaltensweisen im Umgang

D.-M. Wiedenhöfer, *Förderung des Umgangs mit Geld in der Grundschule*, Perspektiven der Mathematikdidaktik,
https://doi.org/10.1007/978-3-658-53385-4_10

mit Geld kritisch zu hinterfragen und weiterzuentwickeln. Dabei sollten die Aufgaben so gestaltet sein, dass sie bei typischen Hürden für finanziell numerale Praktiken ansetzen, welche sich auf die Dimensionen von Numeracy – mathematisches Wissen, Werkzeuge, Dispositionen, finanzieller Kontext und kritische Orientierung – beziehen.

Die folgenden Unterkapitel erläutern die Schlussfolgerungen dieser Arbeit. Zunächst wird der Beitrag zum Forschungsfeld aufgezeigt – sowohl im Hinblick auf die gewonnenen theoretischen Einsichten zu Financial Numeracy als auch auf Implikationen für die Unterrichtspraxis. Anschließend werden Limitationen der Studie diskutiert und daraus Perspektiven für zukünftige Forschung abgeleitet.

10.1 Beitrag zum Forschungsfeld durch diese Arbeit

Diese Arbeit leistet einen Beitrag zur Weiterentwicklung des Forschungsfeldes am Schnittpunkt von Mathematikdidaktik und finanzieller Bildung. Im Rahmen fachdidaktischer Entwicklungsforschung wurden sowohl Erkenntnisse zu Hürden für Financial Numeracy generiert als auch Implikationen für die Unterrichtspraxis zur Gestaltung finanzieller Bildung im Mathematikunterricht der Grundschule herausgearbeitet.

10.1.1 Beitrag zur Theoriebildung

Die Arbeit trägt zur theoretischen Schärfung des Konstrukts Financial Numeracy für die bislang wenig erforschte Zielgruppe von Grundschüler*innen in Deutschland bei. Sie knüpft an den internationalen Diskurs zu Numeracy und Financial Numeracy an, führt diesen im deutschen Kontext weiter und erweitert bestehende internationale Konzeptualisierungen um eine differenzierte Beschreibung der für Grundschulkinder relevanten Voraussetzungen und Herausforderungen. Die Ergebnisse verdeutlichen, dass Financial Numeracy als mehrdimensionales Konstrukt verstanden werden muss, das weit über die Reproduktion prozeduraler mathematischer Fertigkeiten hinausgeht. Hürden bezüglich der Anwendung von Mathematik in Finanzkontexten zeigen sich nicht nur beim mathematischen Wissen, sondern ebenso bei Dispositionen, beim Umgang mit mathematischen Werkzeugen, bei der Sinnfindung bezüglich des finanziellen Kontextes und der kritischen Orientierung, welche zum Treffen und Hinterfragen finanzieller Entscheidungen benötigt wird. Die Arbeit trägt damit zu einem vertieften Verständnis der Bedingungen bei, die für die Entwicklung von Financial Numeracy im Grundschulalter bedeutsam sind.

Darüber hinaus leistet die Arbeit einen Beitrag zur Theoriebildung im Bereich des erfahrungsbasierten Lernens für die finanzielle Bildung. Während bisherige Studien vorrangig quantitative Wirkungsnachweise liefern, ergänzt diese Arbeit das Feld durch qualitative Einsichten bezüglich Gelingensbedingungen, insbesondere im Hinblick auf den Einsatz einer simulierten Klassenraum-Ökonomie und deren Potenzial zur sinnstiftenden Anwendung mathematischer Inhalte in Finanzkontexten und zur Förderung des Verständnisses finanzieller Konzepte und ökonomischer Zusammenhänge. Die Ergebnisse zeigen, dass authentische Erfahrungen mit Geld allein nicht ausreichen, um finanzielle und mathematische Kompetenzen aufzubauen. So führt beispielsweise das bloße Einkaufen nicht zwangsläufig zu einem kompetenten Kaufverhalten oder einem vertieften Verständnis für Preisbildung. Vielmehr entfaltet eine simulierte Klassenraum-Ökonomie ihr Potenzial insbesondere dann, wenn die gemachten Erfahrungen durch gezielte Reflexionsanlässe aufgegriffen werden. Die Arbeit liefert damit theoretische Hinweise darauf, unter welchen Bedingungen eine simulierte Klassenraum-Ökonomie als erfahrungsbasierter Lernansatz zur Förderung von Financial Numeracy beitragen kann.

10.1.2 Beitrag zur Unterrichtspraxis

Im Rahmen dieser Arbeit wurden Implikationen für die Gestaltung von Aufgaben zur Förderung von Financial Numeracy ausgearbeitet. Hierfür wurde eine Matrix zur Aufgabengestaltung entwickelt, welche relevante Designprinzipien übersichtlich bündelt und Lehrkräfte bei der Entwicklung oder Überarbeitung von Aufgaben unterstützen soll. Die Matrix soll dazu anregen, bei der Aufgabengestaltung sowohl den Grad der finanziellen Tiefe als auch den Grad der kritischen Orientierung zu berücksichtigen, um reichhaltige Lerngelegenheiten zur Förderung von Financial Numeracy zu schaffen.

Aufgaben zur Förderung von Financial Numeracy sollten nicht auf die Anwendung und Einübung mathematischer Verfahren in alltäglichen Finanzsituationen beschränkt bleiben (kontextuelle Dimension). Vielmehr sollten sie Kindern auch Gelegenheiten eröffnen, finanzielle Konzepte und systemische Zusammenhänge zu verstehen (konzeptuelle und systemische Dimension).

Zudem sollten die Aufgaben eine kritische Orientierung anregen, indem sie höhergeordnete Denkprozesse (wie z. B. Vergleichen oder Evaluieren) erfordern, statt nur auf die Reproduktion von Wissen und prozeduralen Fertigkeiten ausgelegt zu sein. Schließlich sollten die Aufgaben so konzipiert sein, dass nicht nur das mathematisch korrekte Ergebnis zählt, sondern bei der Entscheidung für eine Lösungs- oder Entscheidungsoption eine Kombination aus mathematischem und sozialem Denken und Begründen angeregt wird.

Des Weiteren wurde im Rahmen der beiden Entwicklungsforschungszyklen ein im Mathematikunterricht der dritten und vierten Klassen einsetzbares Lehr-Lern-Arrangement entwickelt, das eine simulierte Klassenraum-Ökonomie mit strukturierten Reflexionsphasen verbindet. Ergänzt wird dieses Lehr-Lern-Arrangement durch einen Leitfaden, der praxisnah für Lehrkräfte erläutert, wie erfahrungsbasiertes Lernen gezielt mit Reflexionsaufgaben kombiniert werden kann, um Financial Numeracy zu fördern. Damit stellt die Arbeit ein neues, im Rahmen der Entwicklungsforschung empirisch erforschtes und erprobtes Unterrichtskonzept einschließlich konkreter Aufgabenformate zur Verfügung, das Lehrkräften Anregungen für die Gestaltung eines Financial-Numeracy-orientierten Mathematikunterrichts in der Grundschule bietet. Auch wenn die Erprobung bislang ausschließlich in Kleingruppen erfolgte, liefert das Konzept eine fundierte Grundlage für die Weiterentwicklung und den Einsatz entsprechender Unterrichtsangebote.

10.2 Limitationen und Ausblick auf zukünftige Forschung

Eine Einschränkung dieser Untersuchung liegt darin, dass sie ausschließlich qualitativ angelegt war und mit einer vergleichsweise kleinen Gruppe von Grundschulkindern durchgeführt wurde. Dieses Vorgehen ermöglichte vertiefte Einblicke in Denkprozesse und Lernverläufe im Bereich der Financial Numeracy, insbesondere durch die Triangulation verschiedener Datenquellen und eine prozessorientierte Analyse über einen längeren Zeitraum. So konnten Hürden und Gelingensbedingungen identifiziert und darauf aufbauend konkrete Gestaltungsprinzipien für den Unterricht entwickelt werden. Gleichwohl bleibt die Aussagekraft der Ergebnisse begrenzt, da die Entwicklungsforschung mit nur 31 Schüler*innen durchgeführt wurde.

Eine weitere Limitation betrifft die Durchführung der Intervention. Das Lehr-Lern-Arrangement wurde von der Autorin dieser Arbeit selbst umgesetzt und nicht von regulären Lehrkräften im schulischen Alltag durchgeführt. Dadurch konnte zwar eine hohe Übereinstimmung zwischen der intendierten und der tatsächlichen Umsetzung des Konzepts gewährleistet werden, zugleich bleibt jedoch offen, inwieweit vergleichbare Ergebnisse unter den Bedingungen des regulären Unterrichts erzielt werden können. Zwar wurde ein praxisorientierter Leitfaden entwickelt, der Lehrkräfte bei der Umsetzung unterstützt, dennoch könnten für eine erfolgreiche Implementierung zusätzliche Fortbildungsmaßnahmen erforderlich sein. Zukünftige Studien sollten daher untersuchen, wie das entwickelte Lehr-Lern-Arrangement von Lehrkräften unter authentischen Unterrichtsbedingungen umgesetzt wird und welche Unterstützungsmaßnahmen hierfür notwendig sind.

Darüber hinaus bildet die Stichprobe die Heterogenität schulischer Lernumgebungen nur eingeschränkt ab. Die beteiligten Schulen befanden sich überwiegend im ländlichen Raum. Zudem erfolgte die Teilnahme freiwillig im Rahmen einer außerschulischen Arbeitsgemeinschaft. Es ist daher davon auszugehen, dass die teilnehmenden Kinder eine höhere Motivation oder ein größeres Interesse an den Themen Mathematik oder Geld mitbrachten als Schüler*innen, die sich nicht freiwillig für ein solches Angebot entschieden hätten. Die Ergebnisse lassen sich deshalb nur eingeschränkt auf reguläre Klassen-Settings übertragen. Des Weiteren erfolgte die Auswahl der teilnehmenden Kinder in erster Linie aus organisatorischen Gründen, wodurch Diversitätsmerkmale nur bedingt gesteuert werden konnten. Die Vielfalt kultureller Hintergründe, sozioökonomischer Lebenslagen und städtischer Erfahrungsräume blieb in der Untersuchung deshalb weitgehend unberücksichtigt.

Für weiterführende Forschung erscheint es notwendig, mit größeren und bewusst heterogen zusammengesetzten Stichproben zu arbeiten – insbesondere unter Einbezug von Schulen in städtischen und sozioökonomisch vielfältigeren Umfeldern. Nur so lassen sich die Übertragbarkeit und Wirksamkeit der entwickelten Konzepte unter unterschiedlichen Rahmenbedingungen prüfen.

Ein nächster Schritt der Entwicklungsforschung sollte dann darin bestehen, das Lehr-Lern-Arrangement nicht mehr nur in Kleingruppen, sondern in Klassenerprobungen in größerem Maßstab und geringerer Analysetiefe durchzuführen. Auf diese Weise können auch Dynamiken des Unterrichtsalltags in den Blick genommen und untersucht werden, inwiefern sich die Gestaltungsprinzipien unter realen Unterrichtsbedingungen bewähren.

Im Rahmen zukünftiger Klassenerprobungen sollte sich der Forschungsfokus nicht ausschließlich auf die Schüler*innen, sondern auch auf die Perspektive der Lehrkräfte richten. Von zentraler Bedeutung ist dabei die Frage, welche Formen der Unterstützung erforderlich sind, damit Aufgaben zur Förderung von Financial Numeracy zielgerichtet in den Unterricht integriert werden können. Für die Integration sind sowohl fachliche und fachdidaktische Kompetenzen im Bereich Finanzen und Ökonomie als auch ein fundiertes Verständnis von Numeracy als multidimensionalem Konzept entscheidend. Weiterführende Studien könnten untersuchen, inwieweit Lehrpersonen in der Lage sind, eigene Aufgaben zu entwickeln oder bestehende Formate anzupassen – und ob unterstützende Instrumente wie die Matrix zur Aufgabengestaltung dabei tatsächlich als hilfreich erlebt werden.

Über die qualitative Forschung hinaus könnten in Zukunft auch quantitative Methoden eingesetzt werden, um die Wirksamkeit der entwickelten Ansätze sicherzustellen und auch langfristige Effekte zu überprüfen. Allerdings müssen die Gestaltung und Auswahl geeigneter Messinstrumente dem komplexen Anspruch finanzieller Bildung gerecht werden und dürfen nicht auf reine Wissensabfragen reduziert sein. Gerade die Fähigkeit zur Anwendung von Mathematik in finanziellen Kontexten lässt sich in standardisierten Tests nur schwer adäquat erfassen – insbesondere, wenn Numeracy als soziale Praxis verstanden wird.

Denn wenn numerale Praktiken als sozial eingebettet betrachtet werden, bedarf es einer dichten Beschreibung der Daten und ihres Kontextes, um ein umfassendes Verständnis zu ermöglichen. Qualitative Forschungsansätze sind hierfür besonders geeignet, da sie reichhaltige Daten generieren und soziale Zusammenhänge sowie Phänomene in ihrer Tiefe erfassen (Merriam & Tisdale, 2016). Ergänzende quantitative Studien könnten nur dann eine sinnvolle Ergänzung sein, wenn ihre Konzeption und Analyse sehr sorgfältig an den komplexen Forschungsgegenstand angepasst werden.

Literatur

Abramovitch, R., Freedman, J. L. & Pliner, P. (1991). Children and money: getting an allowance, credit versus cash, and knowledge of pricing. *Journal Of Economic Psychology, 12*(1), 27–45. https://doi.org/10.1016/0167-4870(91)90042-r

Amagir, A., Groot, W., Van den Brink, H. M. & Oostdam, R. (2018). A review of financial-literacy education programs for children and adolescents. *Citizenship, Social And Economics Education, 17*(1), 56–80. https://doi.org/10.1177/2047173417719555

Aprea, C. (2012). Messung der Befähigung zum Umgang mit Geld und Finanzthemen: Ausgewählte Instrumente und alternative diagnostische Zugänge. *Berufs- und Wirtschaftspädagogik – Online, 22.* http://www.bwpat.de/ausgabe22/aprea_bwpat22.pdf

Aprea, C. & Suna, M. (2024). Finanzbildungsangebote in Deutschland: Bestandsaufnahme, kritische Würdigung und Perspektiven für die nationale Strategieentwicklung. *Zeitschrift für Ökonomische Bildung, 13,* 238–335. https://doi.org/10.7808/zfoeb.2024.13.100

Aprea, C. & Wuttke, E. (2016). Financial literacy of adolescent and young adults: Setting the course for a competence-oriented assessment approach. In C. Aprea, E. Wuttke, K. Breuer, N. K. Koh, P. Davies, B. Greimel-Fuhrmann & J. S. Lotus (Hrsg.), *International Handbook of Financial Literacy* (S. 397–414). Springer. https://doi.org/10.1007/978-981-10-0360-8_27

Aprea, C., Wuttke, E., Leumann, S. & Heumann, M. (2015). Kompetenzfacetten von Financial Literacy : Sichtweisen verschiedener Akteure. In J. Seifried, S. Seiber & B. Ziegler (Hrsg.), *Jahrbuch der berufs- und wirtschaftspädagogischen Forschung 2015* (S. 11–22). Barbara Budrich. https://doi.org/10.25656/01:18340

Arndt, H. & Kopp, B. (2015). Präkonzepte von Grundschulkindern zu ökonomischen Sachverhalten. Erste Ergebnisse der Vorstudie. In *Kognitive Aktivierung in der ökonomischen Bildung.* (S. 118–130). Wochenschau Verlag.

Attard, C. (2014). "I don't like it, I don't love it, but I do it and I don't mind": Introducing a framework for engagement with mathematics. *Curriculum Perspectives, 34*(3), 1–14.

Attard, C. (2018). Financial literacy: Mathematics and money: improving student engagement. *Australian Primary Mathematics Classroom, 23*(1). https://files.eric.ed.gov/fulltext/EJ1175631.pdf

audiotranskription.de – Dr. Dresing & Pehl GmbH. (2024). *f4 2024* (8.2.0) [Computer Software]. https://www.audiotranskription.de/

D.-M. Wiedenhöfer, *Förderung des Umgangs mit Geld in der Grundschule*, Perspektiven der Mathematikdidaktik, https://doi.org/10.1007/978-3-658-53385-4

Australian Curriculum Assessment and Reporting Authority (ACARA). (o. D.). *Consumer and financial literacy*. The Australian Curriculum (Version 8.4). https://www.australiancurriculum.edu.au/resources/curriculum-connections/portfolios/consumer-and-financial-literacy/

Bakker, A. & Van Eerde, D. (2014). An Introduction to Design-Based Research with an Example From Statistics Education. In *Approaches to Qualitative Research in Mathematics Education* (S. 429–466). Springer. https://doi.org/10.1007/978-94-017-9181-6_1

Bandura, A. (1977). Self-efficacy: Toward a unifying theory of behavioral change. *Psychological Review, 84*(2), 191–215. https://doi.org/10.1037/0033-295x.84.2.191

Barton, D. & Hamilton, M. (2003). Literacy practices. In D. Barton (Hrsg.), *Situated literacies. Reading and writing in context*(S. 1–6). Routledge.

Batty, M., Collins, J. M. & Odders-White, E. R. (2015). Experimental Evidence on the Effects of Financial Education on Elementary School Students' Knowledge, Behavior, and Attitudes. *Journal Of Consumer Affairs, 49*(1), 69–96. https://doi.org/10.1111/joca.12058

Batty, M., Collins, J. M., O'Rourke, C. & Adders-White, E. (2020). Experiential Financial Capability Education: A Field Study of My Classroom Economy. *Economics Of Education Review, 78*. https://doi.org/10.1016/j.econedurev.2020.102014

Bay, C., Catasús, B. & Johed, G. (2014). Situating financial literacy. *Critical Perspectives On Accounting, 25*(1), 36–45. https://doi.org/10.1016/j.cpa.2012.11.011

Beerbaum, J., Göttlicher, A., Pfleger, S., Wettels, B. & Zippel, S. (2021). *Flex und Flo Mathematik 3: Themenheft Sachrechnen und Größen*. Westermann.

Berti, A. E. (1992). The acquisition of the concept of shop profit by 3rd grade children. *Contemporary Educational Psychology, 17*, 1–7.

Berti, A. E. (1999). Knowledge restructuring in an economic subdomain: Banking. In W. Schnitz, S. Vosniadou & M. Carretero (Hrsg.), *New Perspectives on Conceptual Change* (S. 113–136). Amsterdam.

Berti, A. E. (2016). Sketching a possible learning progression for the cognitive component of financial education in the broader context of economic education. I. In C. Aprea, E. Wuttke, K. Breuer, N. K. Koh, P. Davies, B. Greimel-Fuhrmann & J. S. Lotus (Hrsg.), *International handbook of financial literacy* (S. 515–530). Springer.

Berti, A. E. & Bombi, A. S. (1988). *The child's construction of economics* (G. Duveen, Übers.). Cambridge University Press.

Berti, A. E. & De Beni, R. (1988). Prerequisites for the concept of shop profit: Logic and memory. *British Journal Of Developmental Psychology, 6*(4), 361–368. https://doi.org/10.1111/j.2044-835x.1988.tb01108.x

Berti, A. E. & Grivet, A. (1990). The Development of Economic reasoning in children from 8 to 13 years old: Price mechanism. *Contributi Di Psicologia, 3*(3), 37–47.

Beutler, I. & Dickson, L. (2008). Consumer economic socialization. In J. J. Xiao (Hrsg.), *Handbook of consumer finance research*(S. 88–102). Springer.

Björklund, M. & Sandahl, J. (2021). Inviting students to independent judgement: Teaching financial literacy as citizenship education. *Citizenship, Social And Economics Education, 20*(2), 103–121. https://doi.org/10.1177/20471734211029494

Blue, L. (2019). Financial Literacy Education: Toward Reasonable, Just, and Sustainable Practices. *Encyclopedia Of The UN Sustainable Development Goals*, 1–9. https://doi.org/10.1007/978-3-319-69902-8_20-1

Blue, L. & Grootenboer, P. (2019). A praxis approach to financial literacy education. *Journal Of Curriculum Studies*, *51*(5), 755–770. https://doi.org/10.1080/00220272.2019.1650115

Blue, L., O'Brien, M. & Makar, K. (2018). Exploring the classroom practices that may enable a compassionate approach to financial literacy education. *Mathematics Education Research Journal*, *30*(2), 143–164. https://doi.org/10.1007/s13394-017-0223-5

Brenner, M. E. (1998). Meaning and Money. *Educational Studies in Mathematics*, *36*(2), 123–155. https://doi.org/10.1023/a:1003176619818

Bucher-Koenen, T. & Lusardi, A. (2011). Financial literacy and retirement planning in Germany. *Journal Of Pensions Economics And Finance*, *10*(4), 565–584. https://doi.org/10.1017/s1474747211000485

Burkhardt, H., Pead, D. & Stacey, K. (2024). *Learning and Teaching for Mathematical Literacy*. Routledge. https://doi.org/10.4324/9781003303503

Claar, A. (1990). *Die Entwicklung ökonomischer Begriffe im Jugendalter Eine strukturgenetische Analyse*. Springer.

Claar, A. (1996). Was kostet die Welt? In *Springer eBooks*. https://doi.org/10.1007/978-3-642-60974-9

Cobb, P., Confrey, J., diSessa, A., Lehrer, R. & Schauble, L. (2003). Design Experiments in Educational Research. *Educational Researcher*, *32*(1), 9–13.

Cockcroft, W. (1982). *Mathematics counts*. HMSO.

Collins, J. M. & Odders-White, E. R. (2015). A Framework for Developing and Testing Financial Capability Education Programs Targeted to Elementary Schools. *Journal Of Economic Education*, *46*(1), 105–120. https://doi.org/10.1080/00220485.2014.976325

Council For Economic Education. (o. D.). *The most comprehensive personal finance curriculum for grades K-12 | FFFL – Financial Fitness For Life*. https://fffl.councilforeconed.org/

Danes, S. M. (1994). Parental Perceptions of Children's Financial Socialization. *Financial Counselling And Planning*, *5*, 127–146.

Davies, P. (2009). Improving the quality of students' arguments through 'assessment for learning'. *Journal Of Social Science Education*, *8*(2), 94–104.

Davies, P. (2015). Towards a framework for financial literacy in the context of democracy. *Journal Of Curriculum Studies*, *47*(2), 300–316. https://doi.org/10.1080/00220272.2014.934717

De Boer, H. & Reh, S. (2012). *Beobachtung in der Schule – Beobachten lernen*. VS Verlag für Sozialwissenschaften.

De Bruin, W. B. & Slovic, P. (2021). Low numeracy is associated with poor financial well-being around the world. *PLoS ONE*, *16*(11), e0260378. https://doi.org/10.1371/journal.pone.0260378

DGfE-Vorstand. (2010). Ethik-Kodex der Deutschen Gesellschaft für Erziehungswissenschaft (DGFE). *Erziehungswissenschaft*, *21*(41), 179–184. https://doi.org/10.25656/01:4030

Dole, S. (2003). Questioning numeracy programs for at-risk students in the middle years of schooling. In L. Bragg, C. Campbell, G. Herbert & J. Mousley (Hrsg.), *Proceedings of the 26th annual conference of the Mathematics Education Research Group of Australasia.* MERGA.

Dresing, T. & Pehl, T. (2018). *Praxisbuch Interview & Transkription & Analyse: Anleitungen und Regelsysteme für qualitativ Forschende.* (8. Aufl.). Eigenverlag. https://www.audiotranskription.de/wp-content/uploads/2020/11/Praxisbuch_08_01_web.pdf

Drever, A. I., Odders-White, E. R., Kalish, C. W., Else-Quest, N. M., Hoagland, E. A. & Nelms, E. N. (2015). Foundations of Financial Well-Being: Insights into the Role of Executive Function, Financial Socialization, and Experience-Based Learning in Childhood and Youth. *Journal Of Consumer Affairs, 49*(1), 13–38. https://doi.org/10.1111/joca.12068

Ego, N., Eschenbach, M., Korella, L., Lorek, K., Novotny, J. & Sieber, S. (2024). *Zahlungsverhalten in Deutschland 2023.* Deutsche Bundesbank.

Europäische Union/OECD. (2023). *Rahmen zur Verbesserung der Finanzkompetenzen für Kinder und Jugendliche in der Europäischen Union.* https://doi.org/10.2874/297346

Fernandes, D. J., Lynch, J. & Netemeyer, R. G. (2014). Financial Literacy, Financial Education, and Downstream Financial Behaviors. *Management Science, 60*(8), 1861–1883. https://doi.org/10.1287/mnsc.2013.1849

Financial Numeracy in Mathematics Education. (2021). In *Springer eBooks.* Springer Nature. https://doi.org/10.1007/978-3-030-73588-3

Franke, M. & Kurz, A. (2003). Beim Einkaufen kenne ich mich aus – wirklich? *Journal für Mathematik-Didaktik, 24*(3–4), 190–210. https://doi.org/10.1007/bf03338981

Franke, M. & Ruwisch, S. (2010). *Didaktik des Sachrechnens in der Grundschule: Mathematik Primarstufe und Sekundarstufe I + II* (2. Aufl.). Spektrum.

Frankenstein, M. (2010). Developing critical mathematical numeracy through real real-life word problems. In U. Gellert, E. Jablonka & C. Morgan (Hrsg.), *Proceedings of the sixth international Mathematics Education and Society conference.* Freie Universität Berlin.

Frühauf, F. & Retzmann, T. (2016). Financial Literacy in Germany. In C. Aprea, E. Wuttke, K. Breuer, N. K. Koh, P. Davies, B. Greimel-Fuhrmann & J. S. Lopus (Hrsg.), *International Handbook of Financial Literacy* (S. 263–276). Springer. https://doi.org/10.1007/978-981-10-0360-8

Gal, I., Grotlüschen, A., Tout, D. & Kaiser, G. (2020). Numeracy, adult education, and vulnerable adults: a critical view of a neglected field. *ZDM, 52*(3), 377–394. https://doi.org/10.1007/s11858-020-01155-9

Geiger, J., Meretz, U. & Liening, A. (2016). Systematisierung deutschsprachiger Studien zur Kompetenzerfassung von financial literacy. *Zeitschrift für Ökonomische Bildung,* 72–93. https://www.zfoeb.de/2016_5/2016-5_geiger_meretz_liening_studien_financial_literacy.pdf

Geiger, V., Forgasz, H. & Goos, M. (2014). A critical orientation to numeracy across the curriculum. *ZDM, 47*(4), 611–624. https://doi.org/10.1007/s11858-014-0648-1

Geiger, V., Goos, M. & Forgasz, H. (2015). A rich interpretation of numeracy for the 21st century: a survey of the state of the field. *ZDM, 47*(4), 531–548. https://doi.org/10.1007/s11858-015-0708-1

Gerken, M. & Nebel, J. (2019). *MiniMax 2: Größen und Sachrechnen* (1. Aufl.). Klett.

Gnan, E., Silgoner, M. A. & Weber, B. (2007). Economic and Financial Education: Concepts, Goals and Measurement. *Monetary Policy & The Economy, 3,* 28–49. https://EconPapers.repec.org/RePEc:onb:oenbmp:y:2007:i:3:b:2

Goos, M., Dole, S. & Geiger, V. (2012). Numeracy across the curriculum. *Australian Mathematics Teacher*, *68*(1), 3–7. https://files.eric.ed.gov/fulltext/EJ974975.pdf

Goos, M., Geiger, V. & Dole, S. (2013). Designing rich numeracy tasks (22nd ICME study conference). In C. Margolinas (Hrsg.), *Task design in mathematics education*. ICME.

Goos, M., Geiger, V. & Dole, S. (2014). Transforming professional practice in numeracy teaching. In *Advances in mathematics education* (S. 81–102). https://doi.org/10.1007/978-3-319-04993-9_6

Goos, M., Geiger, V., Dole, S., Forgasz, H. & Bennison, A. (2020). *Numeracy Across the Curriculum: Research-based strategies for enhancing teaching and learning*. Routledge.

Goos, M. & O'Sullivan, K. (2022). Numeracy Across the Curriculum. *Oxford Research Encyclopedia Of Education*. https://doi.org/10.1093/acrefore/9780190264093.013.1530

Goos, M. & O'Sullivan, K. (2023). The Evolution and Uptake of Numeracy and Mathematical Literacy as Drivers for Curriculum Reform. In *New ICMI studies series* (S. 345–357). https://doi.org/10.1007/978-3-031-13548-4_21

Grassmann, M., Klunter, M., Köhler, E., Mirwald, E. & Raudies, M. (2005). *Potsdamer Studien zur Grundschulforschung. Kinder wissen viel: Auch über die Größe Geld? Teil 1* (Bd. 32). Universitätsverlag Potsdam. https://publishup.uni-potsdam.de/opus4-ubp/frontdoor/index/index/docId/13050

Grassmann, M., Klunter, M., Köhler, E., Mirwald, E. & Raudies, M. (2006). *Potsdamer Studien zur Grundschulforschung. Kinder wissen viel : Auch über die Größe Geld? Teil 2* (Bd. 33). Universitätsverlag Potsdam. https://publishup.uni-potsdam.de/opus4-ubp/frontdoor/index/index/docId/11875

Grassmann, M., Klunter, M., Köhler, E., Mirwald, E., Raudies, M. & Thiel, O. (2008). *Kinder wissen viel – auch über die Größe Geld? : Teil 3* (Bd. 34). Universitätsverlag Potsdam. https://publishup.uni-potsdam.de/opus4-ubp/files/1523/psgsf34.pdf

Grohmann, A. & Menkhoff, L. (2015). Schule, Eltern und finanzielle Bildung bestimmen das Finanzverhalten. *DIW Wochenbericht*, *82*(28), 655–661. https://www.econstor.eu/bitstream/10419/113237/1/829316876.pdf

Guberman, S. R. (1996). The Development of Everyday Mathematics in Brazilian Children with Limited Formal Education. *Child Development*, *67*(4), 1609–1623. https://doi.org/10.1111/j.1467-8624.1996.tb01817.x

Gudmunson, C. G. & Danes, S. M. (2011). Family Financial Socialization: Theory and Critical Review. *Journal Of Family And Economic Issues*, *32*(4), 644–667. https://doi.org/10.1007/s10834-011-9275-y

Habschick, M., Jung, M. & Evers, J. (2003). Kanon der finanziellen Allgemeinbildung. In *Commerzbank Ideenlabor – Ein Memorandum*. Frankfurt a. M.

Hand, D. J. (2016). *Measurement: A Very Short Introduction*. Oxford University Press.

Hantzsch, P. L. & Goy-Yun, M. (2024). *SchuldnerAtlas Deutschland 2024: Überschuldung von Verbrauchern*. Creditreform Boniversum und microm. https://www.boniversum.de/fileadmin/user_upload/aktuelles/schuldner-atlas/2024/SchuldnerAtlas_Deutschland_2024.pdf

Hastings, J. S., Madrian, B. C. & Skimmyhorn, W. L. (2013). Financial Literacy, Financial Education, and Economic Outcomes. *Annual Review Of Economics*, *5*(1), 347–373. https://doi.org/10.1146/annurev-economics-082312-125807

He, H., Luo, W., Gong, Y., Berson, I. R. & Berson, M. J. (2023). Digital Financial Literacy of Young Chinese Children in Shanghai: A Mixed Method Study. *Early Education And Development, 35*(1), 57–76. https://doi.org/10.1080/10409289.2023.2208011

Heinzel, F. (2012). Qualitative Methoden in der Kindheitsforschung. Ein Überblick. In F. Heinzel (Hrsg.), *Methoden der Kindheitsforschung. Ein Überblick über Forschungszugänge zur kindlichen Perspektive* (S. 22–35). Beltz Juventa.

Hill, A. T. (2010). Money matters for the young learner. *Social Studies And The Young Learner, 22*(3), 25–31.

Hölzel, B. (2011). Im Klassen-Kaufladen. *Grundschule Mathematik, 28*(1), 6–9.

Hoogland, K. (2023). The changing nature of basic skills in numeracy. *Frontiers in Education, 8.* https://doi.org/10.3389/feduc.2023.1293754

Hoyles, C., Noss, R., Kent, P. & Bakker, A. (2010). Improving mathematics at work: The need for techno-mathematical literacies. In *Routledge eBooks.* Routledge. https://doi.org/10.4324/9780203854655

Hung, A., Parker, A. M. & Yoong, J. (2009). Defining and Measuring Financial Literacy. *RAND Working Paper Series WR-708.* https://doi.org/10.2139/ssrn.1498674

Huston, S. J. (2010). Measuring financial literacy. *Journal Of Consumer Affairs, 44*(2), 296–316. https://doi.org/10.1111/j.1745-6606.2010.01170.x

Jablonka, E. (2003). Mathematical Literacy. In A. Bishop, M. A. Clements, C. Keitel, J. Kilpatrick & F. K. S. Leung (Hrsg.), *Second international handbook of mathematics education* (S. 77–104). Kluwer Academic Publishers.

Jahoda, G. (1979). The construction of economic reality by some Glaswegian children. *European Journal Of Social Psychology, 9*(2), 115–127. https://doi.org/10.1002/ejsp.2420090202

Jahoda, G. (1983). European 'lag' in the development of an economic concept: A study in Zimbabwe. *British Journal Of Developmental Psychology, 1*(2), 113–120. https://doi.org/10.1111/j.2044-835x.1983.tb00549.x

Jay, T., Rashid, S., Dervou, I. X. & Moeller, K. (2022). *Measuring Financial Literacy of Children Aged 4 to 6 years. Design and small-scale testing.* Money and Pensions Service.

Johnston, B. (1994). Critical numeracy? *Fine Print, 16*(4), 32–35.

Joo, S. & Chatterjee, S. (2012). Financial Education research opportunities. In D. Durband & S. Britt (Hrsg.), *Student Financial Literacy* (S. 125–140). Springer. https://doi.org/10.1007/978-1-4614-3505-1_10

Kaiser, T., Lusardi, A., Menkhoff, L. & Urban, C. (2021). Financial education affects financial knowledge and downstream behaviors. *Journal Of Financial Economics, 145*(2), 255–272. https://doi.org/10.1016/j.jfineco.2021.09.022

Kaiser, T. & Menkhoff, L. (2017). Does Financial Education Impact Financial Literacy and Financial Behavior, and If So, When? *The World Bank Economic Review, 31*(3), 611–630. https://doi.org/10.1093/wber/lhx018

Kaiser, T. & Menkhoff, L. (2018). Active Learning Fosters Financial Behavior: Experimental Evidence. *DIW Berlin Discussion Paper Nr. 1743.* https://doi.org/10.2139/ssrn.3208637

Kaiser, T. & Menkhoff, L. (2020). Financial education in schools: A meta-analysis of experimental studies. *Economics Of Education Review, 78,* 101930. https://doi.org/10.1016/j.econedurev.2019.101930

Kaiser, T. & Menkhoff, L. (2021). Maßnahmen zur finanziellen Bildung wirken: Deutschland sollte nationale Strategie für finanzielle Bildung entwickeln. *DIW Wochenbericht*, *88*(38), 643–650. https://doi.org/10.18723/diw_wb:2021-38-1

Kaminski, H. & Friebel, S. (2012). Finanzielle Allgemeinbildung als Bestandteil der ökonomischen Bildung. *Arbeitspapier*. https://www.ioeb.de/files/ioeb/publications/documents/Kaminski_Friebel%202012_Arbeitspapier_Finanzielle_Allgemeinbildung.pdf

Khan, F. A. (1999). The social context of learning mathematics: Stepping beyond the cognitive framework. *Mind Culture And Activity*, *6*(4), 304–313. https://doi.org/10.1080/10749039909524734

Kim, J. (2001). Financial knowledge and subjective and objective financial well-being. *Consumer Interests Annual*, *47*, 1–3.

Kirk, J. & Miller, M. (1986). *Reliability and Validity in Qualitative Research*. Sage. https://doi.org/10.4135/9781412985659

Klieme, E. & Hartig, J. (2008). Kompetenzkonzepte in den Sozialwissenschaften und im erziehungswissenschaftlichen Diskurs. In M. Prenzel, I. Gogolin & H. Krüger (Hrsg.), *Kompetenzdiagnostik* (S. 11–29). VS Verlag für Sozialwissenschaften. https://doi.org/10.1007/978-3-531-90865-6_2

Kolb, D. A. (2014). *Experiential Learning: Experience as the Source of Learning and Development* (2. Aufl.). Pearson Education.

Kommission der europäischen Gemeinschaften. (2007). Mitteilung der Kommission. Vermittlung und Erwerb von Finanzwissen. In *EUR-Lex* (Nr. 52007DC0808). Abgerufen am 1. November 2022, von https://eur-lex.europa.eu/legal-content/DE/TXT/?uri=celex:52007DC0808

Komorek, M. & Duit, R. (2004). The teaching experiment as a powerful method to develop and evaluate teaching and learning sequences in the domain of non-linear systems. *International Journal Of Science Education*, *26*(5), 619–633. https://doi.org/10.1080/09500690310001614717

Kopalle, P. K., Pauwels, K., Akella, L. Y. & Gangwar, M. (2023). Dynamic pricing: Definition, implications for managers, and future research directions. *Journal Of Retailing*, *99*(4), 580–593. https://doi.org/10.1016/j.jretai.2023.11.003

Kultusministerkonferenz. (2022). *Bildungsstandards im Fach Mathematik für den Primarbereich. (Beschluss der Kultusministerkonferenz vom 15.10.2004, i.d.F. vom 23.06.2022)*. https://www.kmk.org/fileadmin/Dateien/veroeffentlichungen_beschluesse/2022/2022_06_23-Bista-Primarbereich-Mathe.pdf

Langmeyer, A. & Winklhofer, U. (2014). *Taschengeld und Gelderziehung. Eine Expertise zum Thema Kinder und ihr Umgang mit Geld mit aktualisierten Empfehlungen zum Taschengeld*. Deutsches Jugendinstitut.

Larkin, K., Grootenboer, P., Dole, S., Strang, R. & Laird, A. (2020). Maths and numeracy. In K. Main (Hrsg.), *Teaching Primary Years Rethinking curriculum, pedagogy and assessment* (S. 152–175). Routledge. https://doi.org/10.4324/9781003117797

LeBaron, A. B., Runyan, S. D., Jorgensen, B. L., Marks, L. D., Li, X. & Hill, E. J. (2019). Practice Makes Perfect: Experiential Learning as a Method for Financial Socialization. *Journal Of Family Issues*, *40*(4), 435–463. https://doi.org/10.1177/0192513x18812917

Leiser, D. & Halachmi, R. B. (2006). Children's understanding of market forces. *Journal Of Economic Psychology*, *27*(1), 6–19. https://doi.org/10.1016/j.joep.2005.06.008

Lemos, M. S. & Veríssimo, L. (2014). The Relationships between Intrinsic Motivation, Extrinsic Motivation, and Achievement, Along Elementary School. *Procedia – Social And Behavioral Sciences*, *112*, 930–938. https://doi.org/10.1016/j.sbspro.2014.01.1251

Lucey, T. A., Agnello, M. F. & Laney, J. D. (2015). A Critically Compassionate Approach to Financial Literacy. In *SensePublishers eBooks*. https://doi.org/10.1007/978-94-6300-130-4

Lusardi, A. (2008). Financial Literacy: An Essential Tool for Informed Consumer Choice? *Working Paper 14084*. https://www.nber.org/system/files/working_papers/w14084/w14084.pdf

Lusardi, A. & Mitchell, O. S. (2011). Financial literacy around the world: an overview. *Journal Of Pension Economics & Finance*, *10*(4), 497–508. https://doi.org/10.1017/s1474747211000448

Lusardi, A. & Mitchell, O. S. (2014). The Economic Importance of Financial Literacy: Theory and Evidence. *Journal Of Economic Literature*, *52*(1), 5–44. https://doi.org/10.1257/jel.52.1.5

Lusardi, A., Mitchell, O. S. & Curto, V. (2010). Financial Literacy amont the Young. *The Journal Of Consumer Affairs*, *44*(2), 358–380. https://www.jstor.org/stable/23859796

Lüssenhop, M. & Kaiser, G. (2021). Numeralität im Wandel der Zeiten. Analyse zentraler Konzeptionen zu Numeralität und Implikationen für die Numeralitätsdiskussion in der Erwachsenenbildung [Zeitschrift für Pädagogik, Beiheft]. In A. Grotlüschen (Hrsg.), *Alphabetisierung und Grundbildung von Erwachsenen* (1. Auflage, S. 36–52). Beltz Juventa. https://doi.org/10.25656/01:28832

Mania, E. & Tröster, M. (2014). Finanzielle Grundbildung: Ein Kompetenzmodell entsteht. *Hessische Blätter für Volksbildung (HBfV)*, 136–145. http://www.die-bonn.de/id/31044

Mania, E. & Tröster, M. (2015). Kompetenzmodell Finanzielle Grundbildung. Umgang mit Geld als Thema der Basisbildung. *Magazin Erwachsenenbildung.at*, *25*. https://doi.org/10.25656/01:10955

Mayring, P. (2022). *Qualitative Inhaltsanalyse: Grundlagen und Techniken*. Beltz.

Mayring, P. (2023). *Einführung in die qualitative Sozialforschung*. Beltz.

Merriam, S. B. & Tisdale, E. (2016). *Qualitative Research: A Guide to Design and Implementation* (4. Aufl.). Jossey-Bass.

Ministerium für Kultus, Jugend und Sport Baden- Württemberg (Hrsg.). (2016a). *Bildungsplan der Grundschule. Sachunterricht*. Stuttgart.

Ministerium für Kultus, Jugend und Sport Baden- Württemberg (Hrsg.). (2016b). *Leitperspektive Verbraucherbildung*. Stuttgart.

Ministerium für Kultus, Jugend und Sport Baden-Württemberg (Hrsg.). (2024). *Bildungsplan der Grundschule. Mathematik (V2) – Überarbeitete Fassung vom 29.02.2024*. Stuttgart.

Ministry of Education. (1959). *15 to 18: A report of the Central Advisory Council for Education*. HMSO. http://www.educationengland.org.uk/documents/crowther/crowther1959-1.html

Moschis, G. P. (1985). The Role of Family Communication in Consumer Socialization of Children and Adolescents. *Journal Of Consumer Research*, *11*(4), 898. https://doi.org/10.1086/209025

Niss, M. A. & Jablonka, E. (2014). Mathematical Literacy. In S. Lerman (Hrsg.), *Encyclopedia of Mathematics Education* (S. 391–396). Springer Science+Business Media. https://doi.org/10.1007/978-94-007-4978-8_100

Northcote, M. & Marshall, L. (2016). What mathematics calculations do adults do in their everyday lives? *Australian Primary Mathematics Classroom, 21*(2), 8–17. https://files.eric.ed.gov/fulltext/EJ1106790.pdf

Northcote, M. & McIntosh, A. (1999). What mathematics do adults really do in everyday life. *Australian Primary Mathematics Classroom, 4*(1), 19–21. https://eric.ed.gov/?id=EJ596060

Nunes, T., Schliemann, A. D. & Carraher, D. W. (1993). *Street mathematics and school mathematics.* Cambridge University Press. https://ci.nii.ac.jp/ncid/BA21077958

Nyhus, E. K. & Webley, P. (2013). The Relationship Between Parenting and the Economic Orientation and Behavior of Norwegian Adolescents. *The Journal Of Genetic Psychology, 174*(6), 620–641. https://doi.org/10.1080/00221325.2012.754398

OECD. (2005). Recommendation on Principals and Good Practices for Financial Education and Awareness. In *OECD Legal Instruments.* Abgerufen am 17. Mai 2025, von https://legalinstruments.oecd.org/en/instruments/OECD-LEGAL-0338

OECD. (2014). *Financial Education for Youth: The Role of Schools.* OECD Publishing. https://doi.org/10.1787/9789264174825-en

OECD. (2020). OECD/INFE 2020 International Survey of Adult Financial Literacy. In *Implementing the OECD Anti-bribery Convention.* OECD Publishing. https://doi.org/10.1787/145f5607-en

OECD. (2022). *OECD/INFE Toolkit for Measuring Financial Literacy and Financial Inclusion 2022.* OECD Publishing. https://doi.org/10.1787/cbc4114f-en

OECD. (2023a). PISA 2022 Results (Volume I): The State of Learning and Equity in Education. In *OECD Publishing.* OECD Publishing. https://doi.org/10.1787/53f23881-en.

OECD. (2023b). *PISA 2022 Results (Volume IV): How financially smart are students?* OECD Publishing. https://doi.org/10.1787/5a849c2a-en.

OECD. (2023c). OECD/INFE 2023 International Survey of Adult Financial Literacy. *OECD Business And Finance Policy Papers, 39.* https://doi.org/10.1787/56003a32-en

OECD. (2024). *Strengthening financial literacy in Germany: Proposal for a National Financial Literacy Strategy.* OECD Publishing. https://doi.org/10.1787/81e95597-en

OECD/INFE High-level Principles on National Strategies For Financial Education. (2012). OECD Publishing. https://doi.org/10.1787/12e3989f-en

Peters, E., Tompkins, M. K., Knoll, M. A., Ardoin, S. P., Shoots-Reinhard, B. & Meara, A. S. (2019). Despite high objective numeracy, lower numeric confidence relates to worse financial and medical outcomes. *Proceedings Of The National Academy Of Sciences, 116*(39), 19386–19391.

Prediger, S. (2015). Theorien und Theoriebildung in didaktischer Forschung und Entwicklung. In R. Bruder, L. Hefendehl-Hebeker, B. Schmidt-Thieme & H. G. Weigand (Hrsg.), *Handbuch der Mathematikdidaktik.* (S. 443–462). Springer. https://doi.org/10.1007/978-3-642-35119-8_24

Prediger, S. & Link, M. (2012). Fachdidaktische Entwicklungsforschung – Ein lernprozessfokussierendes Forschungsprogramm mit Verschränkung fachdidaktischer Arbeitsbereiche. In H. Bayrhuber, U. Harms, B. Muszynski, B. Ralle, M. Rothgangel, L. H. Schön,

H. J. Vollmer & H. G. Weigand (Hrsg.), *Formate fachdidaktischer Forschung. Empirische Projekte – historische Analysen – theoretische Grundlegungen.* Waxmann.

Quantitative Literacy Design Team. (2001). The case for quantitative literacy. In L. Steen (Hrsg.), *Mathematics and democracy: The case for quantitative literacy* (S. 1–22). National Council on Education and the Disciplines.

Rammstedt, B., Gauly, B., Kapidzic, S., Maehler, D. B., Martin, S., Massing, N., Schneider, S. L. & Zabal, A. (2024). *PIAAC 2023: Grundlegende Kompetenzen Erwachsener im internationalen Vergleich.* Waxmann. https://www.waxmann.com/buecher/PIAAC-2023

Reifner, U. (2003). *Finanzielle Allgemeinbildung: Bildung als Mittel der Armutsprävention in der Kreditgesellschaft* (Bd. 6). Nomos. https://doi.org/10.5771/9783845258652

Reifner, U. (2011). Finanzielle Allgemeinbildung und ökonomische Bildung. In T. Retzmann (Hrsg.), *Finanzielle Bildung in der Schule. Mündige Verbraucher durch Konsumentenbildung.* (S. 9–30). Wochenschau Verlag.

Remund, D. L. (2010). Financial Literacy Explicated: The Case for a Clearer Definition in an Increasingly Complex Economy. *Journal Of Consumer Affairs*, *44*(2), 276–295. https://doi.org/10.1111/j.1745-6606.2010.01169.x

Rosa, C. M., Marks, L. D., LeBaron, A. B. & Hill, E. (2018). Multigenerational Modeling of Money Management. *Journal Of Financial Therapy*, *9*(2), 54–74. https://doi.org/10.4148/1944-9771.1164

Rosendorfer, T. (1997). Kinder und Geld. zur Konsum- und Gelderziehung von Heranwachsenden. *Diskurs*, *7*(2), 68–75. https://doi.org/10.25656/01:6618

Ruwisch, S. (2024). Geld und Zeit verstehen. *Grundschule Mathematik*, *80*(3), 8–11.

Savard, A. (2020). What did they have to say about money and finance? Grade 4 students' representations about financial concepts when learning mathematics. *Education 3–13*, *50*, 316–328. https://doi.org/10.1080/03004279.2020.1850826

Savard, A. & Cavalcante, A. (2021). *Financial Numeracy in Mathematics Education. Research and Practice.* Springer. https://doi.org/10.1007/978-3-030-73588-3_2

Savard, A., Cavalcante, A., Turineck, L. P. & Javaherpour, A. (2020). Some considerations towards the concept of money in elementary school: money as measurement. *For The Learning Of Mathematics*, *40*(3), 22–24.

Sawatzki, C. (2013). What Financial Dilemmas Reveal About Students' Social and Mathematical Understanding. In V. Steinle, L. Ball & C. Bardini (Hrsg.), *Mathematics Education: Yesterday, today and tomorrow (Proceedings of the 36th annual conference of the Mathematics Research Group of Australasia).* MERGA. https://files.eric.ed.gov/fulltext/ED572996.pdf

Sawatzki, C. (2014). Connecting social and mathematical thinking: The use of „real life" contexts. *Mathematics Education Research Group Of Australasia*, 557–564. http://files.eric.ed.gov/fulltext/ED572577.pdf

Sawatzki, C. (2015). Context counts: the potential of realistic problems to expose and extend social and mathematical understandings. *Mathematics Education Research Group Of Australasia*, 555–562. http://files.eric.ed.gov/fulltext/ED572526.pdf

Sawatzki, C. (2016). Insights from a financial literacy task designer: the curious case of problem context. *Mathematics Education Research Group Of Australasia*, 567–583.

Sawatzki, C. (2017). Connecting social and mathematical thinking: Using financial dilemmas to explore children's financial problem-solving and decision-making. Monash University. https://doi.org/10.4225/03/58ae5e075ec5e

Sawatzki, C. & Goos, M. (2018). Cost, price and profit: what influences students' decisions about fundraising? *Mathematics Education Research Journal, 30*(4), 525–544. https://doi.org/10.1007/s13394-018-0241-y

Sawatzki, C. & Sullivan, P. (2017). Shopping for Shoes: Teaching Students to Apply and Interpret Mathematics in the Real World. *International Journal Of Science And Mathematics Education, 16*(7), 1355–1373. https://doi.org/10.1007/s10763-017-9833-3

Saxe, G. B. (1988). The Mathematics of Child Street Vendors. *Child Development, 59*(5), 1415–1425. https://doi.org/10.2307/1130503

Saxe, G. B. (1991). *Culture and Cognitive Development: Studies in Mathematical Understanding*. Lawrence Erlbaum Associates.

Scherer, P. (1999). *Produktives Lernen für Kinder mit Lernschwächen: Fördern durch Fordern* (Bd. 1). Klett.

Schmerr, M. (2021). Finanzielle Bildung: Lobbyistischer „Kampf um die Köpfe" oder Verwirklichung eines umfassenden Bildungsanspruchs? *Vierteljahrshefte Zur Wirtschaftsforschung, 90*(1), 95–106. https://doi.org/10.3790/vjh.90.1.95

Schmitz-Engels, J. (2024, 2. November). *Studie zur Finanzbildung: Taschengeld wird immer digitaler*. Mastercard Newsroom. Abgerufen am 30. Juni 2025, von https://newsroom.mastercard.com/news/europe/de-de/newsroom/pressemitteilungen/de-de/2023/studie-taschengeld-wird-immer-digitaler/

Schnitzer, E., Laubis, T. & Heidenreich, M. (2018). *Mathetiger 3 – Buchausgabe*. (T. Laubis, Hrsg.). Mildenberger.

Schug, M. C. & Birkey, C. J. (1985). The Development of Children's Economic Reasoning. *Theory & Research in Social Education, 13*(1), 31–42. https://doi.org/10.1080/00933104.1985.10505494

Schürkmann, S. & Schuhen, M. (2013). Kompetenzmessung im Bereich Financial Literacy. Ergebnisse zum Umgang mit Online-Rechnern aus der FILS-Studie. *Zeitschrift für Ökonomische Bildung, 1*, 73–89. http://www.zfoeb.de/2013_1/schuerkmann_schuhen.pdf

SEDI (Social and Enterprise Development Innovations). (2004). *Financial Capability and Poverty: Discussion Paper. Policy Research Initiative. July.*

Seeber, G. & Retzmann, T. (2017). Financial Literacy – Finanzielle (Grund-)Bildung – Ökonomische Bildung. *Vierteljahrshefte Zur Wirtschaftsforschung, 86*(3), 69–80. https://doi.org/10.3790/vjh.86.3.69

Sherraden, M. S., Johnson, L., Guo, B. & Elliott, W. (2010). Financial Capability in Children: Effects of Participation in a School-Based Financial Education and Savings Program. *Journal Of Family And Economic Issues, 32*(3), 385–399. https://doi.org/10.1007/s10834-010-9220-5

Shim, S., Barber, B. L., Card, N. A., Xiao, J. J. & Serido, J. (2009). Financial Socialization of First-year College Students: The Roles of Parents, Work, and Education. *Journal Of Youth And Adolescence, 39*(12), 1457–1470. https://doi.org/10.1007/s10964-009-9432-x

Siegler, R. S. & Thompson, D. R. (1998). „Hey, would you like a nice cold cup of lemonade on this hot day": Children's understanding of economic causation. *Developmental Psychology, 34*(1), 146–160. https://doi.org/10.1037/0012-1649.34.1.146

Skagerlund, K., Lind, T., Strömbäck, C., Tinghög, G. & Västfjäll, D. (2018). Financial literacy and the role of numeracy–How individuals' attitude and affinity with numbers influence financial literacy. *Journal Of Behavioral And Experimental Economics, 74*, 18–25. https://doi.org/10.1016/j.socec.2018.03.004

Sonuga-Barke, E. J. S. & Webley, P. (1993). *Children's Saving: A Study in the Development of Economic Behaviour*. Lawrence Erlbaum Associates, Inc.

Steen, L. (2001). Mathematics and Democracy. The Case for Quantitative Literacy. In *National Council On Education And The Disciplines*.

Stillman, G. (1998). The emperor's new clothes? Teaching and assessment of mathematical applications at the senior level. In P. Galbraith, W. Blum, G. Booker & D. Huntley (Hrsg.), *Mathematical modelling: Teaching and assessment in a technology-rich world* (S. 243–253). Horwood.

Tang, N., Baker, A. & Peter, P. C. (2015). Investigating the Disconnect between Financial Knowledge and Behavior: The Role of Parental Influence and Psychological Characteristics in Responsible Financial Behaviors among Young Adults. *Journal Of Consumer Affairs*, *49*(2), 376–406. https://doi.org/10.1111/joca.12069

Taylor, E. V. (2009). The Purchasing Practice of Low-Income Students: The Relationship to Mathematical Development. *Journal Of The Learning Sciences*, *18*(3), 370–415. https://doi.org/10.1080/10508400903013462

Thiel, O. (2008). Zur Bedeutung von Alltagserfahrungen mit Geld für die Entwicklung arithmetischer Kompetenzen. In J. Ramseger & M. Wagener, *Chancenungleichheit in der Grundschule. Ursachen und Wege aus der Krise. Jahrbuch Grundschulforschung.* (Bd. 12, S. 215–218). VS Verlag für Sozialwissenschaften.

Thiel, O. (2015). Geld – ein wichtiges Thema auch im Mathematikunterricht der Grundschule. In R. Rink (Hrsg.), *Von Gute Aufgaben bis Skizzen Zeichnen. Zum Sachrechnen im Mathematikunterricht der Grundschule.* (S. 235–246). Schneider.

Totenhagen, C. J., Casper, D. M., Faber, K. M., Bosch, L. A., Wiggs, C. B. & Borden, L. M. (2015). Youth Financial Literacy: A Review of Key Considerations and Promising Delivery Methods. *Journal Of Family And Economic Issues*, *36*(2), 167–191. https://doi.org/10.1007/s10834-014-9397-0

Tout, D. (2020). *Critical connections between numeracy and mathematics*. State of Victoria (Department of Education and Training). http://research.acer.edu.au/learning_processes/29/

Tzanova, P., Neubauer, M. & Schlösser, H. J. (2011). Finanzielle Bildung. *Aus Politik und Zeitgeschichte*, *12/2011*, 21–27. https://www.bpb.de/apuz/33414/finanzielle- bildung?p=all

VERBI Software (2021). MAXQDA 2022 [computer software]. (o. D.). [Computer Software]. Berlin, Germany: VERBI Software. https://maxqda.com

Weber, B. (2017). Finanzielle Bildung in der Sekundarstufe I – curriculare Verankerung und Herausforderungen. *Vierteljahrshefte Zur Wirtschaftsforschung*, *86*(3), 27–39. https://doi.org/10.3790/vjh.86.3.27

Webley, P. (2005). Children's Understanding of Economics. In M. Barrett & E. Buchanan-Barrow (Hrsg.), *Children's Understanding of Society* (S. 43–67). Psychology Press.

Webley, P. & Nyhus, E. K. (2006). Parents' influence on children's future orientation and saving. *Journal Of Economic Psychology*, *27*(1), 140–164. https://doi.org/10.1016/j.joep.2005.06.016

Weltzien, D. (2009). Dialoggestützte Interviews mit Kindern im Kindergarten- und Grundschulalter unter Berücksichtigung ihrer Peerbeziehungen. Methode und empirische Ergebnisse. In K. Fröhlich-Gildhoff & I. Nentwig-Gesemann (Hrsg.), *Forschung in der Frühpädagogik. Materialien zur Frühpädagogik II* (S. 69–100). FEL.

Whitebread, D. & Bingham, S. (2013). *Habit Formation and Learning in Young Children*. The Money Advice Service. https://mascdn.azureedge.net/cms/the-money-advice-service-habit-formation-and-learning-in-young-children-may2013.pdf

Wiedenhöfer, D. (2023). *Zusammenhang zwischen mathematischen und finanziellen Kompetenzen in der Primarstufe* [Masterarbeit]. Pädagogische Hochschule Schwäbisch Gmünd.

Willis, L. E. (2008). Against Financial Literacy Education. *Iowa Law Review*, *94*, 197–285. https://papers.ssrn.com/sol3/papers.cfm?abstract_id=1105384

Willis, L. E. (2011). The financial education fallacy. *American Economic Review*, *101*(3), 429–434. https://doi.org/10.1257/aer.101.3.429

Winter, H. (1992). *Sachrechnen in der Grundschule*. Cornelsen.

Winter, H. (1995). Mathematikunterricht und Allgemeinbildung. *Mitteilungen der Gesellschaft für Didaktik der Mathematik*, *61*, 31–46.

Wulfmeyer, M. & Hauenschild, K. (2008). *Ökonomische Bildung in der Grundschule: wie Kinder handlungsorientiert Wirtschaft machen! Didaktische Perspektiven und Beispiele für die Praxis*. Pelikan.

Yasukawa, K., Rogers, A., Jackson, K. & Street, B. V. (Hrsg.). (2018). *Numeracy as Social Practice: Global and Local Perspectives*. Routledge.

GPSR Compliance

The European Union's (EU) General Product Safety Regulation (GPSR) is a set of rules that requires consumer products to be safe and our obligations to ensure this.

If you have any concerns about our products, you can contact us on ProductSafety@springernature.com

In case Publisher is established outside the EU, the EU authorized representative is:

Springer Nature Customer Service Center GmbH
Europaplatz 3
69115 Heidelberg, Germany

Batch number: 10844602

Printed by Printforce, the Netherlands